职业教育计算机专业改革创新教材

数字媒体后期处理综合实训教程

主　编　梁　姗

副主编　陶忠丽

参　编　陈　颖　黄春光　原旺周

机械工业出版社

本书从满足经济发展对高素质劳动者和技能型人才的需要出发，在结构、内容、教学方法等方面进行了新的探索与改革创新，利于学生更好地掌握本课程的内容，提高学生对理论知识的掌握程度和实际操作技能的运用水平。

本书介绍通过综合运用 Premiere 和 After Effects 进行数字影视编辑制作，可以实现设计制作各种不同风格的，包括片头、片花和片尾在内的完整影视片。读者在完成所有项目后，不仅对影音后期处理的相关工作岗位有了了解，同时还能掌握一定的操作技能，并很快地投入到工作实践中。

本书适合作为各类中等职业学校计算机应用及多媒体相关专业的教材，也可作为社会培训班的教材，还可作为欲从事与影音后期处理相关工作的读者的自学用书。

本书配有电子课件，教师可登录机械工业出版社教材服务网站 www.cmpedu.com 以教师身份免费注册并下载，或联系编辑（010-88379194）咨询。

图书在版编目（CIP）数据

数字媒体后期处理综合实训教程 / 梁姗主编．—北京：机械工业出版社，2015.3（2025.1 重印）
职业教育计算机专业改革创新教材
ISBN 978-7-111-49349-5

Ⅰ．①数…　Ⅱ．①梁…　Ⅲ．①数字技术—多媒体技术—职业教育—教材　Ⅳ．① TP37

中国版本图书馆 CIP 数据核字（2015）第 031265 号

机械工业出版社（北京市百万庄大街 22 号　邮政编码 100037）
策划编辑：梁　伟　　责任编辑：李绍坤　叶蕾薇
封面设计：鞠　杨　　责任校对：黄兴伟
责任印制：单爱军
北京虎彩文化传播有限公司印刷
2025 年 1 月第 1 版第 5 次印刷
184mm×260mm・15.75 印张・390 千字
标准书号：ISBN 978-7-111-49349-5
定价：37.00 元

电话服务　　网络服务
客服电话：010-88361066　　机　工　官　网：www.cmpbook.com
010-88379833　　机　工　官　博：weibo.com/cmp1952
010-68326294　　金　书　网：www.golden-book.com
封底无防伪标均为盗版　　机工教育服务网：www.cmpedu.com

前　　言

如今是一个影像的时代，影像记录已渗透到人们生活、工作的方方面面，各种媒体工具在现代社会中被广泛且频繁地运用。随着时代的发展和社会的进步，人们越来越不满足于书面、静态和平面的呈现及记录模式，而更加乐于接受图文并茂、有声有色的动态内容。人们通过各类数码设备，如数码相机、数码摄像机、智能手机、MP3 等获取图片、音频、视频等各类素材，并对这些素材进行合理的加工处理，使之满足人们生产和生活的需要。这种需求带动了影像产业的蓬勃发展，而与数字媒体处理相关的行业也成了一个热门行业。随着社会需求的不断扩大，越来越多的人已加入或者希望加入这一行业中。

本书按照“以服务为宗旨，以就业为导向”的职业教育办学指导思想，采用现实工作中的实例形式，把基础知识的学习和基本技能的掌握有机地结合在一起，从具体的实践中培养读者的应用能力，并通过“课后习题”使读者巩固所学知识、熟练操作技能。本书的经典案例来自生活，更符合职业学校学生的理解能力和接受程度。

本书旨在成为一本实用指南，为有志从事数字媒体处理相关工作的读者提供确切的综合指导。本书涵盖的范围较广，并不拘泥于单纯的知识技能讲解，而是从对影像产业和相关岗位的介绍开始，帮助读者设计自己的职业生涯规划，然后针对胜任这些岗位所需掌握的基础素养，如色彩、构图等进行讲解，最后以一个个精心挑选的影视片实例作为载体，介绍实际做片过程中需要用到的知识技能，并将操作技能的讲解和构思创意相结合，从而使读者的水平得到全面的提升。

本书的编者是长期从事多媒体一线教学的专业教师，特别是在数字媒体后期处理方面具有较强的教学实力；作为竞赛指导教师，曾培养出江苏省计算机技能大赛“影视后期处理”项目的第一名和第二名；曾主持国家级教学课题一项、省级教学课题一项，是南京市课程改革“数码后期处理”专业的核心成员；发表与数字媒体教学相关的论文多篇，编写出版影视处理类教材多本。

本书由梁姗任主编，陶忠丽任副主编，参加编写的还有陈颖、黄春光和原旺周。

由于编者水平有限，书中难免有疏漏和不妥之处，请各位专家、老师和广大读者提出宝贵意见，不胜感激。

编　者

目　录

第 1 章　导　　学

1.1 职业应用

在翻开这本书，开始系统的技能训练之前，有必要先问自己几个问题：

1）什么是数字媒体技术？

2）数字媒体技术行业的前景如何？

3）有哪些和数字媒体技术相关的岗位？

4）和数字媒体技术相关的岗位需求量如何？

5）是否打算从事与数字媒体技术相关的岗位？

6）有没有在心理上做好从事该类岗位的准备？

7）是否有一个职业生涯的规划？

……

这是一个竞争激烈的社会，决定从事哪类行业是一个必须经过深思熟虑、综合考虑各方面因素后的慎重选择。而一旦做好了决定，选好了方向，就要全力以赴，在正式进入该行业之前我们应做好一切准备工作，包括技能素养和非技能素养。

本章意在为读者广义上介绍数字媒体技术相关岗位的实际现状和针对岗位的笼统描述，这是帮助新读者了解学习的前提和目的。如果您立志于从事此类岗位，相信本章会帮助您站在一定的高度上统观全局，具有一定的指导意义。同时，也相信读者一定可以在前景无限的数字媒体行业中找到适合自己的方向，取得一定的成就。

1.1.1 了解潜在岗位

媒体这个名词在当今的社会谁都不会陌生，与媒体相关的产品也非常的多，比如MP3播放器、MP4、影音相机、影音摄像机、手机等都是数字媒体的载体。我们通常说的“媒体”是指一种传播载体，具体到数字媒体行业，特指可在数字媒体上播放的影音产品，包含音频和视频。影音产品与计算机行业紧密相连，在相当程度上都采用了数字化，每一件影音产品都需要与计算机连接来处理数据、丰富功能，计算机的发展也带动了影音产品的发展和升级换代。

根据 2010 年教育部公布的中等职业学校专业目录，数字媒体技术应用专业的技能方向和对应的职业（岗位）见表 1-1。

表 1-1　数字媒体技术应用专业的技能方向和对应的职业（岗位）

专 业 名 称	专业（技能）方向	对应职业（岗位）	职业资格证书举例
数字媒体技术应用	数字影像拍摄 数字成像及后期处理技术 数字视频（DV）拍摄与制作 数字影音后期制作 计算机乐谱与 MIDI 音乐制作 彩铃与手机动画制作 数字音像设备·使用与维护 音效合成与编辑技术	3-01-02-05 计算机操作员 2-02-13-07 多媒体作品制作员 X2-02-17-04 数字视频合成师 X2-02-13-08 数字视频（DV）策划制作师 6-26-01-31 音视频设备检验员 6-19-03-05 音响调音员 X2-10-04-03 计算机乐谱制作师 X2-02-13-09 网络课件设计师 X2-02-13-12 电子音乐制作师 彩铃、彩信制作员	计算机操作员 多媒体作品制作员 数字视频合成师（四级） 音视频设备检验员 音响调音员 计算机乐谱制作师（四级） 网络课件设计师（四级）

本书所介绍的是与数字媒体后期处理密切相关的技能和技巧。根据笔者多年对社会需求分析，总结出以下几类岗位需求量较大，同时技术难度也比较适中的岗位人群。

（1）影楼（婚纱影楼、儿童影楼、个性写真工作室等）

对现在结婚的新人来说，去影楼拍摄结婚照是必不可少的一件大事，特别是女性，有些女性对结婚照的要求十分高，甚至高于婚礼的要求。据民政部网站公布的统计数据显示：2013 年全国登记结婚为 1346.9 万对，比上年增长 1.8%；这是一个巨大的消费市场，而婚纱影楼作为一个朝阳行业，提供了大量的潜在岗位。

据全国数据预测显示，作为全球第二大经济体，中国将在 2005 ～ 2020 年经历人口增长期，其出生率将在 2016 年达到最高峰。据联合国提供的数据，到 2020 年，中国的人口总数将从 2009 年的 13.34 亿增加到 13.88 亿。2011 年新生儿数量为 1604 万，2012 年更是比往年高出 5%，而随着 2014 年“单独二胎”政策的放开，新生儿出生率更会有一个爆发式的增长。孩子从出生到长大，各个生长阶段家长都会有意向为孩子拍摄照片以留作纪念，而最近的流行趋势说明，在孩子未出生时，也就是在母腹中，准妈妈就会拍摄孕妇照。可以想象，如此大的潜在消费基数，自然会提供大批量的岗位。

在这个注重个性化，标榜体现鲜明特色的时代，很多追求时尚的人，特别是年轻人，都热衷于拍摄各人写真，把自己最年轻靓丽的时刻留住，所以特色鲜明、特立独行的个性写真工作室也很受欢迎。

影楼的基础工作岗位包括门市接待、摄影助理、后期修片、MTV 拍摄、电子串册、光盘刻录等，这些工作起步的技术要求都不高，经过适当的技能训练就可以胜任，可以作为年轻朋友进入该行业的第一步，如图 1-1 所示。

（2）婚庆业（包括布展和会展业）

结婚就要办婚礼，这不仅是一对新人一生最美好的回忆，也是中国传统家庭所必要的一个仪式和过程。特别是现在的新人对婚礼的要求越来越高，所以，婚庆行业近几年来得到了蓬勃的发展。现在的婚庆业已经不单单承接婚礼现场记录的工作，而是集鲜花布置、汽车租赁、婚礼布展、新人跟妆、司仪主持、婚礼摄像、现场相册等多个业务于一体的综合性婚庆服务。大家可想而知这里面的岗位类型和岗位数量有多少，如图 1-2 所示。

（3）企事业的宣传部门

社会发展到今天，人们早已经不满足于静态的图片留影，越来越多的场合需要完整的过程记录，比如说公司新产品的展销、公司对外所筹办的宣传活动、甚至公司内部的会议记录等。其中包括大型超市、写字楼甚至公交车都无处不见的视频播放节目，与之相延伸的是公司企划部门意识到该类工作所存在岗位空缺，特别是摄像和视频剪辑人才。这类岗位的名称也许是宣传、企划等，但人员所从事的工作却是和影音技术密切相关的，如图 1-3 所示。

（4）动漫制作公司

动漫产业是当前的朝阳行业。动漫公司在制作后期需要非线性编辑师将前期绘制完成的静帧图片连接为可以播放的影片，如图 1-4 所示。

图 1-1　影楼的数字媒体技术人员

图 1-2　婚庆业的数字媒体技术人员

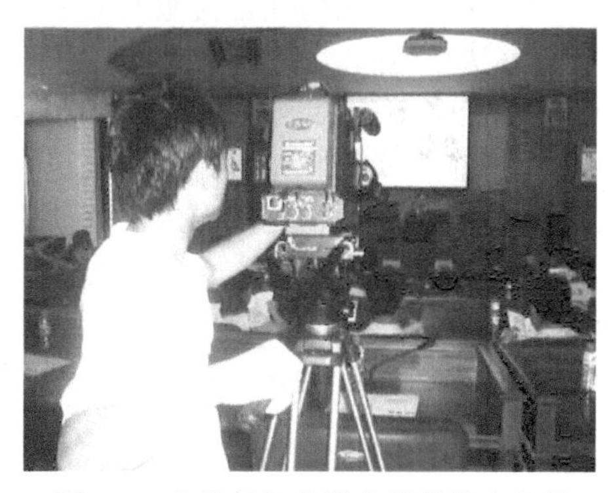

图 1-3　宣传部门的数字媒体技术人员

图 1-4　动漫制作公司的数字媒体技术人员

（5）影音产品销售类

影音产品的层出不穷决定了对影音产品销售人员的需求永远是最旺盛的。影音产品的销售不仅仅指直观的消费商品，如影音相机、手机、计算机之类的导购工作，也包括其他相关的延伸服务，如影音、影楼导购人员等，如图 1-5 所示。从某种程度上说，影音行业都不是劳动密集型的行业，而是知识密集型的行业。该行业的领导人普遍有一种共识：要让最好的人员去干营销，彻底转变“控制成本比创造收入更重要”这一错误观念，因为节流固然重要，但是有限的；开源更重要，因为它是无限的。

（6）专业的影视制作公司

这类公司大多承接电视台的外包节目，或者独立承接影视剧的拍摄和制作，应该说是最为对口的就业方向，不过难度较高，如图 1-6 所示。

图 1-5　影音产品的销售

图 1-6　影视制作公司的工作人员

1.1.2　职业素质的培养

素养是个很大的概念，体现到职场上就是职业素养；体现在生活中就是个人素质或者道德修养。想在竞争激烈的社会中成功立足，想成为一个合格的员工，光具备一定的技术能力是远远不够的。用人单位评价一名员工的首要标准就是该员工的“为人”，在很多情况下，这些素质比技术能力更加重要。用人单位首先要先接受“人”，然后才能接受人做的“事”，正所谓先学会做人，再学会做事。一个正直诚恳的人，即使暂时在技术能力上达不到要求，只要其本人有学习的欲望并愿意付出时间和精力，用人单位往往也愿意花成本培养。与之相反，一个本质上存在问题的人，即使有再高级的技能水平，用人单位往往也会敬而远之。而既无素养，又不学无术的人，可想而知，在社会上是没有办法立足的。

职业素养是一个人职业生涯成败的关键因素，职业素养概括来说包含 4 个方面：职业道德、职业思想（意识）、职业行为习惯和职业技能。前 3 项是职业素养中最根基的部分，属于世界观、价值观、人生观范畴的产物，从出生到退休甚至死亡逐步形成，逐渐完善。而职业技能是支撑职业人生的表象内容，是通过学习、培训比较容易获得。例如，计算机、英语、建筑等属职业技能范畴的技能，我们可以通过几年时间掌握入门技术，在实践运用中日渐成熟而成为专家。但企业更认同的道理是，如果一个人基本的职业素养不够，比如说忠诚度不够，那么技能越高的人，其隐含的危险越大。一般来说，职业素养可以从以下几点来表现：

1）人品。正直的人品是毋庸置疑的根本。

2）守纪。每一个企业都必然有一套适合企业发展的制度才可以生存壮大。而企业对员工的基本要求就是要能接受企业的制度并服从管理。没有一个企业会喜欢影响公司正常运行的人，所以对于不守纪的人，企业自然会有相应的处罚条例，甚至开除。

3）刻苦。出于经营成本的考虑，现在的工作普遍具有较高的强度，能让一个人做的事，企业绝不会分给两个人做，也就是所谓的“一个萝卜一个坑”。刚刚走出校门的年轻人往往对工作强度的预计不足，稍微加班或累一些就叫苦连天，殊不知这种态度极易引起用人单位的反感，读者应该在走上工作岗位前有充分的心理准备。

4）学习。影音本身就是个飞速发展的行业，新知识、新产品层出不穷。想成为一个合格的员工，就必须对自己所从事的工作有充分的了解。技术类工作要时刻关注当前的流行趋势，从而适时地修改自己的设计思路；非技术类的工作也要求精通产品的使用性能等。学习不能依赖于别人教，而要有自学意识，主动向前辈请教或者多看书。刚毕业的年轻人还不习惯于自身角色的转变，往往缺乏这种学习的习惯，这很不利于工作的顺利开展。

5）信心。信心代表着一个人在事业中的精神状态和对工作的热忱，以及对自己能力的正确认知，在任何困难和挑战面前都要相信自己。刚刚开始工作肯定会遇到很多的困难，如果只会一味地退缩或放弃，而没有迎难而上的信心和勇气，那么这是不可能实现自己的职业目标的。

6）沟通。人和人之间有着千丝万缕的关系，没有一个人在社会中可以随心所欲。在工作中经常会遇到与同事意见不合，或者与领导思路不一致的情况，所以掌握交流与交谈的技巧是至关重要的。如何有效沟通，表达自己的理想与见解是一个很大的学问，也是决定我们在社会上是否能够成功的重点。

7）创造。在这个不断进步的时代，我们的思维不能没有创造性。我们应该紧跟市场和现代社会发展的节奏，不断在工作中注入新的想法，提出合乎逻辑的有创造性的建议。

8）合作。在社会上做事情，如果只是单枪匹马地战斗，不依靠集体或团队的力量，是不可能取得真正的成功的。每一个想获得成功的人都应该学会与别人合作。懂得与他人合作的人，更能得到集体的认可和喜爱；而孤军奋战的人，往往被团队拒绝或抛弃。

1.2 职业生涯规划设计

每个人都应该对自己的职业有个切实可行的系统规划，并能按部就班地按照自己的规划实现职业理想。这件事不是要等到已经工作了才开始启动，而应该在工作之前就开始，在工作的过程中根据实际情况不断进行调整和修正。有了职业生涯规划，也就有了奋斗的方向和前进的动力，这对于刚刚走上工作岗位的年轻人起着不容小觑的作用。

职业生涯规划要综合考虑自己方方面面的综合情况，一般情况下，可以从以下几个方面入手：

（1）自我评估

简单地说，自我评估就是全面的认识自己、了解自己。每个人由于生活背景不同，教育背景不同和自身性格等原因，会形成千差万别的综合气质。只有认识了自己，才能对自己的职业作出正确的选择，才能选定适合自己发展的职业生涯路线。

（2）确定志向

志向是事业成功的基本前提，没有志向，事业的成功也就无从谈起，这是制定职业生涯规划的关键，也是职业生涯规划中最重要的一点。志向的确立可以充分考虑自己的兴趣爱好，因为只有热爱自己的事业，才可能有所成就；当然也要兼顾自己的性格、受教育程度等等，确定切实可行的志向，切忌好高骛远、不切实际。

（3）职业生涯机会的评估

职业生涯机会的评估，主要是评估各种环境因素对自己职业生涯发展的影响，每一个人都处在一定的环境之中，离开了这个环境，便无法生存与成长。所以，在制定个人的职业生涯规划时，要分析环境条件的特点、环境的发展变化情况、自己与环境的关系、自己在这个环境中的地位、环境对自己提出的要求以及环境对自己的有利条件与不利条件等。只有对这些环境因素进行充分了解，我们才能做到在复杂的环境中趋利避害，使职业生涯规划具有实际意义。

（4）职业的选择

注意职业的选择和志向的选择是有区别的。志向决定了一个大的方向，比如说从医。而职业决定在医学领域中选择哪个细分领域，如临床医学还是药学，中医还是西医，外科还是内科等。职业选择正确与否，直接关系到人生事业的成功与失败。据统计，在选错职业的人当中，有80%的人在事业上是失败者。正如人们所说的“女怕嫁错郎，男怕选错行”。由此可见，职业选择对人生事业发展是何等重要。

（5）设定职业生涯目标

职业生涯目标的设定是职业生涯规划的核心。一个人事业的成败，很大程度上取决于有无正确适当的目标。通常目标分为短期目标、中期目标、长期目标和人生目标。短期目标一般为1～2年，又分为日目标、周目标、月目标和年目标。中期目标一般为3～5年。长期目标一般为5～10年。

（6）制订行动计划与措施

在确定了职业生涯目标后，行动便成了关键的环节。没有行动，目标就难以实现，也就谈不上事业的成功。这里所说的行动是指落实目标的具体措施，主要包括工作、训练、教育、轮岗等方面的措施。例如，为了成为一个合格的影视制作人员，计划利用多长的时间完成校园里基本知识技能的学习、参加什么技能培训、考取什么证书、工作几年达到影视制作人员的技能要求等。

（7）评估与回馈

俗话说：“计划赶不上变化。”影响职业生涯规划的因素很多，有的变化因素是可以预测的，而有的变化因素难以预测。在此种状况下，要使职业生涯规划行之有效，我们就必须根据实际情况不断地对职业生涯规划进行评估与修订。如有些人在实际工作中才会发现自己在某个方面的潜力，从而及时调整奋斗方向；有些人根据社会发展的趋势，结合自己的工作现状，也会对职业生涯规划进行微调或修改，使之更具有实用性和指导意义。

如果每位读者在进入职场之前都能按照上述几点认真地完成一份个人职业生涯规划，那相信他的事业之路一定会更加通畅。

课后习题

请根据自己的实际情况，设计一份《职业生涯规划》。

第 2 章　数字媒体后期处理基础

2.1　完美的构图

相关知识点

1. 掌握景别的定义与运用
2. 掌握景别的表现方式与产生效果
3. 掌握影视画面的构图基础
4. 掌握画面构图的常见形式
5. 掌握拍摄角度对构图的影响

1. 景别

影视片都是由一个个镜头组合而成，有了镜头就必然有景别出现，要想做出一部视觉冲击力强的影片，必须要准确把握构图，而表现构图的前提是能正确认识景别，所以在讲解运用构图时我们首先从景别开始。

（1）景别的定义

简单地说，景别是指被摄主体和画面形象在电视屏幕框架结构中所呈现出的大小和范围。

（2）决定画面景别大小的因素

决定画面景别大小的因素主要有以下两点：

1）摄像机和被摄体之间的实际距离。摄像机和被摄体之间的距离缩近，则图像变大而景别变小；摄像机和被摄体之间的距离拉远，则图像缩小而景别变大。

2）摄像机所使用镜头的焦距长短。摄像机所使用的镜头焦距越长，画面景别越小；摄像机所使用的镜头焦距越短，画面景别越大。

（3）景别的分类

在通常情况下，我们把景别分为以下几类：

1）远景。远景通常用来表现广阔空间或开阔场面，主体被包含在整个画面中。远景通常用在整部影片或一个场景的开始和结尾，用以交代故事发生的整体环境，如图 2-1 所示。

图 2-1　远景的画面

2）全景。全景通常用来表现人物的全身形象或某一具体场景的全貌，如图 2-2 所示。

图 2-2　全景的画面

3）中景。中景通常用来表现人物膝盖以上的部分或场景的局部，如图 2-3 所示。

图 2-3　中景的画面

4）近景。近景通常用来表现人物胸部以上的部分或物体的局部，如图 2-4 所示。

5）特写。特写通常用来表现人物肩部以上的头像或某些被摄对象的细部画面，如图 2-5 所示。

图 2-4　近景的画面

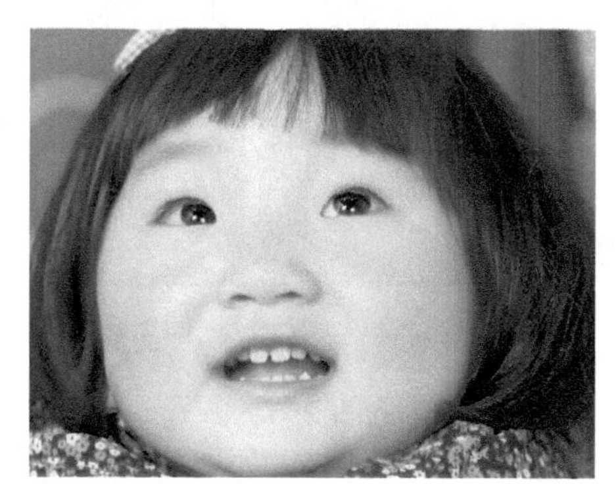

图 2-5　特写的画面

2．构图

绘画时根据题材和主题思想的要求，把要表现的形象适当地组织起来，构成一个协调完整的画面称为构图。而影音画面构图可以理解为画面的布局与构成，指在一定的画幅格式中筛选对象、组织对象，处理好对象的方位、运动方向以及线条、色调等造型因素。画面构图是影视造型艺术的重要组成部分。

影音画面构图有以下几个要点：

1）画面要简洁。和照片一样，影视画面也必须通过构图作出一定的艺术选择，用取景框给原来没有界限的自然划出界限，删繁就简，是获取优美画面构图的第一步。

2）主题要突出。画面构图必须处理好主题、陪衬及环境的关系，做到主次分明、相互照应、轮廓清晰，条理和层次井然有序。

3）立意要明确。想要有出色的构图，必须经过刻意的构思，切忌模棱两可、不明不白。

4）画面应具有表现力和造型美感。通过画面的空间配置、光线的运用、拍摄角度的选择，调动影调、色彩、线形等造型元素，创造出丰富多彩、优美生动的构图形式。

5）处理运动构图。如果没有人物，交代环境和背景时应找出能够表现环境特色的主要对象作为构图的依据；如果有人物，应以人物为构图的主体。运动构图必须有其合理的运动依据。

3. 构图基础

在学习构图方式之前，我们先来了解一下构图基础。

（1）主次关系（见图 2-6）

一个画面要有一个主题。画面的中心内容要突出，次要的东西要为主题服务，不能主次不分，更不能喧宾夺主；要通过前景、后景的处理，运用前面物体和后面物体的透视关系，创造出非常强烈的空间感和具有深远效果的画面。

图 2-6　构图中的主次关系

（2）虚实关系（见图 2-7）

一幅画面，哪儿都清楚，处处都实在，使人一览无余，就会缺乏回味之处。有实有虚，虚实相对，若隐若现，则比较耐人寻味。背景在主要对象的对比之下会更加含蓄，富有意境。

图 2-7　构图中的虚实关系

小提示

注意在实际构图中，主次关系和虚实关系通常是结合在一起的。

（3）疏密关系（见图2-8）

疏密本身在画面中就形成了一种对比关系，使画面产生一种意境和美感。构图时不讲疏密，洋洋洒洒，则会给人没有主题，没有重点，松散、杂乱的感觉；构图时过于紧密，则会给人一种拥挤、压迫、不透气的感觉。

图2-8　构图中的疏密关系

（4）明暗对比关系（见图2-9）

明暗对比关系主要指画面中黑、白、灰的安排和布局。物体本身固有色应有深浅的对比变化。借助光线照射所产生的明暗变化来加深衬托和对比。

图2-9　构图中的明暗对比关系

4. 影音画面构图的常见形式

下面介绍几种影音画面构图的常见形式。

（1）黄金分割法构图

把画面按照大约2:3（黄金率为0.618）的比例进行分割是最为理想的一种构图比例。黄金分割法是传统构图中最为常用的一种方法，在一幅摄影作品中，把主要物体放置在黄金分割点的周围，构图就会显得自然、舒服、顺眼，如图2-10所示。

（2）三分法构图

三分法构图又称为井字分割法构图，是一种古老的构图方法，4条分割线上有4个交叉点，右侧的两个交叉点被认为是视觉重点，4条分割线也是安排物体的理想位置，如图2-11所示。

（3）垂直式构图

垂直式构图给人以高大、挺拔、雄伟的感觉，常用来表现耸立、雄伟的场面，如图2-12所示。

图 2-10　黄金分割法构图

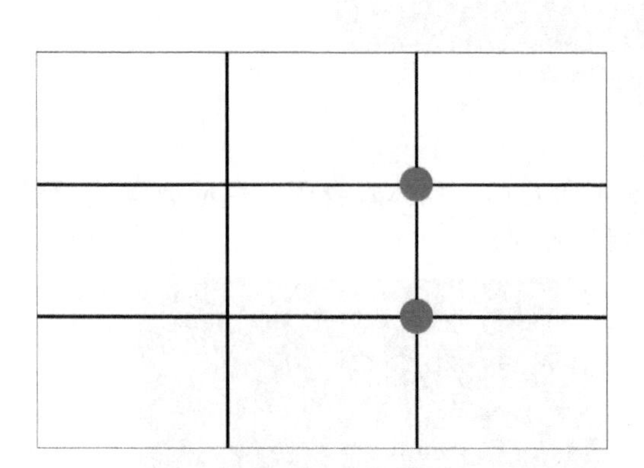

图 2-11　三分法构图

图 2-12　垂直式构图

（4）水平式构图

水平式构图给人以平静、开阔、空旷的感觉，多用来表现平坦、宁静、抒情的场面，如图 2-13 所示。

图 2-13　水平式构图

（5）斜线式构图

斜线式构图给人以不稳定的动感，常用来表现运动的画面，也可以使静止的画面活跃起来，如图 2-14 所示。

图 2-14　斜线式构图

（6）曲线式构图

曲线式构图富于变化和美感，轻松、流畅，一波三折，极有情趣，是拍摄风光常用的一种构图，如图 2-15 所示。

图 2-15　曲线式构图

（7）框架式构图

框架式构图多利用景物的特定形状组成画面的整体轮廓，如利用建筑、窗口、树干、框角等，如图 2-16 所示。

图 2-16　框架式构图

5．拍摄角度对构图的影响

（1）平摄角度（见图 2-17）

拍摄点与被摄对象处于同一水平线上。所形成的透视感比较正常，不会使被摄对象因透视变形而产生歪曲和损害。平摄角度的不足在于把处于同一水平线上的前后各种景物，相对地压缩在一起，缺乏空间透视效果，不利于层次感的表现。

图 2-17　平摄角度的构图

（2）仰摄角度（见图 2-18）

拍摄点低于被摄对象。仰摄角度能够改变前后景物的自然比例，产生一种异常的透视效果。如果仰摄角度运用不当，容易产生严重变形或使直立的物体向后倾倒的效果，损害被摄对象的正常形象。

（3）俯摄角度（见图 2-19）

拍摄点高于被摄对象。俯摄角度有助于表现盛大的场面，交代对象的地理位置，产生丰富的景深和深远的空间感。俯摄角度运用不当，会对人物形象起到丑化的作用。

综上所述，好的影视画面要综合考虑以下几个方面：

■ 有一个明确的主题，通过画面能告诉观者一件事情或一个故事。

■ 有一定的视觉冲击力，能把观者的视线很快地吸引过来。

■ 画面要简洁，构图要合理。
■ 注意适当的拍摄角度。

图 2-18　仰摄角度的构图

图 2-19　俯摄角度的构图

课后习题

把“完美的构图”文件夹中的构图作品，按照不同的景别、构图方式进行分类，以强化对构图的认识。

2.2　协调的色彩

相关知识点

1. 掌握色彩在影视画面中的运用
2. 掌握不同色彩所表达的情绪
3. 掌握基本的配色方案
4. 理解不同风格影视片所使用的色彩类型

著名摄影师斯托拉罗曾经说过：“色彩是电影语言的一部分，我们使用色彩表达不同的情感和感受，就像运用光与影象征生与死的冲突一样。”张艺谋也曾经在接受记者采访时说：“我认为在电影的视觉元素中，色彩是最能唤起人的情感波动的因素……”。的确，色彩是最具有感染力的视觉语言。色彩作为影视造型艺术的一个重要视觉元素，除了能还原景物的原有颜色，同时还能传递感情、表达情绪。色彩不但可以表现思想主题、刻画人物形象、体现时空转换、创造情绪意境、烘托影片气氛，更是构成影片风格的艺术手段。当然，由于人们对不同色彩有不同的生理、心理反应，这也就形成了色彩的情感作用。

不同的色彩会赋予影视作品不同的氛围，表达不同的情绪，下面分别来举例说明。

1. 红色

红色是太阳和火焰的色调，象征着温暖、热量，是热情、冲动、激烈等感情的象征。

红色给人以热烈而活跃，蓬勃向上的视觉感受。代表作品有《红高粱》，如图 2-20 所示。

1）在红色中加入少量的黄，会使其热性强盛，趋于躁动、不安。

2）在红色中加入少量的蓝，会使其热性减弱，趋于文雅、柔和。

3）在红色中加入少量的黑，会使其色调变得沉稳，趋于厚重、朴实。

4）在红色中加入少量的白，会使其色调变得温柔，趋于含蓄、羞涩、娇嫩。

图 2-20　红色在影视画面中的运用

2. 黄色

黄色给人以明朗和欢乐的感觉，常常被用来象征幸福和温馨。黄色因明度高，容易从背景中显现出来，具有引人注目的力量和条件。只要在纯黄色中混入少量的其他颜色，其色相感和色调均会发生较大程度的变化。代表作品有《木乃伊》《末代皇帝》，如图 2-21 所示。

1）在黄色中加入少量的蓝，会使其转化为一种鲜嫩的绿色，其高傲的色调也随之消失，趋于一种平和、潮润的感觉。

2）在黄色中加入少量的红，则具有明显的橙色感觉，其色调也会从冷漠、高傲转化为一种有分寸感的热情、温暖。

3）在黄色中加入少量的黑，其色感和色性变化最大，成为一种具有明显橄榄绿的复色印象、其色性也变得成熟、随和。

4）在黄色中加入少量的白，其色感变得柔和，其色调中的冷漠、高傲被淡化，趋于含蓄，易于接近。

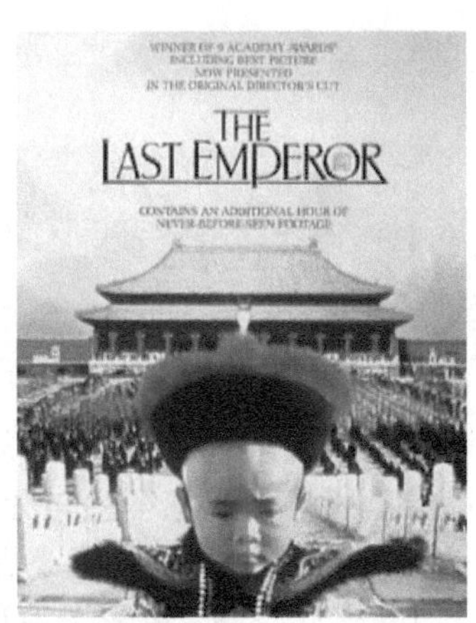

图 2-21　黄色在影视画面中的运用

3. 蓝色

蓝色在心理上形成一种冷的感觉，所以象征着寒冷。蓝色还包含着抑郁和忧伤的成分。歌德在《色彩理论》中曾经谈到，蓝色是一种能量，它处于负轴，最纯粹的蓝色是一种夺人的虚无，是喧嚣与宁静这对矛盾的综合体。蓝色的朴实、色调内向，常为那些色调活跃、具有较强扩张力的色彩提供一个深远、广阔、平静的空间，成为衬托活跃色彩的友善而谦虚的“朋友”。蓝色还是一种在淡化后仍然能保持较强个性的色调。如果在蓝色中分别加入少量的红、黄、黑、橙、白等色彩，均不会对蓝色的色调构成较明显的影响。代表作品有《蓝色》《海上钢琴师》，如图 2-22 所示。

图 2-22　蓝色在影视画面中的运用

4. 绿色

绿色是具有黄色和蓝色两种成分的颜色。在绿色中，黄色的扩张感和蓝色的收缩感相中和，黄色的温暖感与蓝色的寒冷感相抵消。这样使得绿色的色调最为平和、安稳，是一种柔顺、恬静、满足、优美的色调。绿色是自然生命中最生机盎然的色彩，也是红色的对比色，带有平静、稳定、希望的感觉，是一种最适宜人眼睛的色彩。绿色象征着和平，代表着春天，如图 2-23 所示。代表作品有《十面埋伏》。

1）在绿色中黄的成分较多时，其色调就趋于活泼、友善，带有幼稚性。

2）在绿色中加入少量的黑，其色调就趋于庄重、老练、成熟。

3）在绿色中加入少量的白，其色调就趋于洁净、清爽、鲜嫩。

5. 黑色与白色

黑色与白色是无彩色，和其他有彩色一样，也起到表达感情的作用。黑色往往使人联想到死亡、忧愁，易产生失望、黑暗、阴险、罪恶的感觉。白色使人联想到光明、清晰、神圣，易产生纯洁、淡雅、稳定的感觉。但因黑色和白色是所有色彩中明度最低和最高的色彩，所以黑色的情绪又具有低沉、凝重、庄严等感觉，白色具有虚无、冷淡、和平等感觉。代表作品有《教父》《英雄》，如图 2-24 所示。

图 2-23　绿色在影视画面中的运用

图 2-24　黑色在影视画面中的运用

在制作影视片时，我们不需要了解太专业的色彩原理，但多了解一些常用的色彩搭配方法是十分重要的。很多同学在影音制作时技术很娴熟，但做出的作品就是不好看，很大一部分原因就是色彩搭配出了问题。

6. 经典的色彩搭配方案

想要熟练掌握色彩搭配，唯一的方法就是多看、多学、多做。模仿是学习的捷径。下面介绍 14 套经典的配色方案，在做片时如果没有把握，就按照配色方案来，一般不会出错。（字母和数字为 RGB 颜色代码。）

（1）表现忠厚、稳重、品位

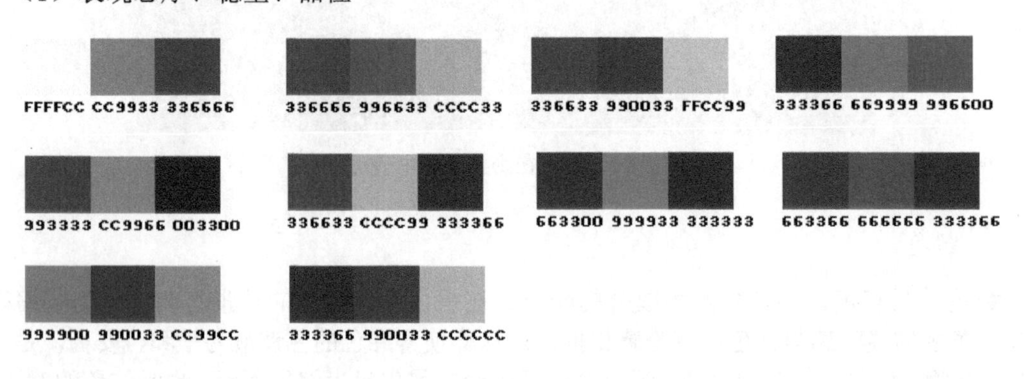

（2）表现传统、高雅、优雅

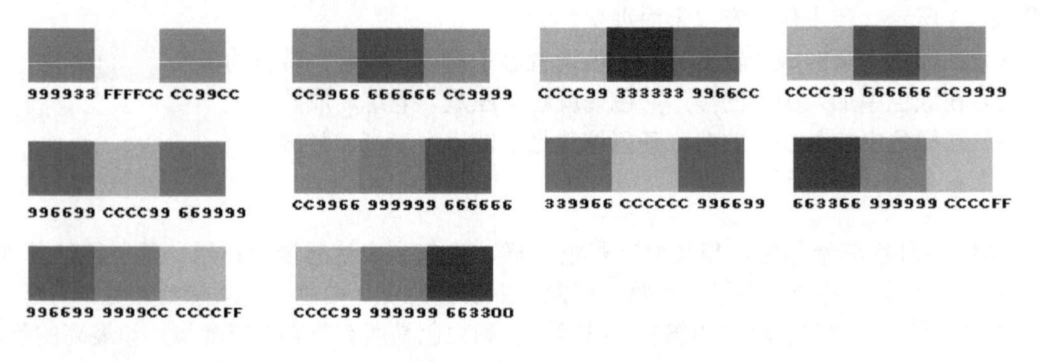

（3）表现传统、稳重、古典

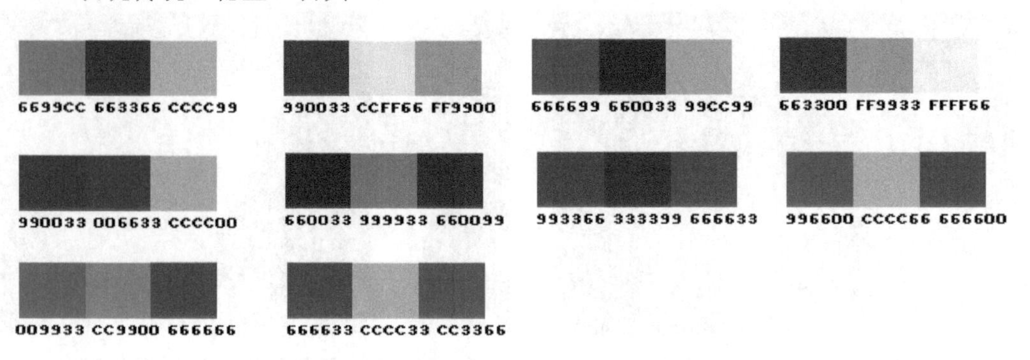

（4）表现冷静、自然

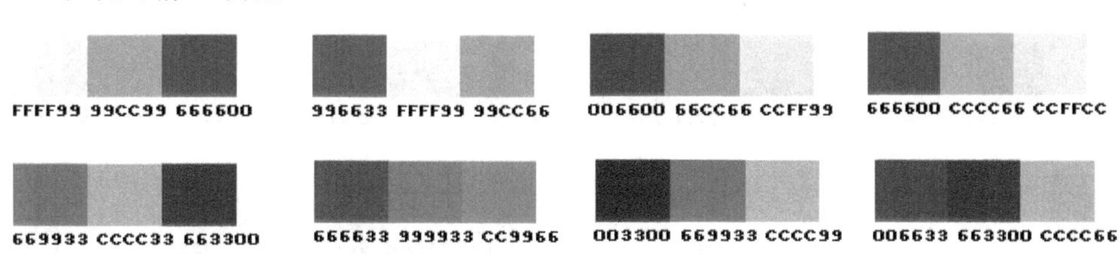

（5）表现高尚、安稳、自然

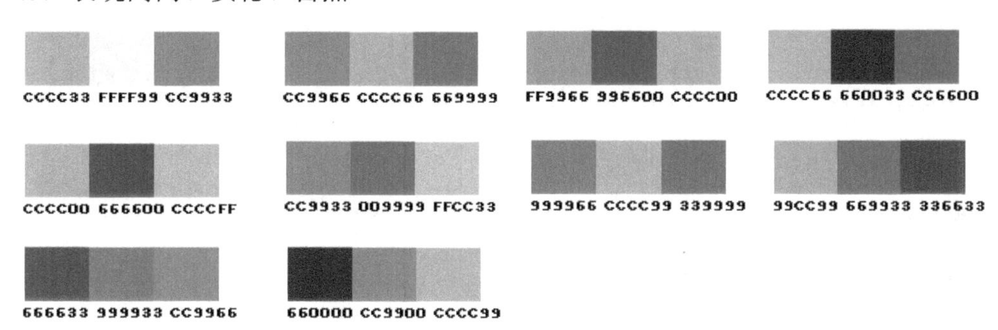

（6）表现简单、时尚、高雅

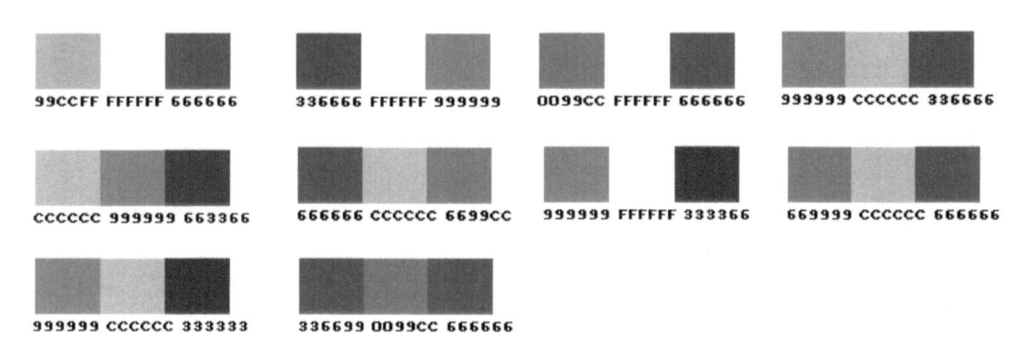

（7）表现洁净、简单、进步

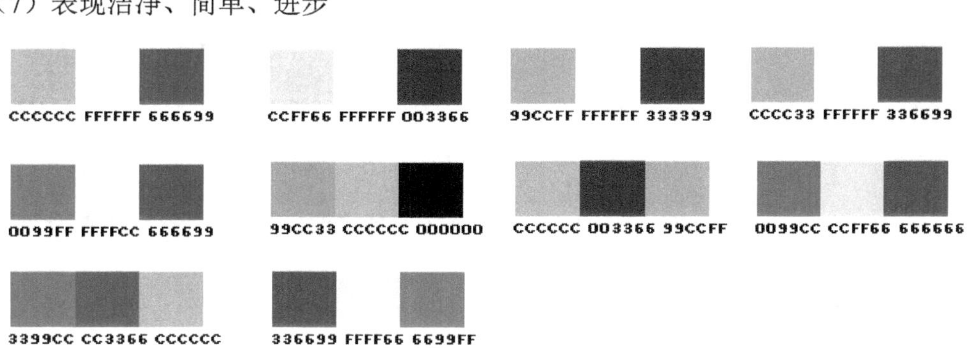

（8）表现华丽、花哨、女性化

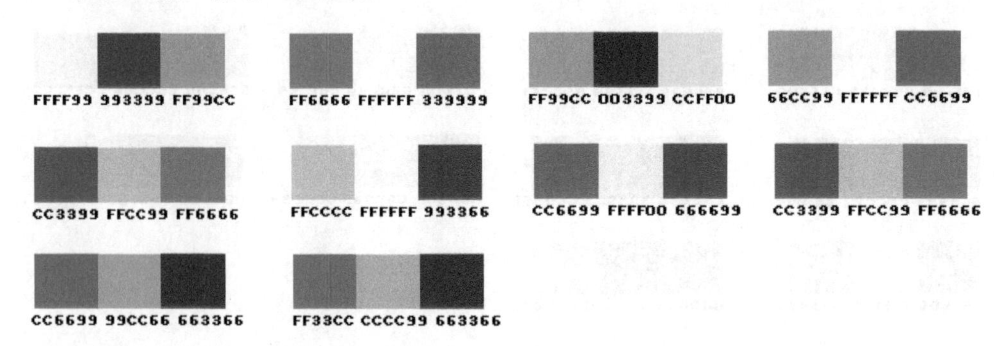

（9）表现柔和、温和、明亮

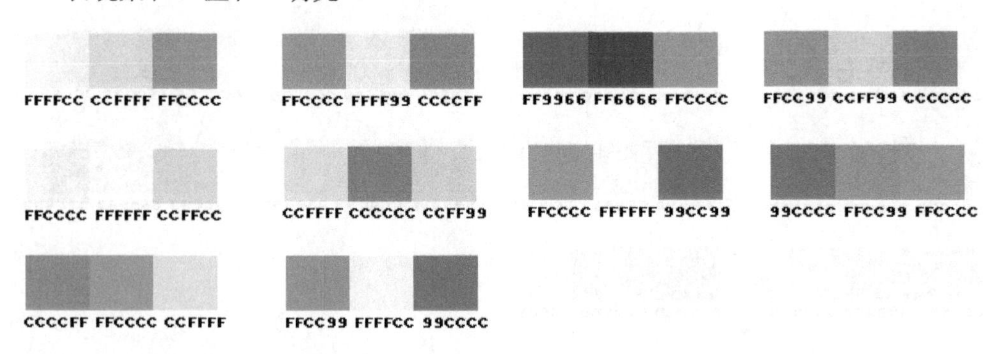

（10）表现洁净、爽朗、柔和

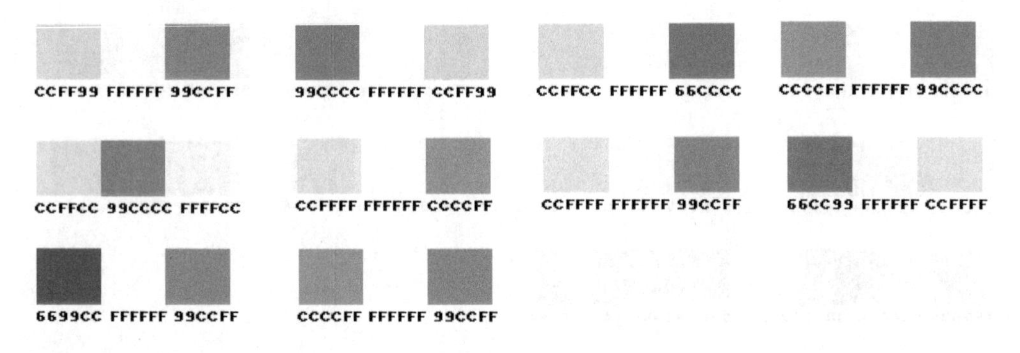

（11）表现可爱、有趣、快乐

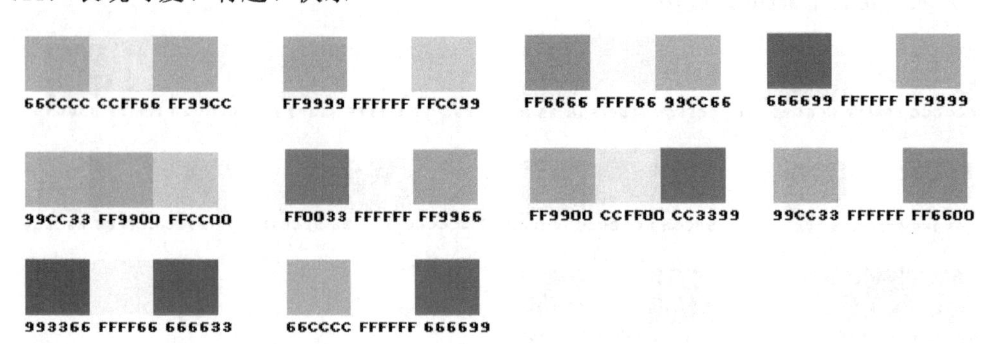

（12）表现活泼、有趣、快乐

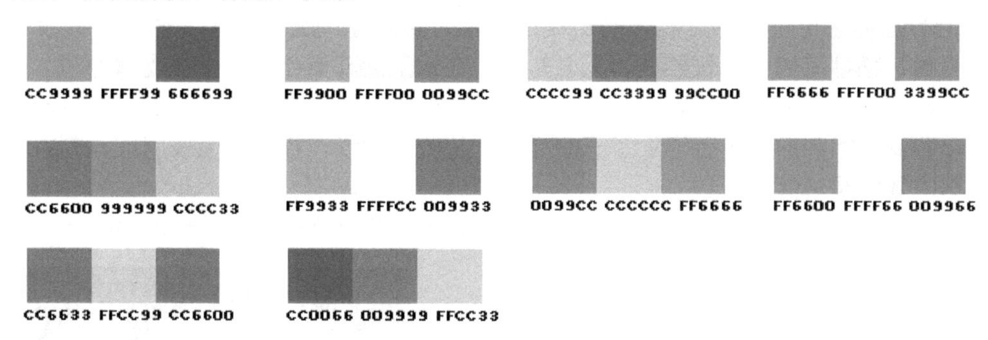

（13）表现运动、轻快

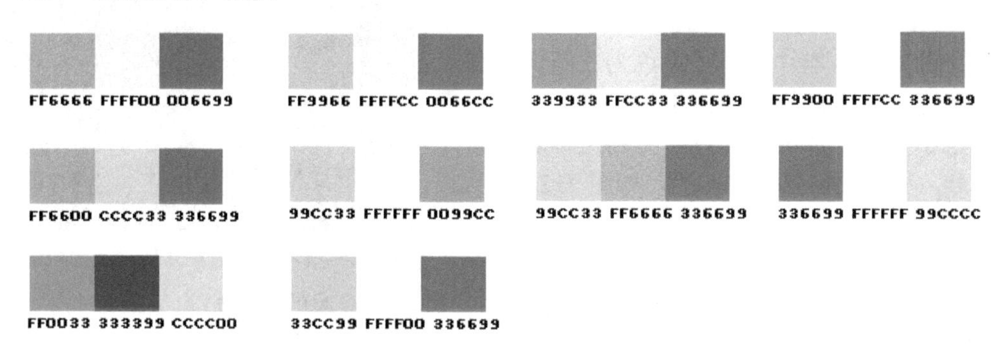

（14）表现动感、轻快、华丽

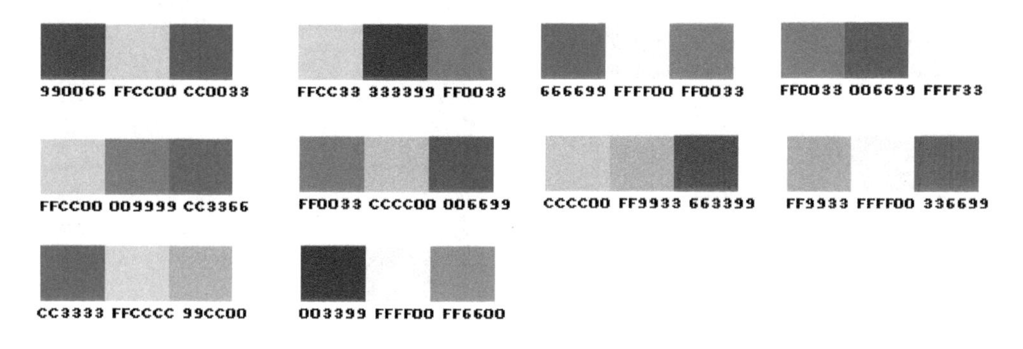

7．举例说明

（1）《英雄》

下面我们就《英雄》这部电影来体会一下色彩语言在影视片中的运用。《英雄》在总体上体现出唯美主义，影片在色彩、构图、音效、光影、动作等方面的技术运用炉火纯青，作品十分大气。色调在本片中是故事叙述者的心理反映。

1）红：嫉妒、怒火、痛苦、躁动。红色段落是无名给秦王编造的残剑飞雪的故事。因为是编造的，红色的基调反映出无名心中的躁动，而红色故事中又包含了嫉妒、怒火、痛苦等情感，极致处为漫天黄叶变成红色。

2）蓝：平静、爱情、牺牲、浪漫。蓝色段落是秦王虽发现了故事的破绽和无名的真实意图，但心态仍然可以保持平稳，是英雄惜英雄时所想象的完美故事。蓝色的故事中包含平静、爱情、牺牲等情感，极致处为无名与残剑在水上激斗后残剑守护在飞雪身边。

3）绿：真实、超脱、博爱。绿色段落是残剑给无名讲述的故事（天下）。残剑的心态已经返璞归真，柔和的绿色也增加了一些祥和、超脱、博爱，极致处为残剑放弃刺杀秦王，秦宫无尽的绿纱缓缓落下。

4）白色与黑色：无感情色彩、真实。这是张艺谋讲的故事，贯穿影片的始终，不带任何色调，只有真实。

（2）影视实例

下面我们就本书中所制作的影视实例，来解释一下色彩的运用。

1）艺术风格——《环境保护》宣传片。环保是厚重的主题，所以本片选择了黑色为主基调，在一开始就奠定了宣传片正式、沉重的态度；在片中贯穿正红色于片头、片中和片尾，特别是标题和重要标志部分，起到突出强调的作用，如图 2-25 所示。

图 2-25 《环境保护》宣传片中的色调搭配

2）通用婚庆片头。婚礼的纪录片是喜庆的，所以就以红色为主基调色，配以各种不同程度的红色和明亮的黄色，符合中国人喜欢红火的习俗，可以在普通的中式婚礼纪录片前通用，如图 2-26 所示。

图 2-26 婚庆片中的色调搭配

3）艺术活动记录的片头。忧郁的蓝色是音乐永恒的颜色，本片头的主色调是蓝色。在蓝色中贯穿跳跃的橙黄色既满足了颜色的协调，又能突出主题，如图 2-27 所示。

4）儿童电子相册。儿童类型的影片要体现活泼、童心、可爱的主题，所以本片中的色调选择以暖色调为主，通过多种跳跃颜色的协调搭配，既丰富多彩，又不显得过于花哨，如图 2-28 所示。

一部影片应当用什么样的色彩，用哪几种色彩，这些都需要同学们在平时的练习过程中多积累、多揣摩，只有这样艺术感觉才能不断地提高，才能制作出赏心悦目的优秀影视作品。

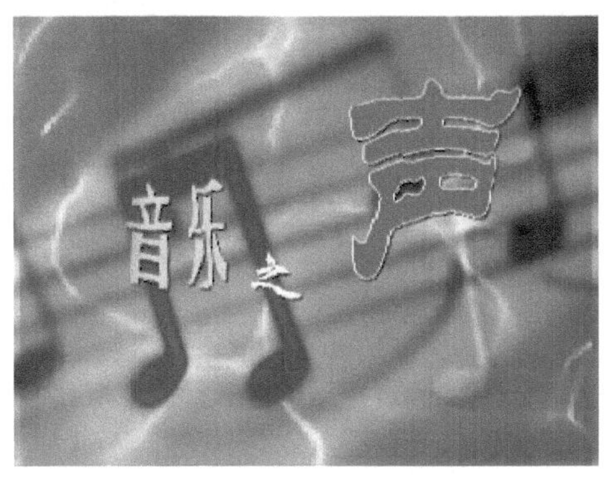

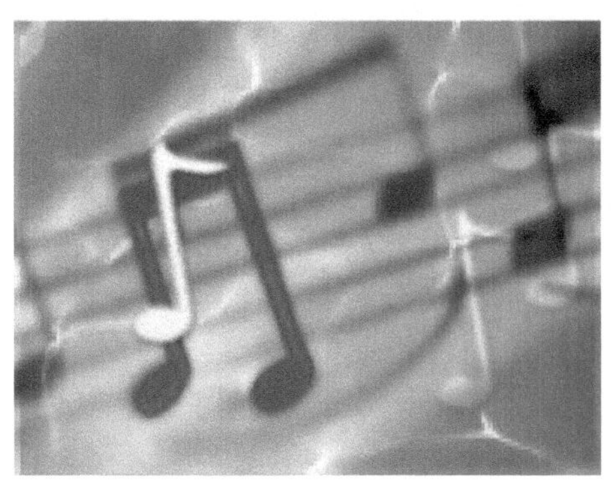

图 2-27　艺术活动记录中片头的色调搭配

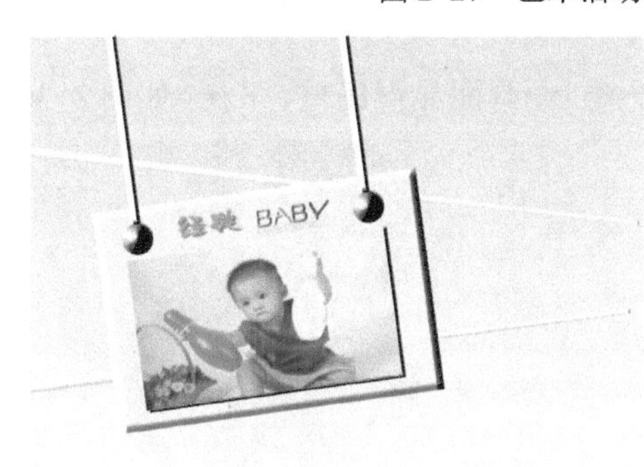

图 2-28　儿童电子相册中的色调搭配

2.3　镜头的衔接

相关知识点

1. 掌握镜头景别的分类
2. 掌握镜头角度的分类
3. 掌握运动镜头的分类
4. 掌握镜头组接的原则

什么叫镜头？通俗地说，摄影机在一次开机到停机之间所拍摄的连续画面片断，简称镜头。镜头是影片构成的基本单位。

1．镜头的景别

前面我们已经学习过景别，这里再复习一下。景别是指摄影机在距被摄对象的不同距离或用变焦镜头摄成的不同范围的画面，可分以下几类：

1）远景——表现远距离的人物及广阔范围的空间环境。

2）全景——表现人物全身及周围的环境。

3）中景—— 表现人物膝盖以上的部分。

4）近景—— 表现人物胸部以上的部分。

5）特写—— 表现人物、物体或环境的细部。

电影摄影中还沿用着其他一些景别名称，如“大远景”“大全”“小全”“人全”“中全”“半身”“中近”“近特”“大特写”等，这些是以上 5 类景别更细致的划分。

2．镜头的角度

1）摄像高度是指摄像机镜头与被摄主题在垂直平面上的相对位置或者说相对高度，如图 2-29 所示。

2）镜头的角度指拍摄时摄像机与被摄对象之间的角度，一般可分为平、仰、俯以及正、侧、反几种。

①平角（平摄）。镜头与被摄对象在同一水平线上，画面显得庄重、平稳，如图 2-30 所示。

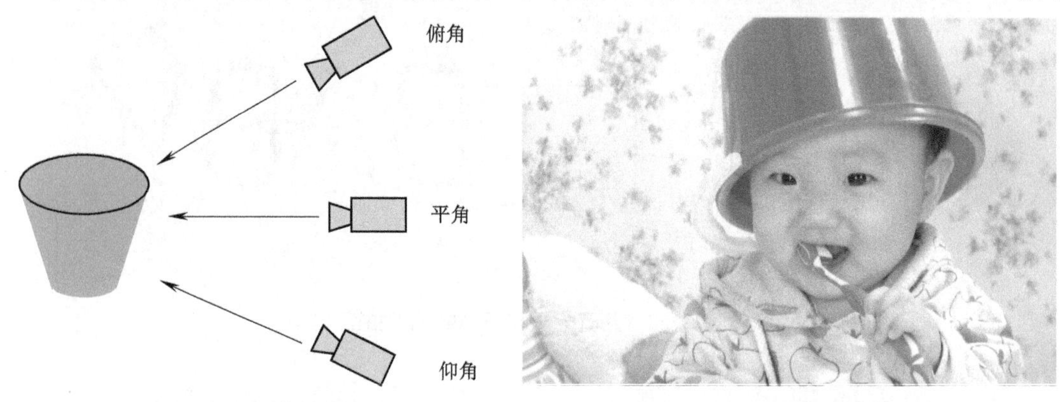

图 2-29　摄像的高度

图 2-30　平摄的摄像角度

②俯角（俯摄）。自上而下，由高到低的俯视效果，被摄对象显得矮小、空旷，如图 2-31 所示。

③仰角（仰摄）。从下往上，由低到高的仰视效果，被摄对象显得高大、雄伟，如图 2-32 所示。

图 2-31　俯摄的摄像角度

图 2-32　仰摄的摄像角度

3．镜头的运动

1）摇镜头—— 中心位置不变，向纵横各方向摇摄。摇镜头主要有以下几点作用。

- 展示空间，扩大视野。
- 通过小景别画面包含更多的视觉信息。
- 介绍、交代同一场景中两个物体的内在关系。
- 可以摇出意外的内容，制造悬念。

2）推镜头—— 摄像机对着被摄对象向前推进的拍摄方法以及所摄取的画面。推镜头主要有以下几点作用。

- 突出主体，突出重点形象。
- 突出细节，突出重要情节因素。
- 介绍整体与局部、客观环境与主体人物的关系。
- 推镜头推进速度的快慢可以影响和调整画面节奏。
- 可以加强或削弱主体的动感。

3）拉镜头—— 摄像机对着被摄对象向后拉远所摄取的画面。拉镜头主要有以下几点作用。

- 可形成视觉后移的效果。
- 使得被摄主体由大变小，周围环境由小变大。
- 交代背景。

4）移镜头—— 滑动拍摄，语言意义与摇镜头十分相似，视觉效果更为强烈。移镜头主要有以下几点作用。

- 表现大场面、大景深。
- 表现某种主观倾向。
- 摆脱定点拍摄产生多样化视点。

5）跟镜头—— 摄像机跟随运动着的被摄对象所拍摄的画面。跟镜头主要有以下几点作用。

- 连续而详细地表现角色在行动中的动作和表情。
- 既能突出运动中的主体，又能交代主体的运动方向、速度、体态及其与环境的关系。
- 拍摄主体只有一个。
- 和被摄人物的视点统一。

4．镜头的组接

镜头的组接又称为蒙太奇。简要地说，蒙太奇就是根据影片所要表达的内容和观众的心理顺序，将一部影片分别拍摄成许多镜头，然后再按照原定的构思组接起来。蒙太奇会出现非凡的效果。

1）第一张图片 + 第二张图片 = 孩子饿了，如图 2-33 所示。

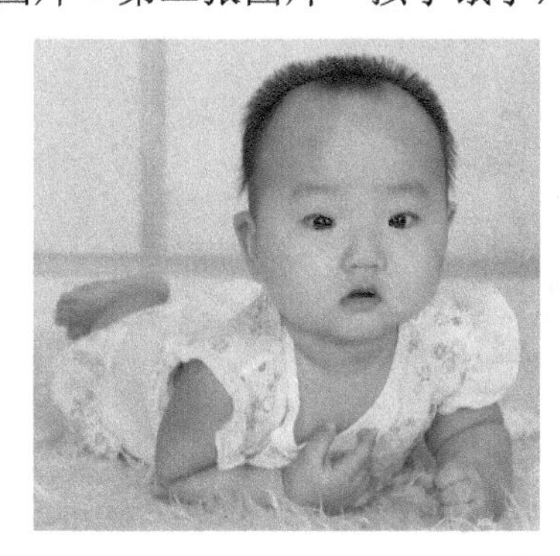

图 2-33　镜头组接方式一

2）第一张图片 + 第二张图片 = 孩子想玩，如图 2-34 所示。

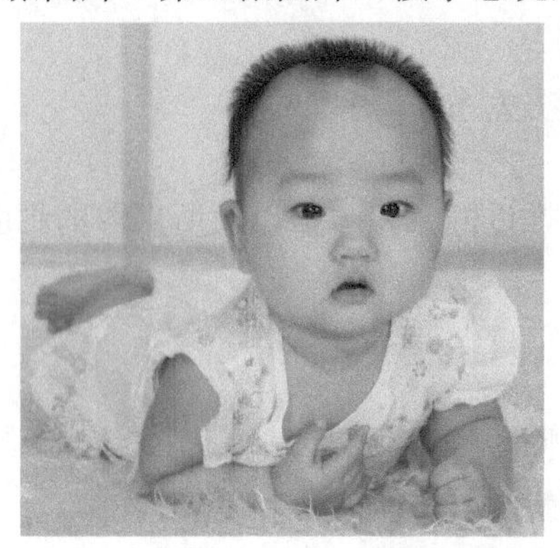

图 2-34　镜头组接方式二

3）第一张图片 + 第二张图片 = 孩子想妈妈，如图 2-35 所示。

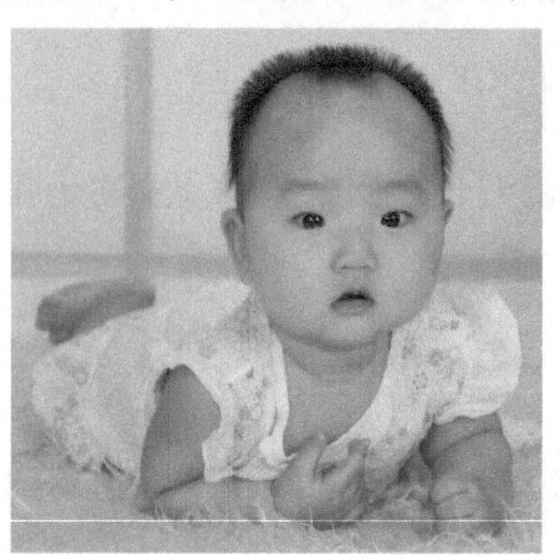

图 2-35　镜头组接方式三

4）把以下 A、B、C3 个镜头，以不同的次序连接起来，就会出现不同的内容与意义。

A．孩子在笑

B．两只小猫

C．孩子在哭

● A—B—C 的次序连接：孩子本来很高兴，看到猫后哭了，结论—— 孩子怕猫，如图 2-36 所示。

图 2-36　镜头组接方式四

● C—B—A 的次序连接：孩子本来很难过，看到猫后笑了，结论—— 孩子喜欢猫，如图 2-37 所示。

图 2-37　镜头组接方式五

● A—C—B 的次序连接：孩子本来很高兴，突然又哭了，猫很奇怪"孩子怎么哭了？"结论—— 不知道孩子喜欢不喜欢猫，如图 2-38 所示。

图 2-38　镜头组接方式六

这样，改变一个场面中镜头的次序而不用改变每个镜头本身，就完全改变了一个场面的意义，得出截然相反的结论，得到完全不同的效果。

5. 镜头组接的技巧

1）景别的变化要"循序渐进"。

● 前进式变化：景别变化由远景—全景—近景—特写，用来表现由低沉到高昂向上的情绪和剧情的发展，如图 2-39 所示。

图 2-39　前进式变化的景别

● 后退式变化：景别变化由特写—近景—全景—远景，用来表现由高昂到低沉、压抑的情绪，在影片中表现由细节扩展到全部，如图 2-40 所示。

图 2-40 后退式变化的景别

● 环行变化：由全景—中景—近景—特写，再由特写—近景—中景—远景，或者反过来运用，表现情绪由低沉到高昂，再由高昂转向低沉。

2）同机位、同景别的组接。

在镜头组接的时候，如果遇到同机位、同景别又是同一主体的画面是不能组接的，因为这样拍摄出来的镜头景物变化小，一幅幅画面看起来雷同，接在一起好像同一镜头不停地重复。另一方面，这种机位、景物变化不大的两个镜头接在一起，只要画面中的景物稍有变化，就会在人的视觉中产生跳动或者好像一个长镜头断了好多次的感觉，如同“拉洋片”“走马灯”一样，破坏了画面的连续性，如图 2-41 所示。

图 2-41 同机位、同景别的镜头衔接

遇到这种情况可以采用过渡镜头，如从不同角度拍摄再组接、穿插字幕过渡，让主体的位置动作变化后再组接。这样组接后的画面就不会产生跳动、断续和错位的感觉，如图 2-42 所示。

图 2-42 过渡镜头的采用

3）镜头组接要遵循“动接动”“静接静”的规律。

如果画面中同一主体或不同主体的动作是连贯的，可以动作接动作，达到顺畅、简洁过渡的目的，我们简称为“动接动”。如果两个画面中的主体运动是不连贯的，或者它们中间有停顿时，那么这两个镜头的组接，必须在前一个画面主体做完一个完整动作停下来后，接上一个从静止到开始的运动镜头，这就是“静接静”。“静接静”时，前一个镜头结尾停止的片刻叫落幅，后一镜头运动前静止的片刻叫起幅，起幅与落幅时间间隔大约为一二秒钟。运动镜头和固定镜头组接，同样需要遵循这个规律。如果一个固定镜头要接一个摇镜头，则摇镜头开始要有起幅；相反一个摇镜头接一个固定镜头，那么摇镜头要有落幅，否则画面就会给人一种跳动的视觉感。为了特殊效果，也有“静接动”或“动接静”的镜头出现。

4）镜头组接的时间长度。

- 远景。远景是视距最远的景别。它视野广阔、景深悠远，主要表现远距离的人物和周围广阔的自然环境及气氛，内容的中心往往不明显。远景以环境为主，可以没有人物，有人物也仅占很小的部分。它的作用是展示巨大的空间，介绍环境，展现事物的规模和气势，拍摄者也可以用它来抒发自己的情感。使用远景时，持续时间应在 10s 以上。

- 全景。全景包括被摄对象的全貌和它周围的环境。与远景相比，全景有明显的作为内容中心和结构中心的主体。在全景画面中，无论人还是物体，其外部轮廓线条以及相互间的关系都能得到充分的展现，环境与人的关系更为密切。同时，全景有利于表现人和物的动势。使用全景时，持续时间应在 8s 以上。

- 中景。中景包括对象的主要部分和事物的主要情节。在中景画面中，主要的人和物的形象及形状特征占主要成分。使用中景画面可以清楚地看到人与人之间的关系和感情交流，也能看清人与物、物与物的相对位置关系。因此，中景是拍摄中常用的景别。用中景拍摄人物时，多以人物的动作、手势等富有表现力的局部为主，环境则降到次要地位，这样，更有利于展现事物的特殊性。使用中景时，持续时间应在 5s 以上。

- 近景。近景包括被摄对象更为主要的部分（如人物的上半身），用以细致地表现人物的精神和物体的主要特征。使用近景可以清楚地看到表现人物心理活动的面部表情和细微动作，容易产生交流。使用近景时，持续时间应在 3s 以上。

- 特写。特写是表现拍摄主体对象某一局部（如人肩部以上及头部）的画面，它可以作更细致的展示，揭示特定的含义。特写反应的内容比较单一，起到放大形象、深化内容、强化本质的作用。特写在具体运用时主要用于表达、刻画人物的心理活动和情绪特点，起到震撼人心、引起注意的作用。特写空间感不强，常常被用作转场时的过渡画面。特写能给人以强烈的印象，因此在使用时要有明确的针对性和目的性，不可滥用。使用特写时，持续时间应在 1s 以上。

2.4 稿本的写作

相关知识点

1. 掌握影视稿本的定义
2. 掌握影视稿本的基本格式
3. 把小说改写为影视稿本
4. 创作出影视稿本

这里所提的稿本，特指影视稿本，或称为分镜头稿本。那么什么叫影视稿本呢？

影视稿本就是将原始的文字材料按计划分为一个个小的分镜头，镜头是构成画面语言的基本单位，把若干镜头合乎逻辑、有节奏地组接起来就可以构成完整的视觉形象。分镜头稿本是拍摄制作的蓝图和依据，是对文字材料应用影视画面语言进行再创作的过程。

1. 影视稿本的范例

上面的定义太晦涩难懂了，我们来看一个影视稿本的范例。著名的喜剧演员周星驰有一部代表作叫《唐伯虎点秋香》，其中有一段主人公华安到华府求职的片段。我们来看看这个片段如何以影视稿本的形式来呈现（见表 2-1）。

表 2-1 《唐伯虎点秋香》片段的影视稿本

序　号	景　别	画　面	解　说　词
1	全景	秋香、石榴、华安站立	华安：好小子，算你惨，我们后会有期了
2	全景	华安欲走，秋香、石榴挽留	
3	中景	石榴与华安说话 石榴掏钱 石榴对秋香说话 秋香夺银子 秋香对华安说话	石榴：那个人死了，只有买你了 华安：是吗 石榴：是呀 华安：那你再加五两 石榴：你这是坐地起价 华安：不是，我是想把那位老兄埋了 石榴：真是个好人，就买他吧 秋香：石榴，你说买就买呀，我们得先进去问问夫人才能决定啊 秋香：你明天再来好吗
4	中景—全景	秋香和石榴 回头	石榴：我去问
5	中景—近景	华安 秋香回眸一笑，转身进门	华安：秋香姐，辛苦你们了
6	全景—近景	华安	华安：现在就开始挑逗我
7	特写	手势 V	华安：老娘，我得手了

2．分析影视片段的要素

1）假设影视片段无解说词，那么就是哑剧，没有声音，再好的戏也出不来。

2）假设影视片段无画面，那么就是音乐或电台广播、说书，所以要加旁白。

3）假设影视片段无序号，那么故事情节就不会按照常理顺序发展，或产生完全不同的效果。

4）假设影视片段无景别，那么在完成拍摄时就会全无框定的范围。

3．标准影视稿本的格式（见表2-2）

表2-2　标准影视稿本的格式

序　号	景　别	画　面	解 说 词	音　乐	字　幕	其　他

4．解说词的作用

1）解释。对画面进行正确说明，防止不解或误解。解说词必须说明画面不能表现的内涵，直截了当地点明主体是什么、在干什么以及因果关系。

2）深化。解说词的深化作用表现在能够加强画面的感知震撼力，起到话外有画的功用。这便要求行文要有文采，布局要有跌宕。

3）概括。从狭义的画面抽象出广义的理论，此为解说词的又一功用。

5．影视稿本的写作

为了便于大家学习影视稿本的写作，我们先从改编练起。

1）下面是著名的网文《第一次亲密接触》的片段之一。

晚上在研究室，继续为着论文打拼……
说也奇怪，今晚看到那些熟悉的偏微分方程式，却一直觉得不顺眼……
用几条简单的偏微分方程式来解释自然界的物理现象，就叫科学……
那为什么用天上星宿的排列组合来解释人生，就会叫迷信呢？……
科学应该只是解释真理的一种方法，不能用科学解释的，未必不是真理……
为什么学科学的人，却往往掉入自己所擅长的逻辑的陷阱之中呢？……
那只讨厌的野猫，偏偏又在此时发出那种三长一短的叫声。
上线吧！……反正脑筋已经打结了……程式一定写不下去……
“痞子……终于看到你了……晚安呀……：）……”
终于？这个形容词好奇怪。更奇怪的是，为什么这么晚了她还在线上？……
该不会又是心情不好吧！？……
“是呀……你我相逢在黑夜的网络上……真是有缘……”
学学徐志摩，也许她会觉得我还是很浪漫的。
“痞子……跟缘分无关……因为我是刻意从两点多等到现在的……”
“真的假的？……没事干嘛等我？……”
“我想跟你聊天呀！……不然我睡不着……”
“你得了被害妄想症吗？……非得在睡前受到一点惊吓才睡得着吗？……”
“：）……”
这次的笑脸符号是用全形字打的，看来笑得比较大声……

"痞子……继续中午的话题……那你觉得网络上的邂逅如何呢？……"
拜托……哪壶不开提哪壶……中午刚被阿泰训了一顿……现在怎敢再讲……
"网路上的邂逅……很……很……很浪漫呀……"
我果然不善于说谎，昧着良心时，连打出来的字也会抖……
"痞子……你骗人……你又不是浪漫的人……"
完了……快要跟阿泰去喝酒了……

我们先分析一下这个片段。这一段纯粹是两人在计算机前的对话，请大家在脑海中先想象一下，这样一个片段如何用影视语言来解决呢？假设现在你在看电视剧《第一次亲密接触》，那么这一集在电视里会是什么样呢？

2）改编后的影视剧本见表 2-3。

表 2-3　改编后的影视剧本

序　号	景　别	画　面	解 说 词	音　乐
1	远景	新街口流光溢彩的夜景		符合意境的歌曲
2	远景—近景	从夜景推到一栋楼房的窗口灯光		
3	全景	一个实验室的布局，突出化学仪器和书籍		
4	全景	窗外漫天的星星	痞子：哎，用天上的星宿排列组合来解释人生，就是迷信	
5	中景	一个人的背影站起来看天空	几条简单的方程式介绍自然界就叫科学	
6	中景	痞子的背面，伸着懒腰	什么论文，不顺眼	
7	中景	痞子的懒腰伸到半空，回头		（同期声）猫叫的声音
8	特写	屏幕上的字幕：痞子……终于看到你了……晚安呀	女声同期	
9	特写	屏幕上的"终于"两字		
10	近景	痞子挑了一下眉毛，有些奇怪的表情，眼睛向下方看去		
11	特写	时钟指向凌晨两点，旁边一个苦着脸的笔筒		
12	特写（交替）	屏幕上的字幕：是呀……你我相逢在黑夜的网路上……真是有缘		
13	近景	痞子有些自鸣得意的表情	痞子：ROMANTIC	
14	近景—特写	痞子瞪大眼睛	女声：痞子……跟缘分无关……因为我是刻意从两点多等到现在的	
15	特写	屏幕上的字幕：真的假的？……没事干嘛等我	男声同期	（同期声）键盘的打字声
16	特写	屏幕上的字幕：我想跟你聊天呀！……不然我睡不着	女声同期	
17	全景	一对小人在荡秋千的装饰品	男声同期：你得了被害妄想症吗？……非得在睡前受到一点惊吓才睡得着吗	（同期声）键盘的打字声
18	特写	一对小人的笑脸		
19	近景	屏幕上的字幕：痞子……继续中午的话题……那你觉得网络上的邂逅如何呢	女声同期	

（续）

序　号	景　别	画　面	解 说 词	音　乐
20	近景	痞子发呆的表情	痞子：网络上的邂逅	
21	近景	被阿泰训斥的情形		
22	近景	痞子夸张的害怕表情	男声同期：网络上的邂逅……很……很……很浪漫呀	（同期声）键盘的打字声
23	近景	痞子夸张地倒在电脑桌上	女声同期：痞子……你骗人……你又不是浪漫的人	
24	近景	从痞子的背影摇到荡秋千的小人	痞子：完了……快要跟阿泰去喝酒了	

3）由此可见，小说与影视剧本语言的不同特点在于：

● 小说可以综合运用叙述、描写、抒情、议论和说明等多种表现手法来刻画人物，表现社会生活；而影视剧本则主要运用记叙与描写的手法，所写的文字大都能转换成具体的画面，产生可视化的效果。

● 小说的造句长短皆可，口语、书面语皆可；影视剧本的造句多用短句以及生活化的语言。

● 小说可以运用多种修辞手段使语言生动以加强表达效果；但影视剧本对不能转换成动作与画面的修辞手法大都不用，对话中的抒情除外。

下面再举一个例子说明（小说《还珠外传》片段）。

（背景：树林里）

（人物：白衣师父，紫薇）

（白衣师父正在练功，一片片树叶在她掌间如雨絮般纷飞。紫薇悄悄来到她身后，白衣师父已然察觉，一片树叶飞去，紫薇灵巧地一扭身子，躲了过去。）

（白衣师父看了看紫薇，眼睛深处泛起一丝不易察觉的喜爱之意。）

白衣师父：（走到紫薇身边）我练功的时候最不喜欢别人打扰，这回算你命大。（将地上的紫薇拉了起来）

紫薇：（跪下）我想跟您学武，求您成全。

白衣师父：理由呢？

紫薇：（坚决）紫薇身负大仇！

白衣师父：（冷笑）做我的徒弟可不是一件容易的事。

紫薇：（膝行几步）死走逃亡一律与您无关。

白衣师父：光是这样远远不够，还要有悟性和几近疯魔的决心。你有吗？

紫薇：有！

白衣师父：那就证明给我看。（指着一棵碗口粗的树，随意一掌拍下去，树身纹丝不动，树叶被掌力震得漫天飞舞，下起了一阵倾盆的木叶雨。）我会传你一套口诀，你按着口诀来练，12 个时辰之内，如果你能震下这一半多的树叶，我就答应你。

紫薇：一言为定。

（背景：树林里，夜色阑珊，月华如水。）

（人物：紫薇）

（紫薇还在一掌接一掌地拍着这棵大树，树身依旧纹丝不动。紫薇擦了擦汗水，看了看已经磨掉了皮的稚嫩手掌，竟笑了笑，继续练习。）

（夜色渐浓，将她六岁的纤弱身影吞没了。）
（背景：次日清晨，树林里）
（人物：紫薇，白衣师父）
（一夜未睡的紫薇还在练习着。白衣师父不动声色地满意地一笑。）
白衣师父：（站在紫薇身后）知难而退吧。
紫薇：（眼睛盯着树）不要！

改编后的影视片段（见表 2-4）。

表 2-4　改编后的影视片段

序　号	景　别	画　面	解 说 词	音　乐
1	远景	一片笼罩在白雾之中的树林		悠扬的古琴
2	全景	一个白色人影在林中飞舞		风声
3	近景	树叶从白衣人袖间穿过		
4	特写	树叶在掌中纷飞		
5	近景	白衣人突然转头		
6	全景	不远处站着紫薇		
7	特写	一片树叶从白衣人掌中飞出		
8	特写	树叶飞向紫薇的方向		
9	近景	紫薇一转身，树叶从她腰间划过一束秀发		“嗖”的声音
10	特写	秀发飘落到地上		
11	近景	紫薇跌坐在地上		
12	全景	白衣人走向紫薇		
13	近景	白衣人眼中闪过一丝喜爱	白衣人：我练功的时候最不喜欢别人打扰，这回算你命大	
14	全景	白衣人拉起紫薇		
15	全景	紫薇跪下	紫薇：我想跟您学武，求您成全	
16	近景	白衣人	白衣人：理由呢	
17	近景	紫薇	紫薇：紫薇身负大仇	
18	近景	白衣人	白衣人：做我的徒弟可不是一件容易的事情	
19	全景	紫薇膝行	紫薇：死走逃亡一律与您无关	
20	全景	白衣人	白衣人：光是这样远远不够，还要有悟性和几近疯魔的决心。你有吗	
21	特写	紫薇的眼神	紫薇：有	
22	全景	白衣人指着一棵碗口粗的树，随意一掌拍下去，树身纹丝不动，树叶被掌力震得漫天飞舞，下起了一阵倾盆的木叶雨		
23	特写	一片树叶落到了手背上		
24	近景	紫薇惊讶的表情		树叶哗哗落地的声音
25	中景	白衣人	白衣人：我会传授你一套口诀	
26	近景	紫薇	紫薇：一言为定	

制作影视片的基本顺序为创意构思—影视稿本—准备素材（含拍摄）—编辑制作—特效制作—合成影片，而稿本是最重要的一个环节，制作影视片的一切工作都要围绕着稿本展开。同学们在学习过程中要多多积累，努力提高自己的写作能力，而绝不能仅仅满足于掌握娴熟的制作技术。殊不知，一个影视剪辑技能再熟练的人，如果缺乏主动创作稿本的能力，那么永远只能做一个“工匠”，而缺乏自己的血肉和灵魂。

课后习题

改写小说片段《拼搏的人生》为影视稿本

工地　日　外景

（道具：工地常用工具如铲子、水桶、木板、担子等。

服装：工人们穿着肮脏不新的工人服装。杜光辉身穿肮脏的蓝色短袖衬衫，黑色西裤。）

工业区里一栋建筑中的大楼。工地上的工人们正在劳动，搬水泥、抬石砖、堆砌红砖……

一群小孩的惊叫声，紧接着是小孩的求救声。

工人们听到了，都立刻停下手上的工作，跑到声音传来的地方。

树下　日　外景

（服装：小孩们穿着普通的短衣裤；张家骏穿白色衬衫，灰色毛线衬衫，西裤质料的短裤，带有富家子弟的感觉。）

工地后面的一棵大树下，一群（6 个）小孩正在不知所措地哭喊着，树下张家骏倒卧在地上，昏迷状态，腿部的鲜血不断渗透出来，工人们跑到现场。

二宝：快叫救护车。

阿强：应该进行急救，谁学过急救？

工人们都摇头。

杜光辉：（28 岁，回忆人生经历）没时间考虑了（立刻抱起张家骏往医院跑去）。

众人用崇拜的眼光看着如英雄般的杜光辉，目送他离开。

医院走廊　日　内景

病房外走廊，医生、护士走出来，向杜光辉交代病情。

医生：你是男孩的家人？男孩的腿骨折了，幸好及时送来得到治疗。

杜光辉：我不是他的家人。

护士：（欣赏的目光）看你那么焦急还以为……还真是个大好人。

杜光辉：不敢当，我当时只是想到自己儿子。（停顿一下）如果他有难的时候也能得到别人的帮助就好了。

医生：真是个好父亲，一起进去探望病人吧。

病房　日　内景

（道具：脚部的石膏套，名牌钱包。）

张家骏躺在病床上，脚上打了石膏被吊起，看着陌生的四周好害怕，见医生和杜光辉进来，瞪着大大的眼睛看他们。

护士：（微笑）小朋友，不用害怕，我们是医生，而他（指杜光辉）是救你的人。你记得家人的电话吗？护士姐姐会帮你把他们找来。

张家骏：（从口袋里掏出一个名牌的钱包）里面有爸爸妈妈公司的卡片。

护士：（打开钱包，里面有许多银行卡和现金，惊叹）哇……小朋友，你家里很有钱吧。（突然发觉自己的失态，不好意思。）

张家骏：姐姐你喜欢就拿去，还有送我来的叔叔，你们把它分了，我不要这害人的东西了。

杜光辉：小朋友，你为什么这么说？

张家骏：（泪汪汪的眼睛）都是它害的。小朋友都不跟我玩，还笑我是“二世祖”……

杜光辉：（画外音）没想到钱在这小孩的心中是这样的。

护士：（抄下卡片上的号码，把钱包还给张家骏）小朋友，钱都是你父母很辛苦赚回来的，你应该好好珍惜。我现在给你联系你的父母。（医生护士离开，杜光辉也想跟着离开）

张家骏：（眼睛水汪汪地看着杜光辉）叔叔，你也要走了吗？

第 3 章　数字影视后期制作技术

3.1 时尚风格——幼儿园活动纪录片

任务描述

幼儿园活动纪录片通常是可爱的、时尚化的和体现潮流的，所以在整体风格上要表现出流行趋势。为了达到宣传目的，内容中要表现出主体人物的图片、音频，创造出一种抓人眼球的效果。

任务分析

考虑到做片的时间非常短，在这里我们决定用 Premiere 自带的字幕模板，利用现有的片头、片中和片尾制作出一部风格统一的影片。考虑到贴合主体人物的特点，模板选择暖色调系列，用充满童趣的歌曲作为串接，以突出主题。

相关知识点

1. 创建字幕模板并根据需要修改字幕模板中的内容
2. 把素材恰当地运用到字幕模板中
3. 添加适当的滤镜和转场
4. 添加和剪辑适当的音频
5. 合成特定格式影片

操作步骤

1）打开 Premiere Pro CS3，单击“新建项目”按钮，弹出“新建项目”对话框，选择 PAL（Phase Alteration Line，逐行倒相）制式的标准 48kHz，保存在“F:\ 教材 \ 数字媒体后期处理综合实训教程 \3.1 时尚风格—幼儿园活动纪录片”内，输入名称为“幼儿园活动纪录片”，如图 3-1 和图 3-2 所示。

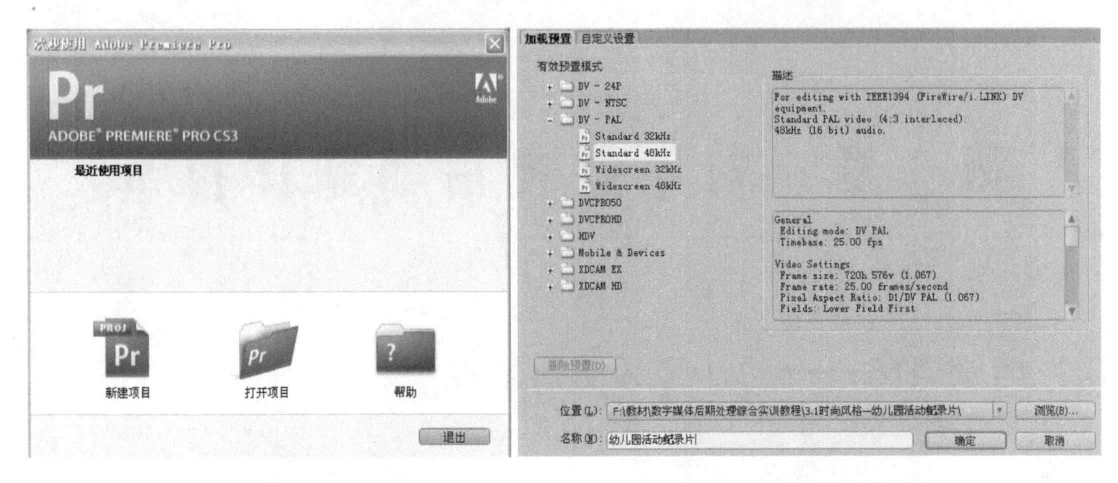

图 3-1　打开 Pr 软件选择“新建项目”　　　　图 3-2　设置新项目属性

2）单击“确定”按钮进入工作界面并调整好界面窗口。根据本宣传片的节奏判断，在导入素材之前，先把一些属性预设一下。选择菜单“编辑”→“参数”→“常规”，在“常规”项下设置转场时间为 1s；在单帧项下设置图片持续时间为 3s，如图 3-3 和图 3-4 所示。

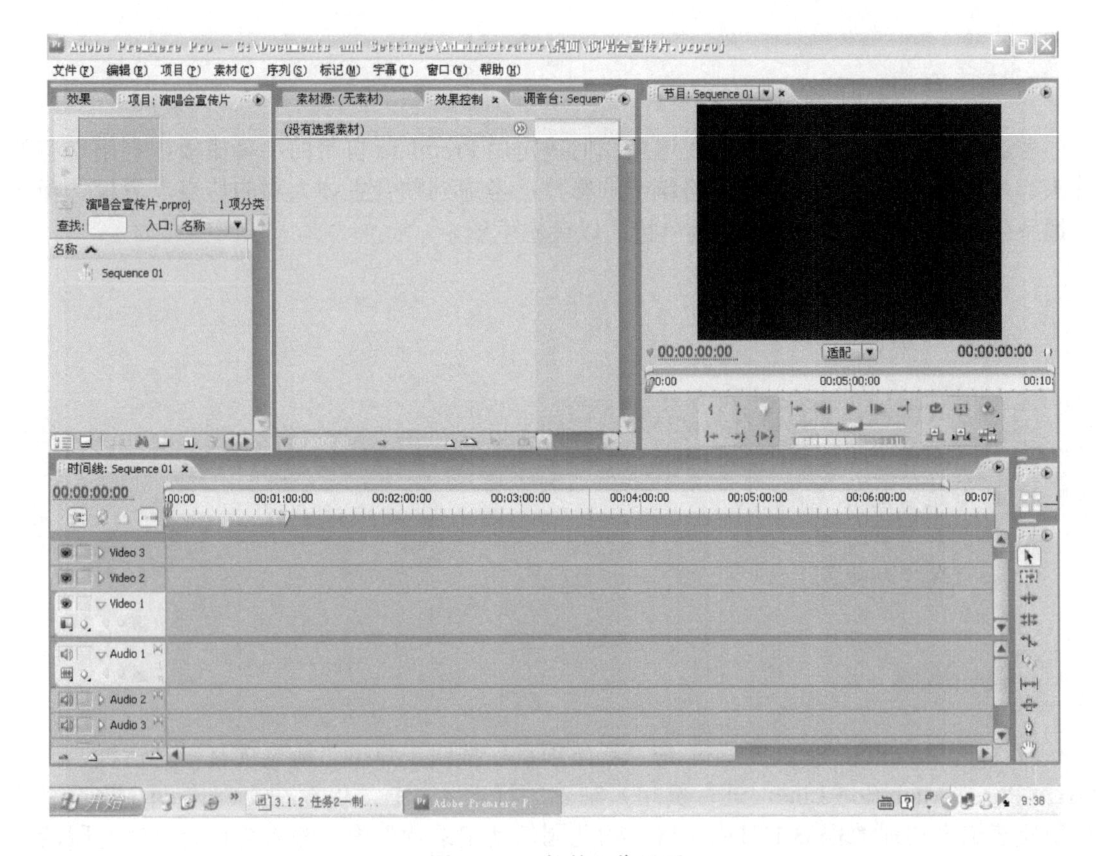

图 3-3　Pr 软件工作界面

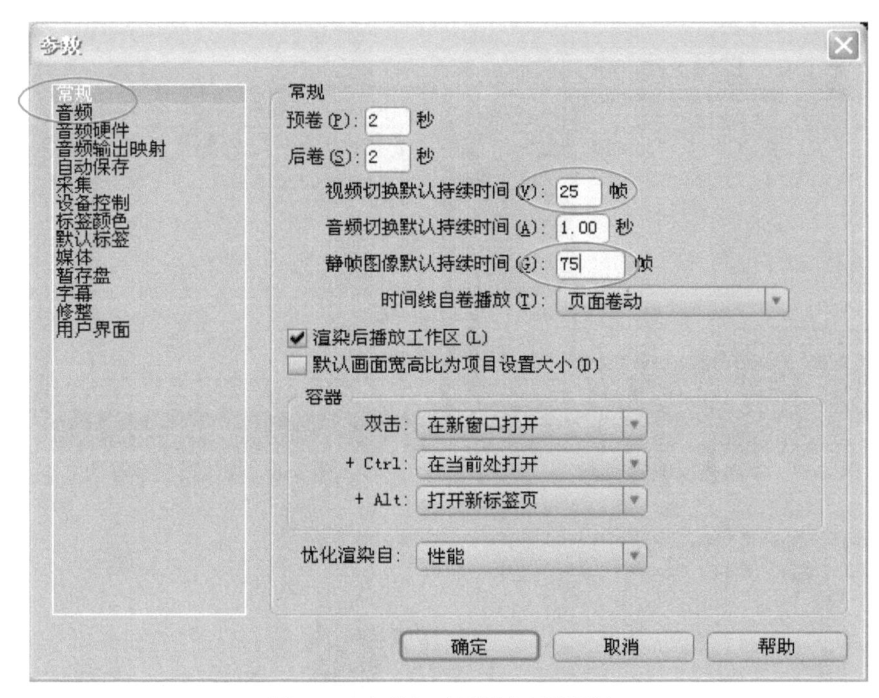

图 3-4 “参数”对话框中预设属性

3）设置完毕后，双击“项目素材库”，导入相关素材，选择菜单：“字幕”→“新建字幕”→“基于模板”，打开字幕设计预置下的“Education”（教育）→“Balloons1”（气球）→“Balloons1_full”，如图 3-5 和图 3-6 所示。

4）单击“OK”按钮，现在看到，字幕板中已经呈现出了设计完成的背景和文字，下面只要在模板上修改就可以。按照本记录片的主题修改字幕模板，部分文字的字体需更改为中文字体，再根据需要调整文字的字体大小和摆放的位置直到满意，如图 3-7 和图 3-8 所示。

5）关闭“字幕板”，把字幕“片头”从“项目素材库”拖动到视频 1 轨道，拖动照片“1.jpg”到视频 2 轨道，修改照片的比例为“65%”，位置坐标为“455，340”（适当下移一些），并添加边缘羽化特效，设置参数为“49”。如图 3-9 和图 3-10 所示。

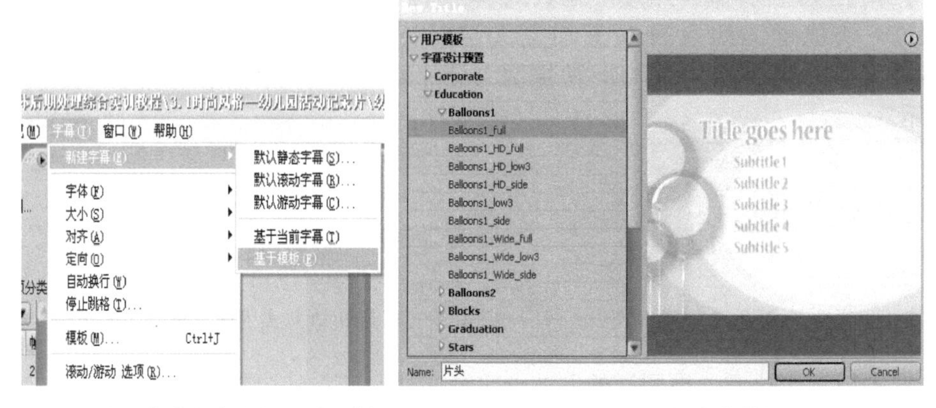

图 3-5 在字幕菜单中选择“基于模板”　　图 3-6 选择字幕模板

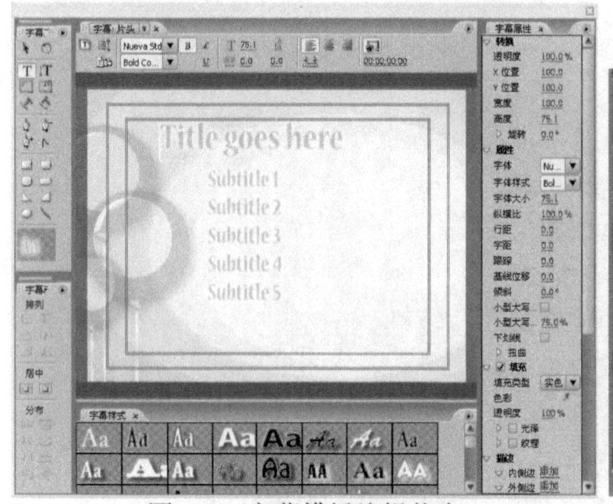

图 3-7　字幕模板编辑状态

图 3-8　修改模板字幕的文字

图 3-9　拖动模板字幕和照片到时间线

图 3-10　修改照片的比例和位置

6）同时拖选中字幕和照片，拖长到 5s 的位置，时间轴移动到“00:00:00:00”处，按 <Ctrl+D> 快捷键为照片开头添加交叉溶解（Cross Dissolve）转场，时间轴移动到“00:00:05:00”，同样按 <Ctrl+D> 快捷键为照片结尾添加交叉溶解转场，如图 3-11 和图 3-12 所示。

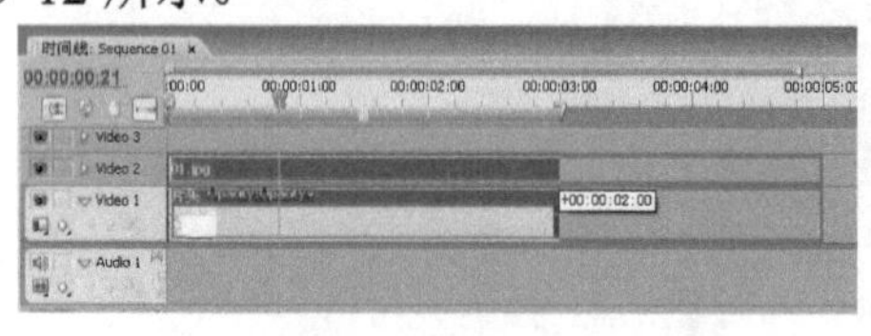

图 3-11　拖长字幕和照片到 5s 处

图 3-12　用快捷方式为照片添加淡入淡出

7）选中视频 2 轨道，用同样的方法给字幕文件的开头结尾都添加交叉溶解转场，如图 3-13 所示。

图 3-13 用快捷方式为字幕添加淡入淡出

小提示

观察一下交叉溶解转场前的红色标记，这是其他转场特效都没有的。因为在制作过程中交叉溶解是极其常用的一个转场，所以软件附加了一个快捷键<Ctrl+D>给它，以方便制作。

8）基于模板创建字幕“我的一周”，打开字幕预置设计下的“Education”→“Balloons”→“Balloons1_side”，单击“OK”按钮，修改文字如图 3-14 和图 3-15 所示。

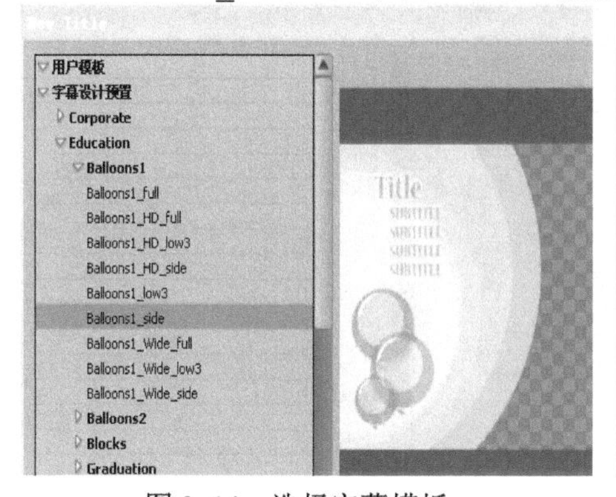

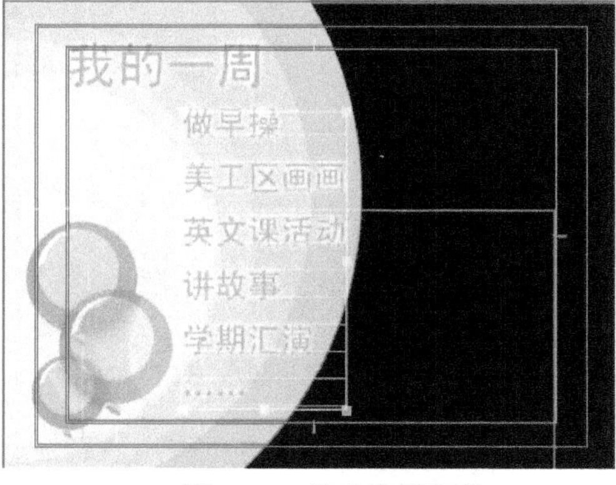

图 3-14 选择字幕模板

图 3-15 修改模板字幕

9）现在保存字幕，拖动字幕到视频 2 轨道，与前段素材无缝连接，拖动照片“02.jpg”到视频 1 轨道，与前段素材无缝连接，修改图片位置为“630，288”，如图 3-16 和图 3-17 所示。

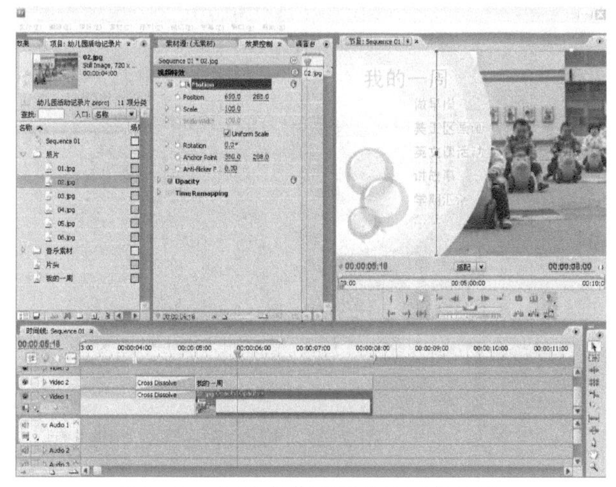

图 3-16 拖动字幕和照片到视频轨道

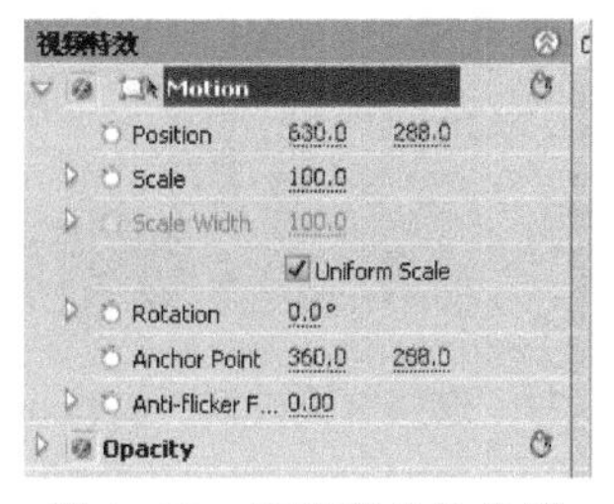

图 3-17 修改照片的位置

10）拖动字幕“我的一周”到14s处，再依次拖动照片“03.jpg”和“04.jpg”到视频1轨道，与前段素材无缝连接，修改照片的位置，如图3-18和图3-19所示。

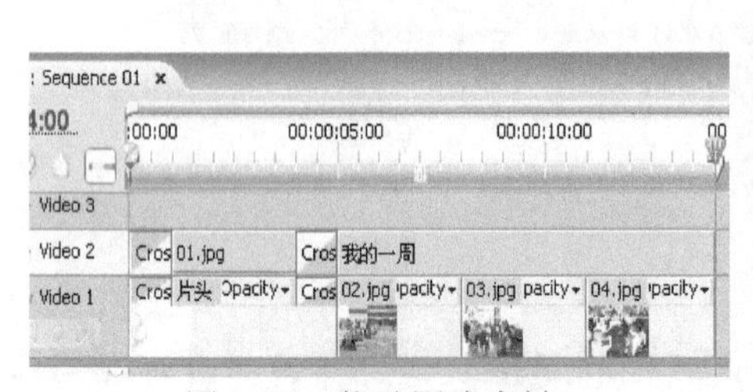

图3-18　拖动图片素材

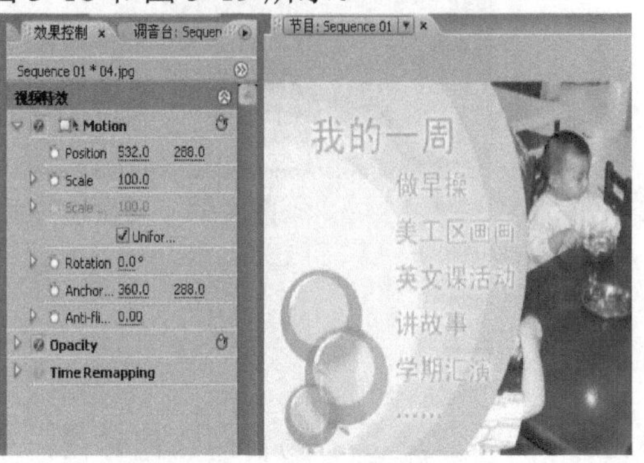

图3-19　修改图片位置

11）给照片“02.jpg”和“03.jpg”之间、照片“0.3.jpg”和“04.jpg”之间添加“Additive Dissolve”（附加溶解）转场，如图3-20和图3-21所示。

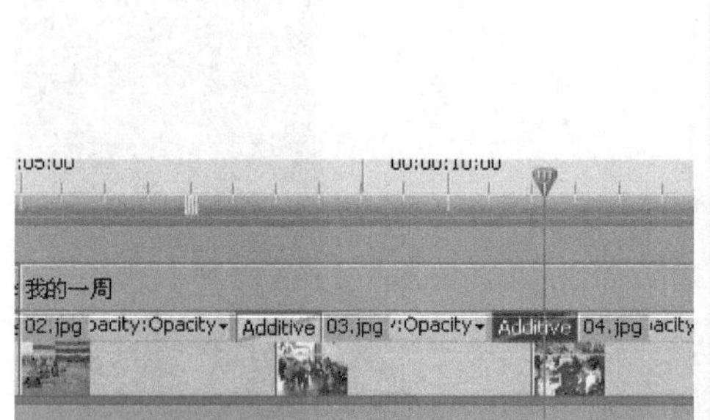

图3-20　添加“Additive Dissolve”转场

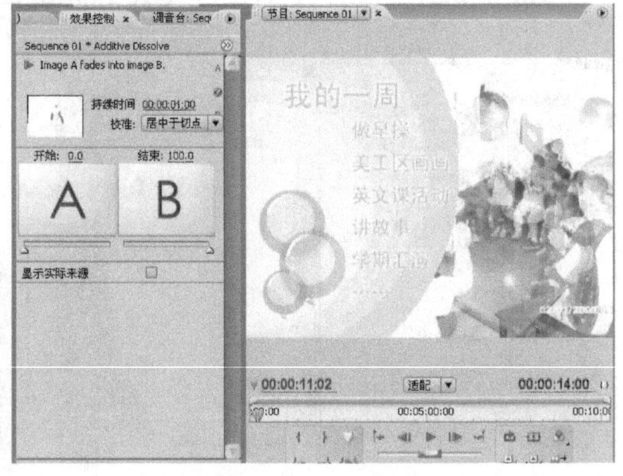

图3-21　添加“Additive Dissolve”后的效果

12）给照片“02.jpg”和“04.jpg”的头尾添加交叉溶解转场，基于模板创建字幕“照片集锦”，打开字幕预置设计下的“Education”→“Balloons”→“Balloons1_low3”，单击“OK”按钮，修改文字如图3-22和图3-23所示。

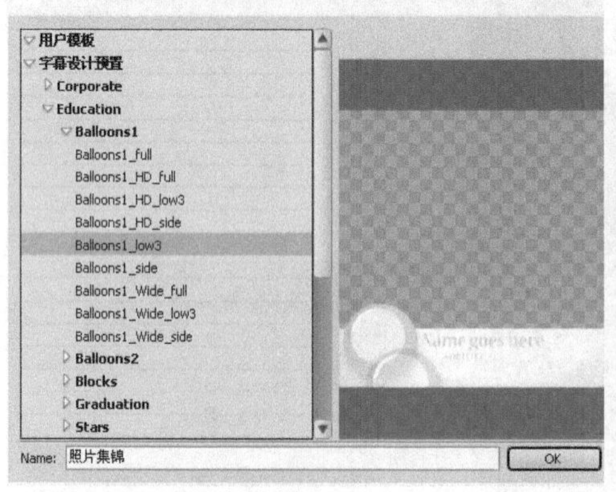

图3-22　选择字幕模板“Balloons1_low3”

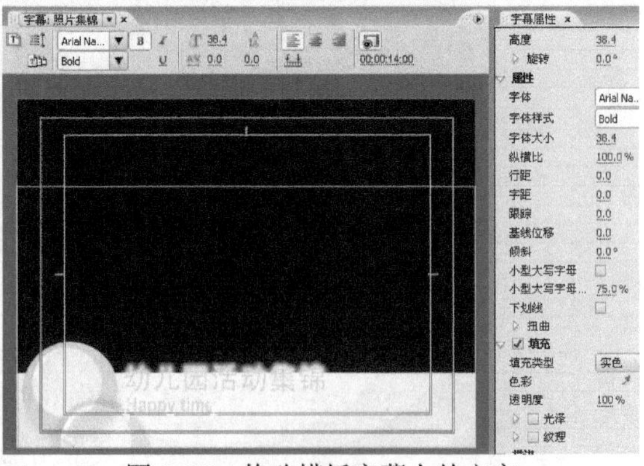

图3-23　修改模板字幕上的文字

13）拖动字幕“照片集锦”到视频2轨道，与前段素材无缝连接，拖动该字幕到28s24帧处，拖动照片“05.jpg”到“09.jpg”到视频1轨道，如图3-24和图3-25所示。

图3-24 拖动字幕和照片到视频轨道　　图3-25 添加照片后的效果

14）选择视频转场“Iris Shape”（形状圈出）到照片“05.jpg”和“06.jpg”之间，设置转场的边宽为“4”，颜色为“橘黄色”，如图3-26和图3-27所示。

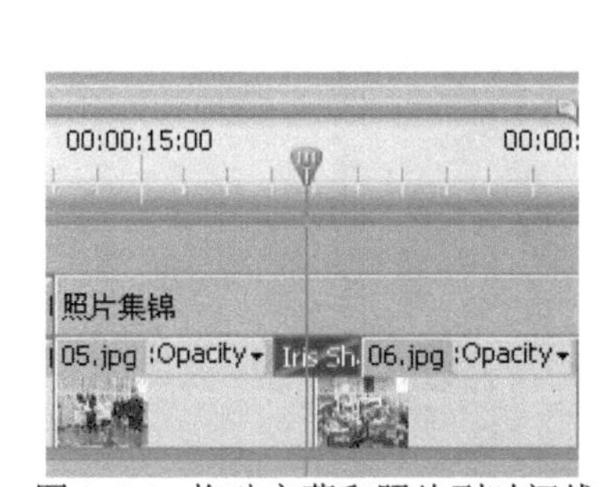

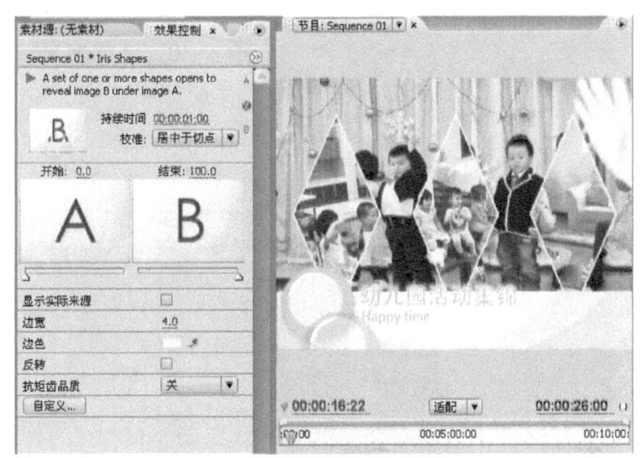

图3-26 拖动字幕和照片到时间线　　图3-27 设置特效的属性

15）为照片“06.jpg”和“07.jpg”之间添加“Sliding Boxes”（移动带状滑行）转场并设置参数，为照片“07.jpg”和“08.jpg”之间添加“Paint Splatter”（泼溅油漆）转场并设置参数，如图3-28和图3-29所示。

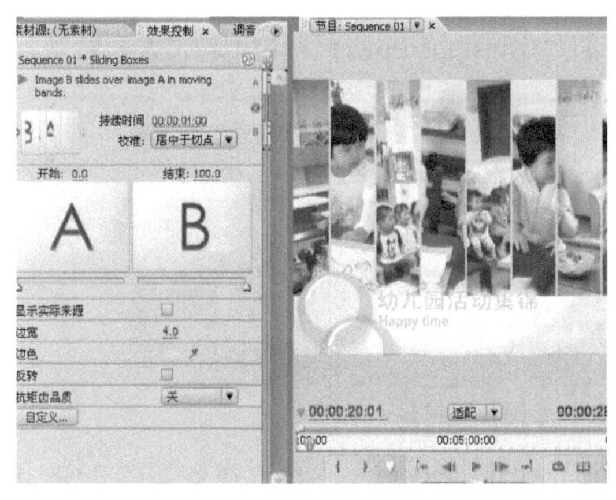

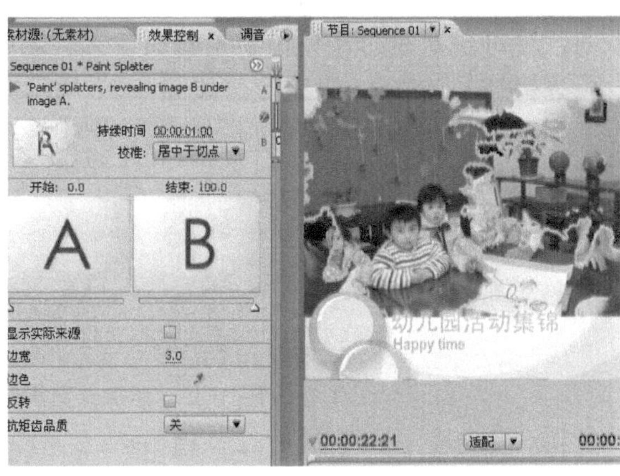

图3-28 为照片添加“Sliding Boxes”转场　　图3-29 为字幕添加“Paint Splatter”转场

16）基于模板创建字幕片尾，打开字幕预置设计下的“Education”→“Balloons”→“Balloons1_wide_side”，单击“OK”按钮，修改文字并拖动到视频2轨道，依次拖动照片“09.jpg”～“12.jpg”到视频1轨道，给照片间添加交叉溶解转场，如图3-30和图3-31所示。

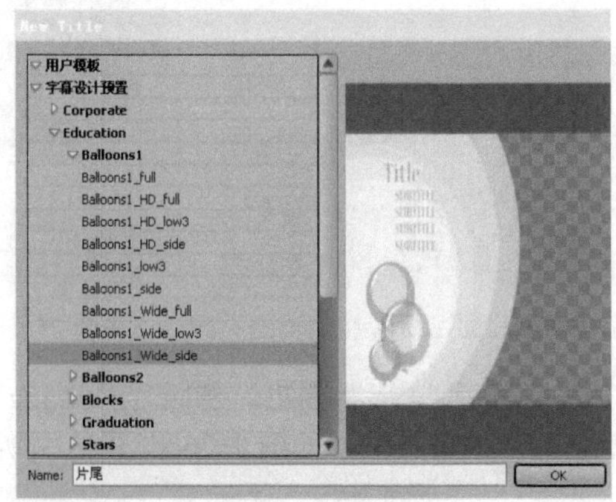

图3-30　选择字幕模板

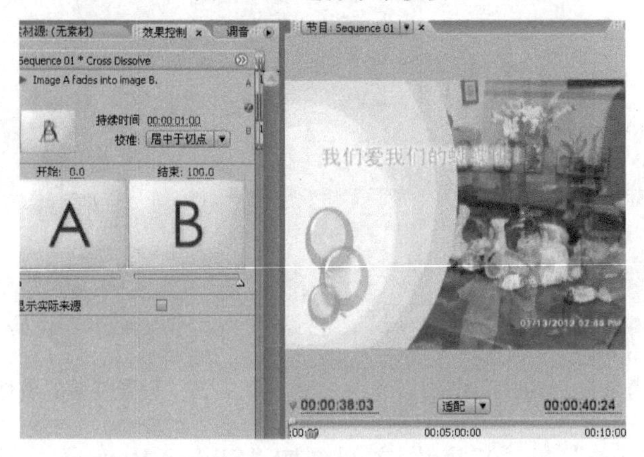

图3-31　修改模板字幕文字并拖入轨道

17）给片头、片尾都添加交叉溶解转场，这样就完成了记录片视频部分的制作。下面把音乐文件夹中的歌曲拖动到音频1轨道，截取精华的部分，根据不同的片段选择不同的歌曲，给每段歌曲的开头和结尾增加音频转场中的“Constant Power”（恒定放大）特效，也可直接按<Ctrl+D>快捷键，如图3-32所示。

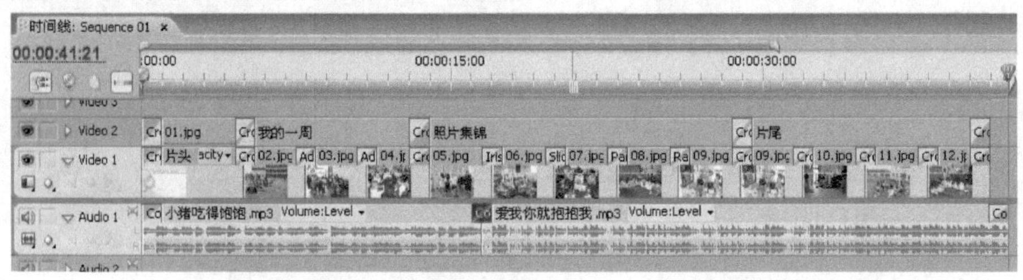

图3-32　添加并剪辑音频，添加各类转场

18）选择菜单“文件”→“导出”→“Adobe Media Encoder”，设置参数如图3-33和图3-34所示。

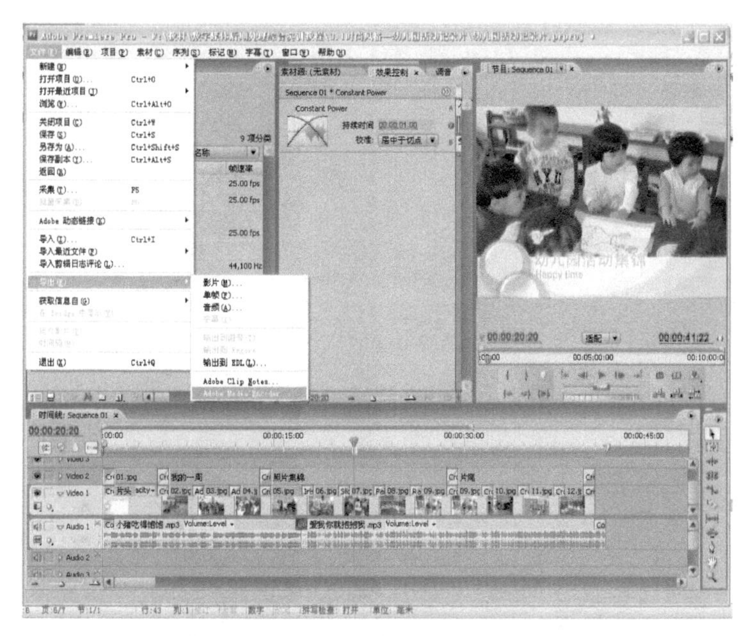

图 3-33　选择导出影片命令

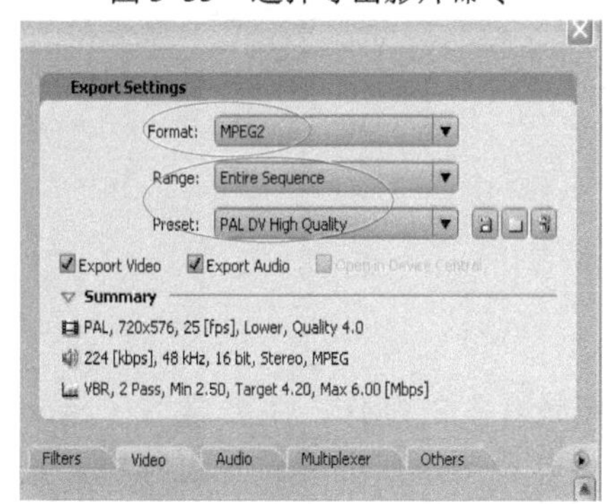

图 3-34　选择输出格式并设置参数

19）把影片保存在“3.1 时尚风格—幼儿园活动纪录片”，完成宣传片制作，如图 3-35 和 3-36 所示。

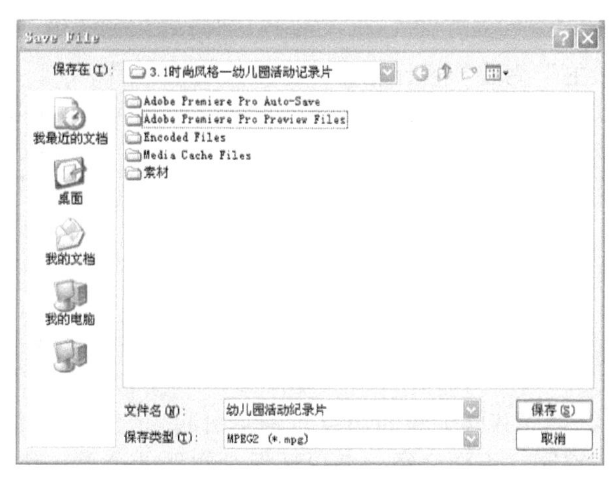

图 3-35　设置影片保存位置

图 3-36　合成影片

我来归纳

本节通过“幼儿园活动纪录片”的制作，主要学习了 Adobe Premiere CS3 字幕模板的综合运用。通过本片的制作可以看出，在实际做片过程中，适当地使用模板可以大大缩短做片时间、提高效率，也能够达到较好的视觉效果。

课后习题

以“我的音乐我做主”为题，设计制作一部演唱会宣传片。

3.2 艺术风格——环境保护宣传片

任务描述

环境保护是 21 世纪全球共同关注的焦点。为了引起人们的高度重视，呼吁人们从身边做起，爱护我们共同的家园，下面介绍一部以环保为主题的公益宣传片的制作。

任务分析

本片的主题定位在让每个人都参与环保，从自身做起，从身边做起，为环保尽一份力，所以本片以拼图为切入点，提出了“做一片拼图，拼一份希望”的口号。

本片从环境污染的现状开始，引起观众的高度注意，进而强调环境污染给人类带来的灾难，然后呼吁共同维护一个美丽的家园，从而达到公益宣传的目的。

相关知识点

1. 掌握使用 Photoshop 软件的各类操作技能和技巧
2. 掌握使用 Premiere 转场滤镜创建转场效果的方法和技巧
3. 掌握使用 Premiere 字幕工具创建静态字幕的方法和技巧
4. 综合运用 Premiere 各类操作技能完成影视片的制作

操作步骤

1．photoshop 中准备好所有的图片素材（见图 3-37）

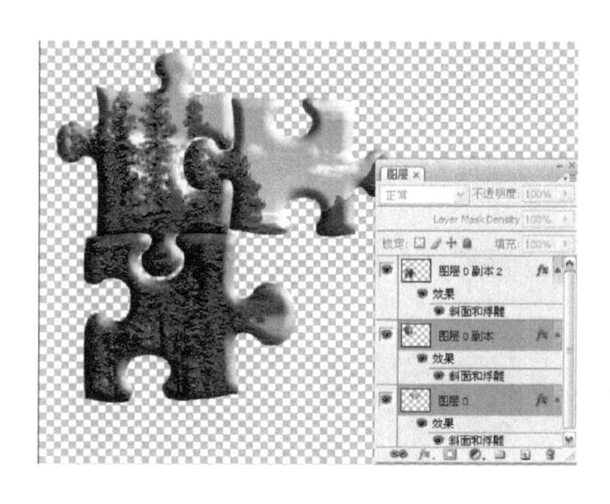

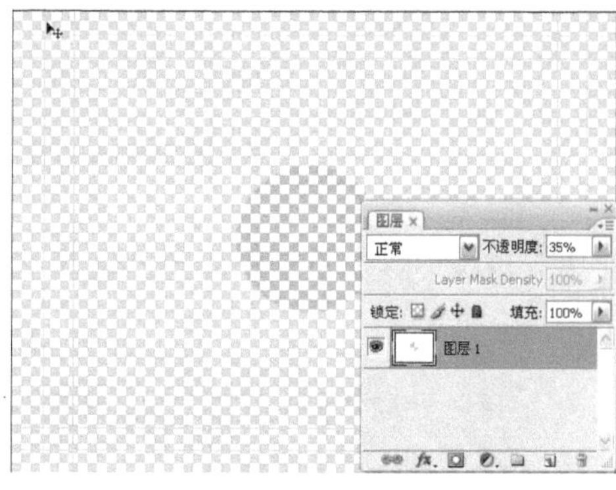

图 3-37　图片素材

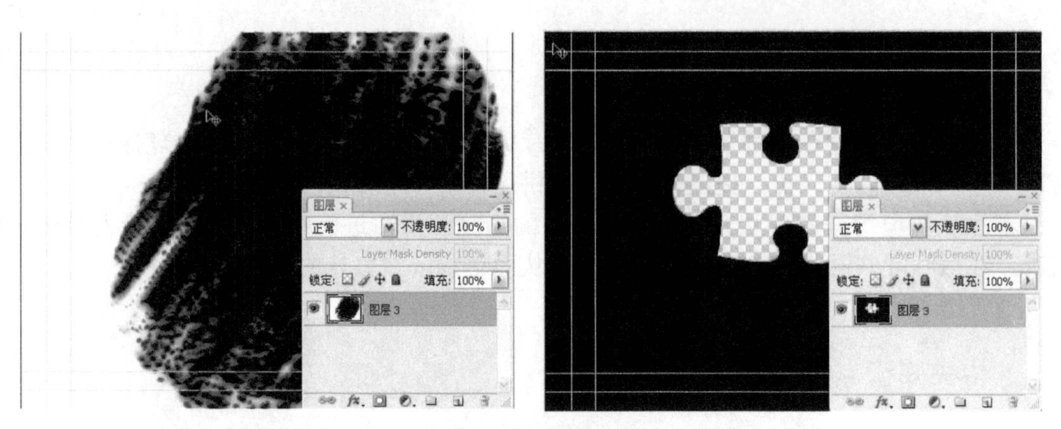

图 3-37　图片素材（续）

2. Premiere 中编辑制作影片

1）打开软件 Premiere CS3，单击新建项目”按钮，如图 3-38 所示。

图 3-38　新建 Premiere 项目文件

2）在“新建项目”对话框中输入文件保存的位置和文件的名称，如图 3-39 所示。

图 3-39　设置项目文件的保存位置和名称

3）选择菜单“编辑”→“参数”→“常规”，修改“视频切换默认持续时间”为“50”帧（2s），“静帧图像默认持续时间”为“75”帧（3s），如图 3-40 所示。

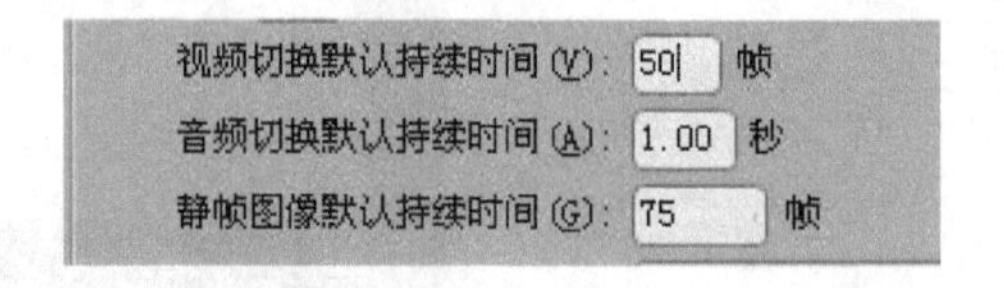

图 3-40　自定义视频切换时间和静帧图像持续时间的默认值

系统默认下，“视频切换默认持续时间”为“30”帧，即 1s5 帧，“静帧图像默认持续时间”为“150”帧，即 6s。在实际做片过程中，自定义默认持续时间可以大大提高做片的效率。

注意：修改默认持续时间对已经导入到素材库中的素材无效，所以必须在素材导入之前修改设置。

4）导入所有素材，PSD 格式的图片除了“拼图 .psd”以序列形式导入外，其余全部以默认格式导入。打开“时间线：拼图”可见 PSD 格式的图片所有图层已经自动创建了相应的时间线。给最上层的时间线开始处添加“Push”（推动）视频转场，设置持续时间为 2s，方向为从下，参数设置和效果如图 3-41 所示。

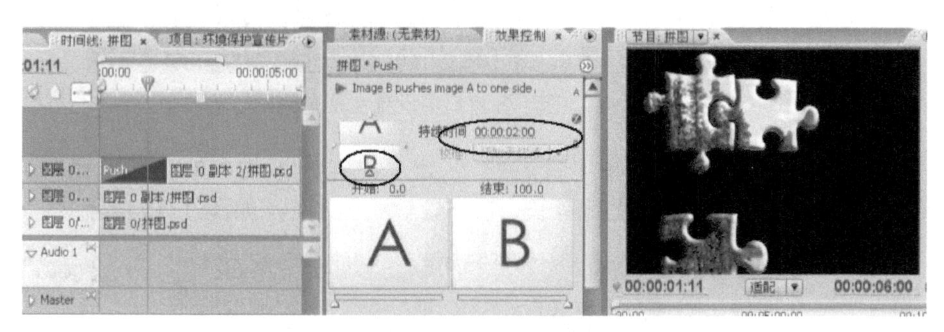

图 3-41　设置“Push”转场的参数值

5）给其余两层均添加同样的“Push”转场，适当改变进入的方向，实现拼图分别从左、右、下 3 个方向进入的效果，如图 3-42 所示。

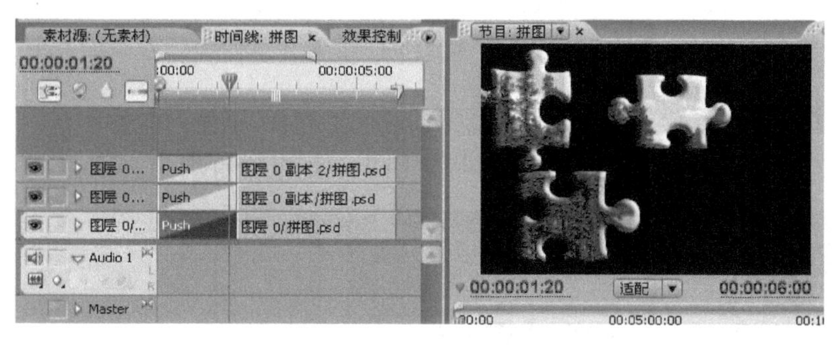

图 3-42　制作拼图飞入的效果

6）新建字幕“标题”，输入文字“环境保护”，每个字中间空一格，设置字体为“SimHei”（黑体），字号为“45”，颜色为“红色”，如图 3-43 所示。

7）选择“椭圆工具”，绘制红色的椭圆放置在文字中间，添加英文文字“We need your help”，字体为“Arial Black”，放置在中文字符的下方，与中文字符等长，这样就完成了标题文字的制作，如图 3-44 所示。

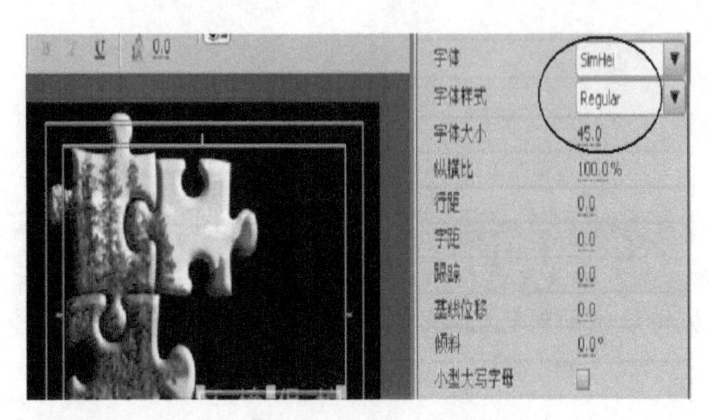

图 3-43　创建标题字幕

图 3-44　在字幕窗口中设置字幕属性

8）拖动字幕“标题”到视频 4 轨道的 2s 处，在开始添加“Push”转场，持续时间 2s，拖动字幕文件和下层的图片文件等长，在 5s24 帧处结束，如图 3-45 所示。

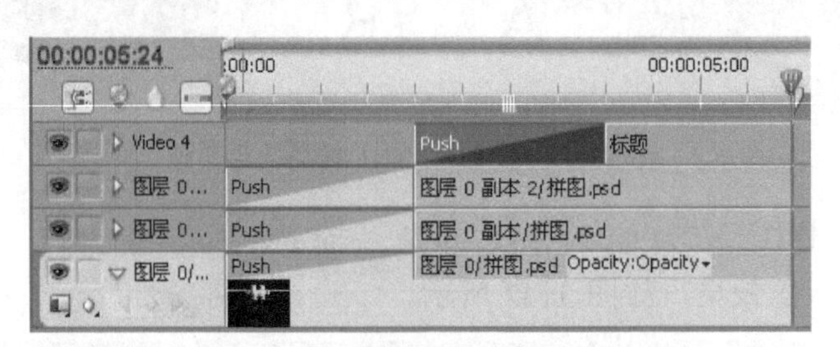

图 3-45　拖动字幕文件到时间线并添加转场

9）新建字幕“01”，输入文字“地球是我们共同的家”，字体为“SimHei”，字号为“31”，字距为“6”，颜色为“白色”，放置在画面中间，如图 3-46 所示。

图 3-46　创建字幕文件“01”

10）在字幕板中单击 按钮，基于现有的字幕文件新建字幕，修改名称为“02”，替换文字为“但是……”，然后保存，如图 3-47 所示。

11）新建时间线“段落 1”，拖动字幕“01”和“02”到视频 1 轨道，如图 3-48 所示。

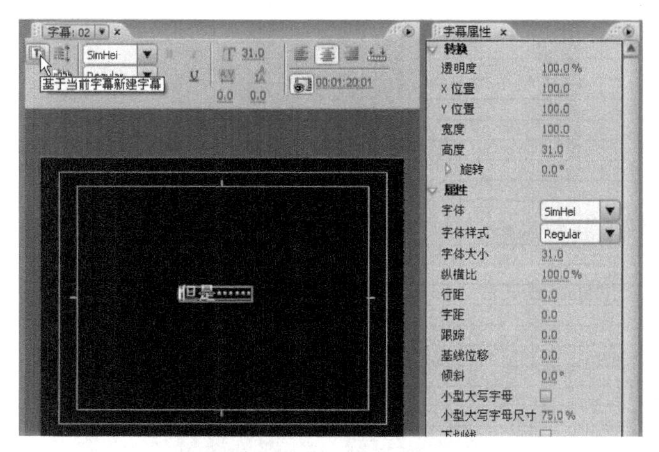

图 3-47　创建字幕文件“02”

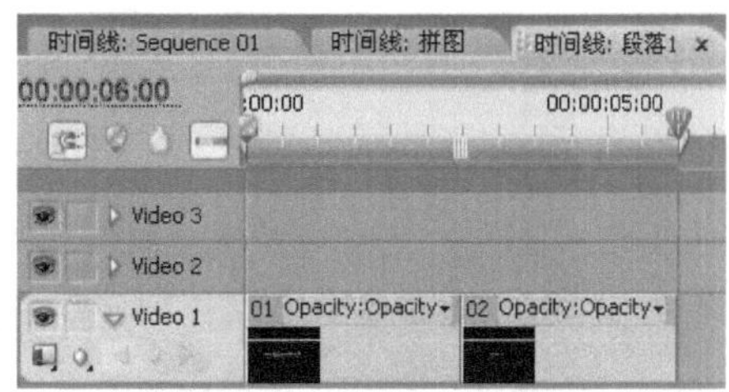

图 3-48　新建时间线并拖入字幕文件

12）拖动素材图片“03.jpg”到视频 1 轨道，和前面的字幕文件无缝连接，拖动图片“聚焦孔 .psd”到视频 2 轨道的 6s 处，放置在图片“03.jpg”上方，如图 3-49 所示。

图 3-49　拖动素材到时间线并设置位置和长度

13）下面来设置聚焦的效果。在 6s 处设置比例的关键帧，修改“Scale”（比例）为“600”，如图 3-50 所示；在 7s 处设置比例的关键帧为“100”，如图 3-51 所示。

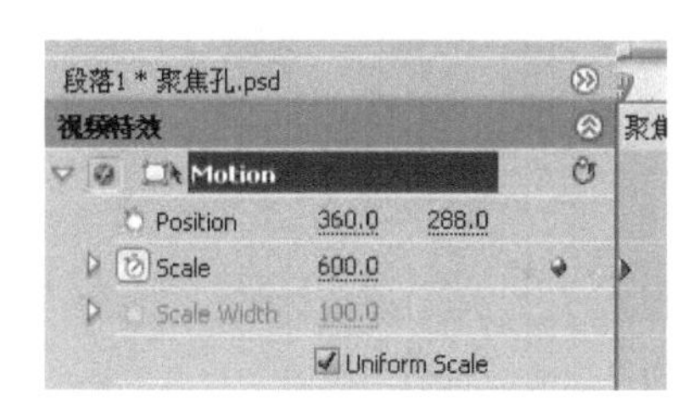

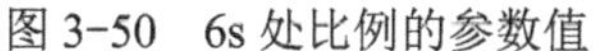
图 3-50　6s 处比例的参数值

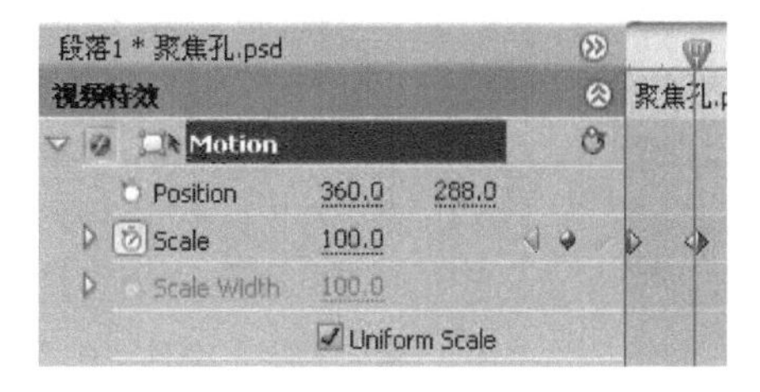

图 3-51　7s 处比例的参数值

14）新建字幕“03”，用“矩形工具”绘制白色半透明背景，输入竖排文字如图所示，设置字体为“SimHei”，字号为“35”，字距为“8”，颜色为“黑色”，如图 3-52 所示。

15）基于字幕“03”制作出其他两个字幕“04”（水源受到严重污染）和字幕“05”（不可回收的垃圾堆积），如图 3-53 所示，保存好字幕待用。

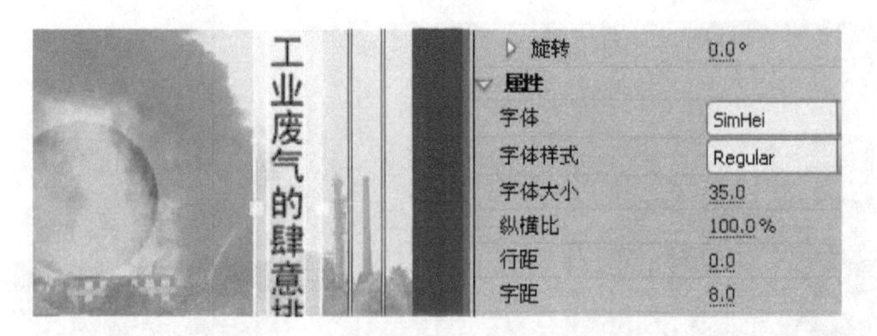

图 3-52　创建字幕文件“03”

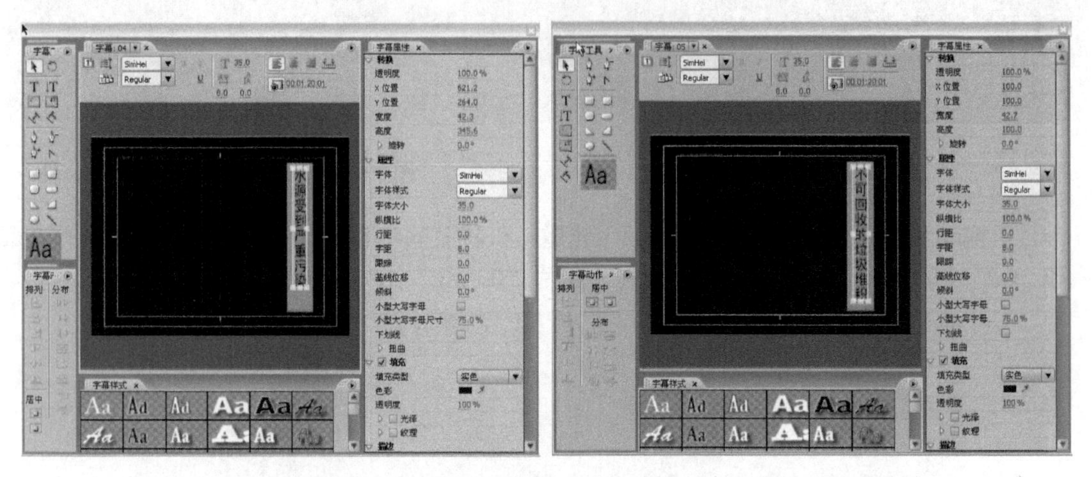

图 3-53　创建字幕文件“04”和“05”

16）拖动字幕“03”到视频 3 轨道的 6s 处，与下层素材等长，在开始处添加“Cross Zoom”（交叉缩放）转场，实现字幕从画面外进入的效果，如图 3-54 所示。

图 3-54　为字幕文件“03”添加“Cross Zoom”转场

17）下面拖动素材图片“16.jpg”到视频 1 轨道，和前面的图片无缝连接；把红色的时间线轴移动到 12s 处，在视频 2 轨道上复制一份设置过属性的“聚焦孔 .psd”，无缝贴合在后方，如图 3-55 所示。

18）复制一份字幕“03”和“聚焦孔 .psd”无缝连接在后面，拖动素材图片“22.jpg”到视频 1 轨道，与前面的素材无缝连接，如图 3-56 所示。

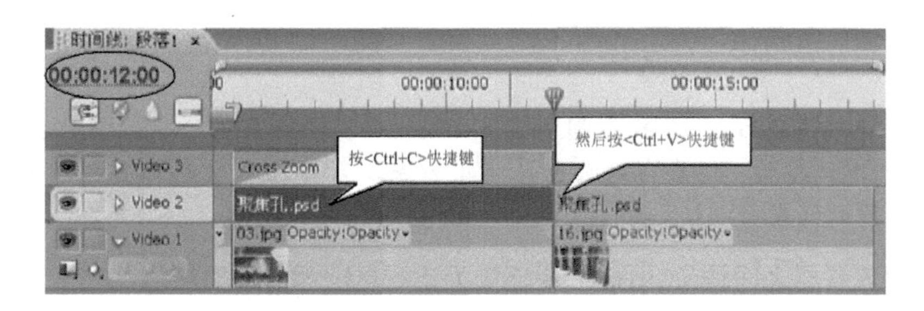

图 3-55　复制并粘贴素材图片“聚焦孔 .psd”

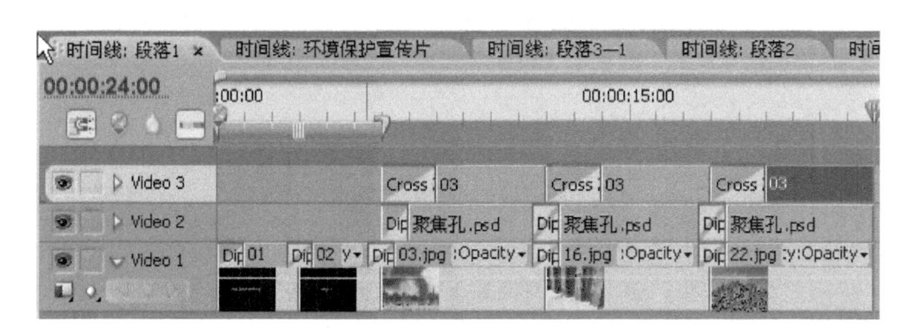

图 3-56　在时间线轨道排列素材的位置关系

19）在素材库中找到字幕“04”，同时按住 <Alt> 键和鼠标左键，拖动字幕“04”替换 12s 处的字幕“03”，完成替换后同样用字幕“05”替换字幕“03”，如图 3-57 所示。

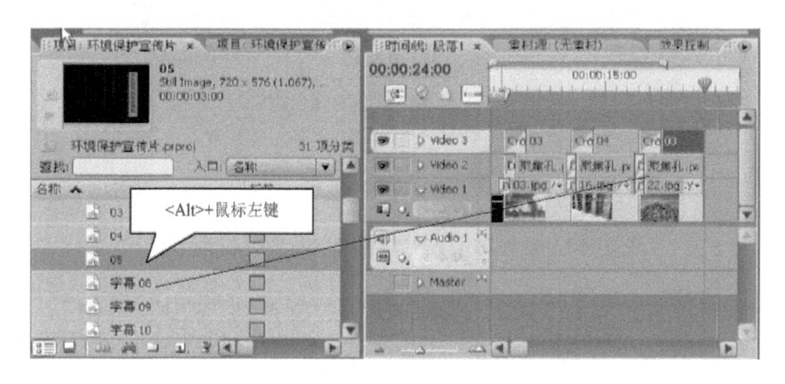

图 3-57　直接替换素材完成效果设置

20）在效果面板中找到“Dip to Black”（淡黑）转场特效，右击选择“设置所选为默认切换效果”，完成后“Dip to Black”转场上会出现红框，如图 3-58 所示。

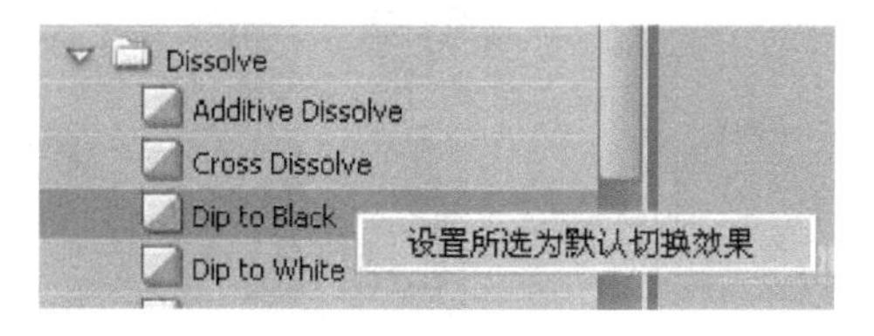

图 3-58　修改“Dip to Black”为默认转场

小提示

系统默认下，默认切换效果是“Cross Dissolve”，即交叉溶解，默认切换效果可利用<Ctrl+D>快捷键来实现。想要自定义默认切换效果，只需在相应效果上右击选择即可。自定义影片中常用的效果为默认切换效果可以大大提高做片的效率。

21）在每段素材之间按<Ctrl+D>快捷键为素材之间添加淡黑转场，完成时间线“段落1”的制作，如图3-59所示。

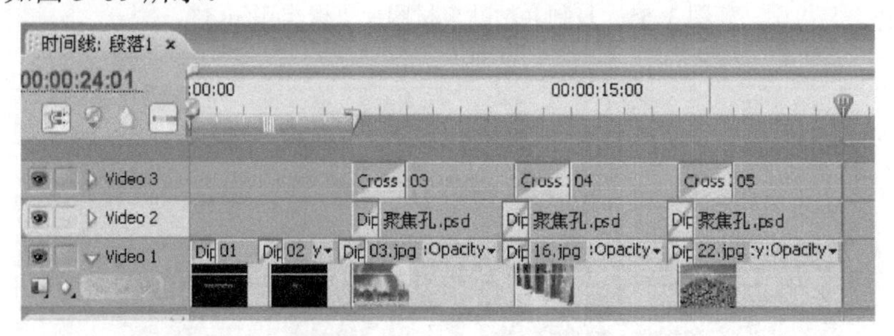

图3-59　在素材间添加“Dip to Black”转场

22）新建时间线“段落2”，拖动视频素材到视频1轨道，用“剃刀工具”在“00:00:09:19”处和“00:00:33:15”处把视频断开，截取表现环境污染的部分，如图3-60所示，然后删除视频的头和尾，保留中间一段。

图3-60　新建时间线“段落2”并剪辑视频素材

23）放大视频素材的比例到“300”，移动视频的位置到“370”“240”，如图3-61所示。

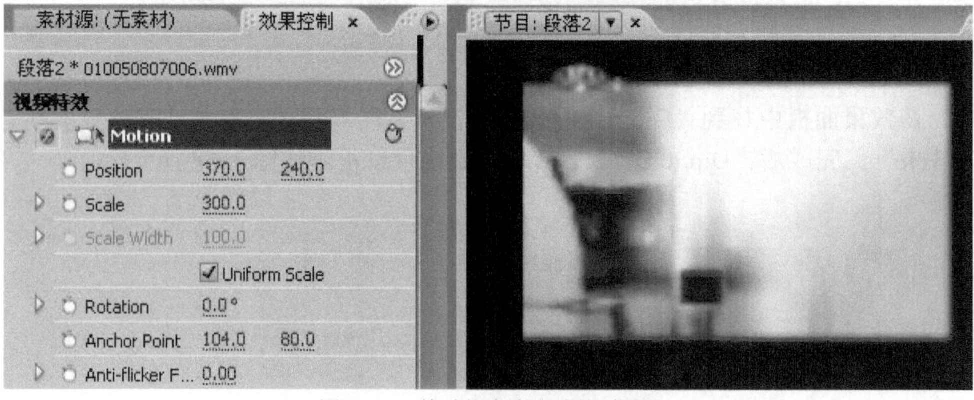

图3-61　修改视频的比例和位置

24）拖动图片“红边框.psd”到视频2轨道，图片“加字拼图.psd”到视频3轨道，如图3-62所示。

图3-62　拖动素材图片到时间线并排列位置

25）修改“加字拼图.psd”的位置到“630”“490”，比例为“50”，最终效果如图3-63所示。

图3-63　修改素材图片的位置和比例

26）新建字幕“08”～字幕“13”，拖动到视频4轨道无缝连接，给字幕之间添加“Wipe”（擦除）转场特效实现擦除效果，如图3-64所示。

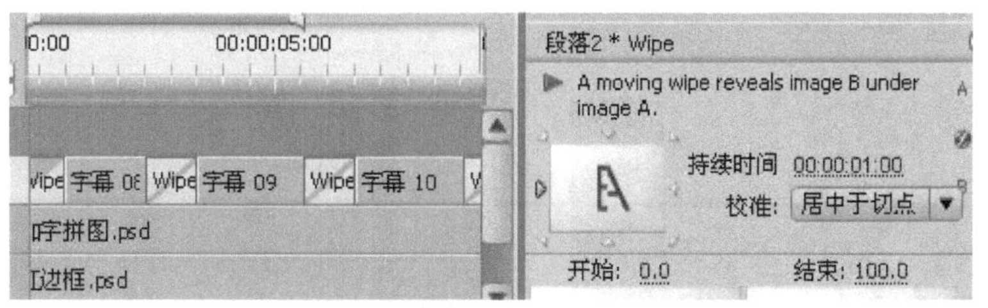

图3-64　在字幕间添加“Wipe”转场

小提示

这里可以通过自定义默认切换效果到“Wipe”转场，然后按<Ctrl+D>快捷键快速添加转场。

27）预览一下，完成时间线“段落 2”的制作，如图 3-65 所示。

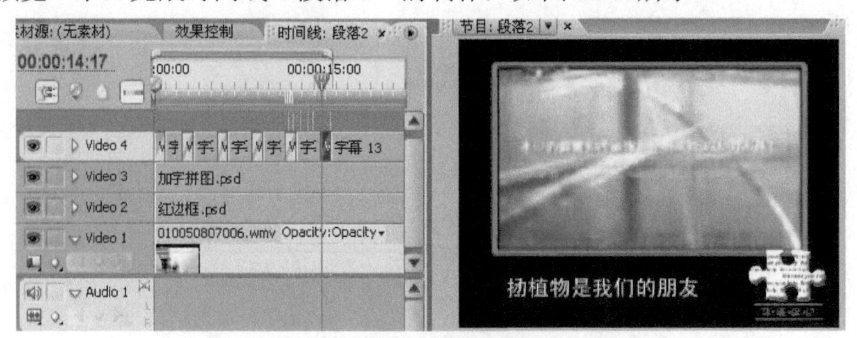

图 3-65　预览制作完成的段落 2

28）新建“时间线：段落 3—1”，拖动图片素材“08.jpg”到视频 1 轨道，图片“笔刷 .psd”到视频 2 轨道，为图片素材“08.jpg”添加“Track Matte Key”（动态遮罩）视频特效，参数设置如图 3-66 所示。

图 3-66　新建“时间线：段落 3—1”

29）新建字幕“14”，输入竖排文字“森林应该”，设置字体为“SimHei”，字号为“40”，字距为“20”，如图 3-67 所示；新建字幕“15”，绘制白色长条，如图 3-68 所示。

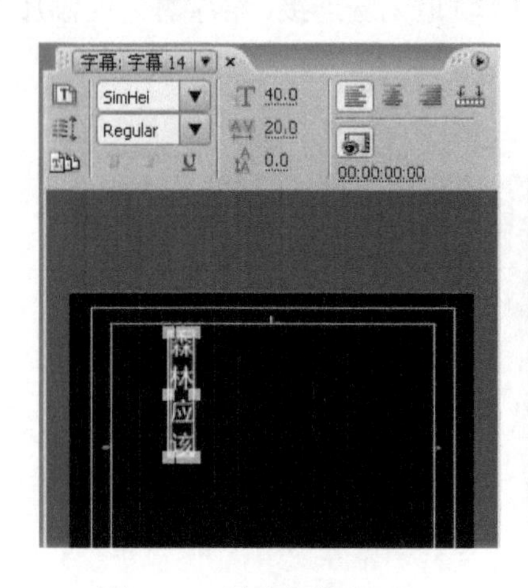

图 3-67　创建字幕“14”　　图 3-68　创建字幕“15”

30）新建字幕“16”，输入竖排文字“翠绿”，设置字体为“SimHei”，字号为“20”，颜色为“绿色”，如图 3-69 所示。

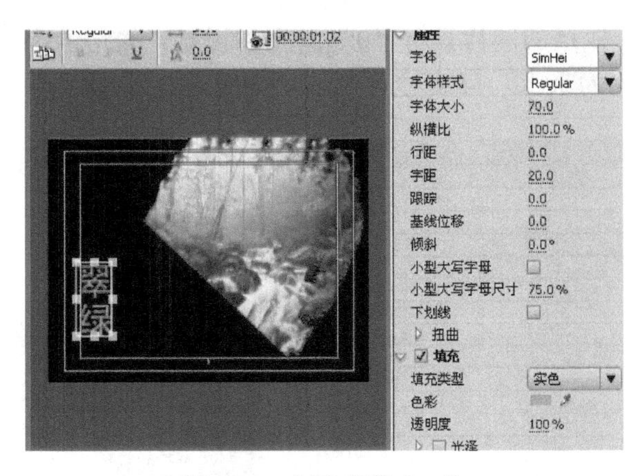

图 3-69　创建字幕“16”

小提示

为了保证画面的色彩协调，这里在填充项下可以直接用“吸管”吸取画面中的绿色。

31）把字幕“14”～字幕“16”依次拖动到视频 3 轨道～视频 5 轨道，为了便于管理，可把字幕名更改为如图 3-70 所示。

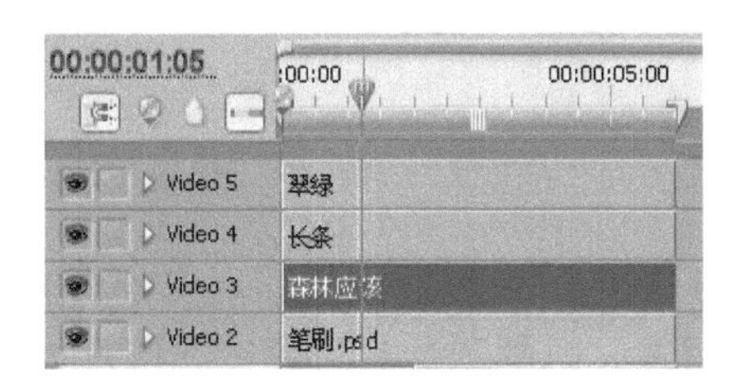

图 3-70　拖动字幕到时间线并改名

32）下面为字幕“森林应该”设置微微移动的效果。在“00:00:00:00”处打开“Position”（位置）的关键帧触发按钮，设置参数为“360”“288”，如图 3-71 所示；在“00:00:02:00”处设置参数为“360”“360”，以实现文字略微往下运动的效果，如图 3-72 所示。

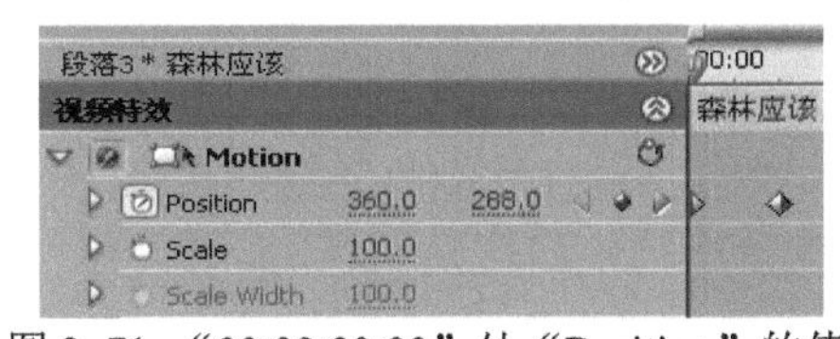

图 3-71　“00:00:00:00”处“Position”的值

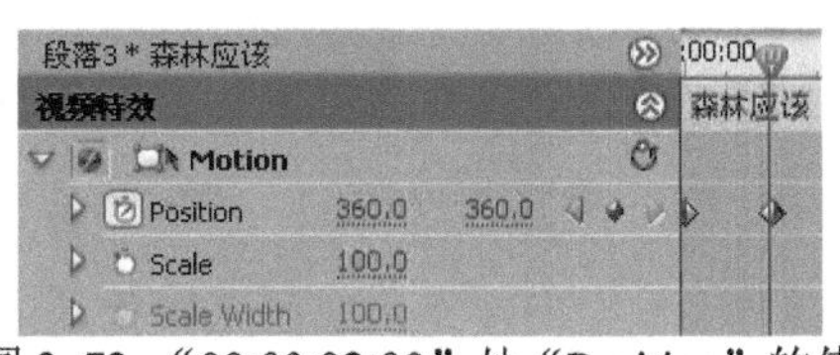

图 3-72　“00:00:02:00”处“Position”的值

小提示

注意两个关键帧之间，只有 Y 值在变，而 X 值始终保持在 360，这样可以确保文字沿着 Y 轴垂直运动。

33）下面为视频 1 轨道的图片素材“08.jpg”和视频 4 轨道的字幕文件“长条”分别添加“Wipe”转场，方向为从上，持续时间为 2s，如图 3-73 所示。

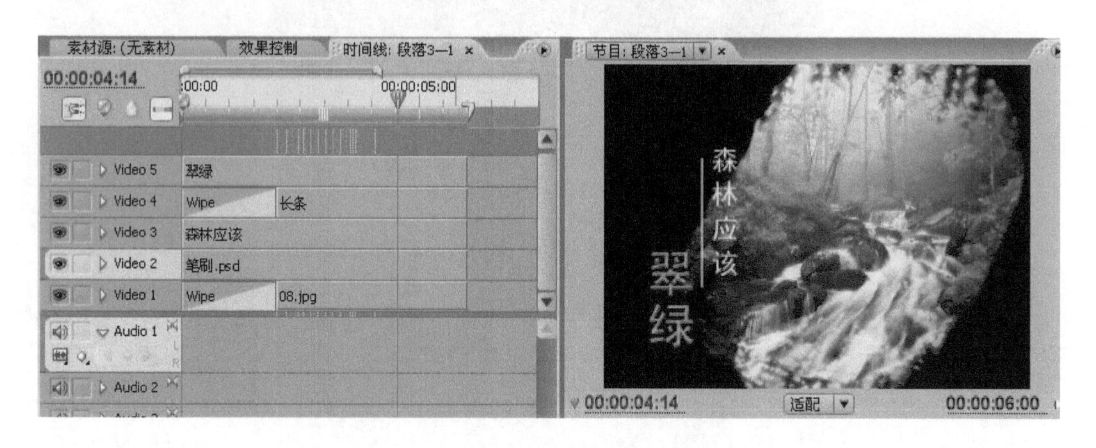

图 3-73　为素材添加“Wipe”转场

34）在项目素材库中选择时间线“段落 3—1”，选择菜单“编辑”→“副本”，复制一个新的时间线“段落 3—1 Copy”，如图 3-74 所示；修改该时间线名为“段落 3—2”，如图 3-75 所示。

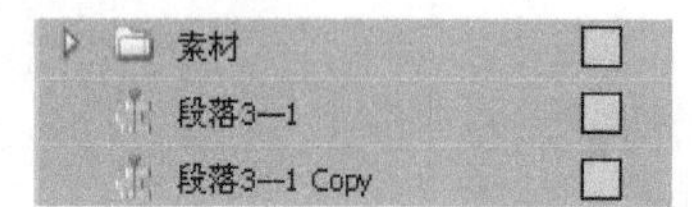

图 3-74　制作时间线“段落 3—1”的副本

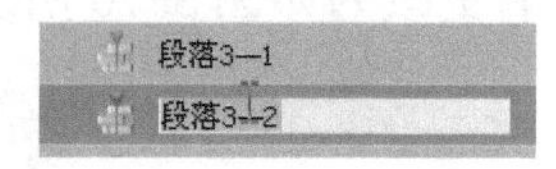

图 3-75　修改副本的名称

35）打开时间线“段落 3—2”，可以看到里面所有的内容还是“段落 3—1”的内容。下面我们用所需要的素材来替换。找到项目素材库中的图片素材“23.jpg”，按住 <Alt> 键点击鼠标左键，拖动“23.jpg”到时间线中的“08.jpg”，实现快速替换，如图 3-76 所示。

图 3-76　快速替换素材

36）新建字幕“蔚蓝”和“大海应该”，均用刚才介绍的快速替换方式完成时间线“段落 3—2”的制作，如图 3-77 所示。

37）用同样的方法复制修改出时间线“段落 3—3”，用图片素材“04.jpg”替代，新建字幕“生命应该”和“鲜活”，通过替换完成制作，如图 3-78 所示，详见源文件。

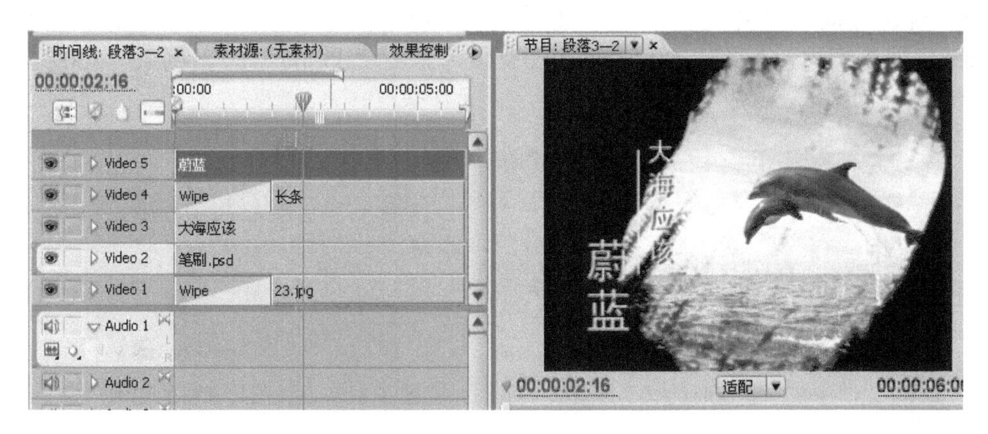

图 3-77　快速替换素材完成时间线“段落 3—2”

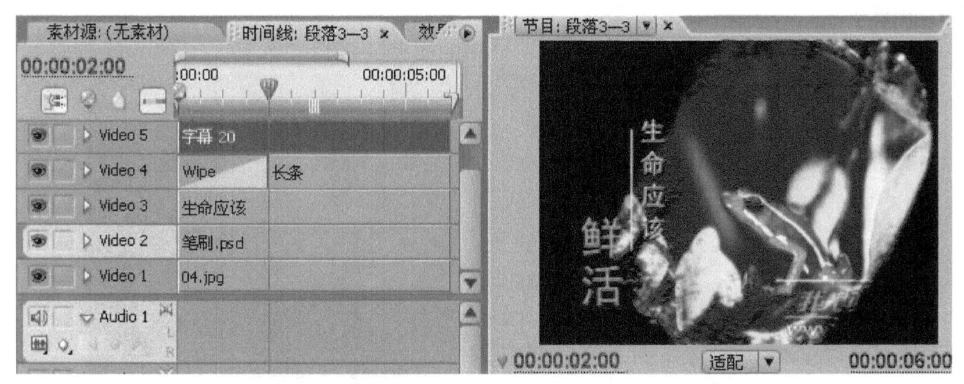

图 3-78　快速替换完成时间线“段落 3—3”的制作

小提示

在做片过程中，要充分利用复制、替换的方式来提高制作效率。

38）新建时间线“段落 3”，把时间线“段落 3—1”～“段落 3—3”拖动到视频 1 轨道进行无缝连接，为每段时间线中间添加“Dip to Black”转场，完成制作，如图 3-79 所示。

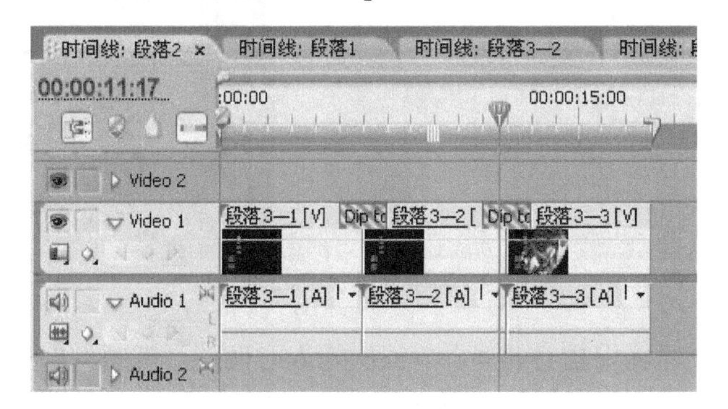

图 3-79　完成时间线“段落 2”的制作

39）新建时间线“片尾”，拖动图片素材“05.jpg”到视频1轨道，图片“空拼图.psd”到视频2轨道，如图3-80所示；放大图片素材“05.jpg”的比例到“150”，如图3-81所示。

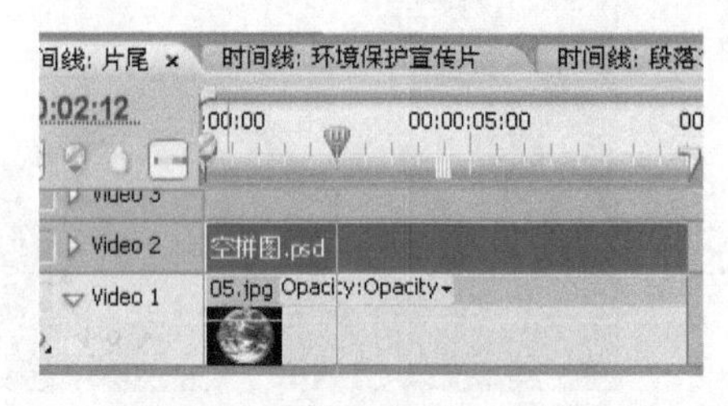

图3-80　新建时间线“片尾”

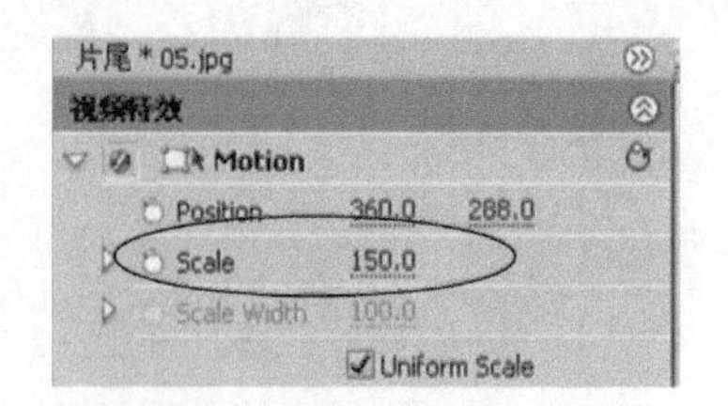

图3-81　设置图片素材的比例

40）给视频2轨道的图片“空拼图.psd”添加“Cross Zoom”视频转场，持续时间4s，效果如图3-82所示。

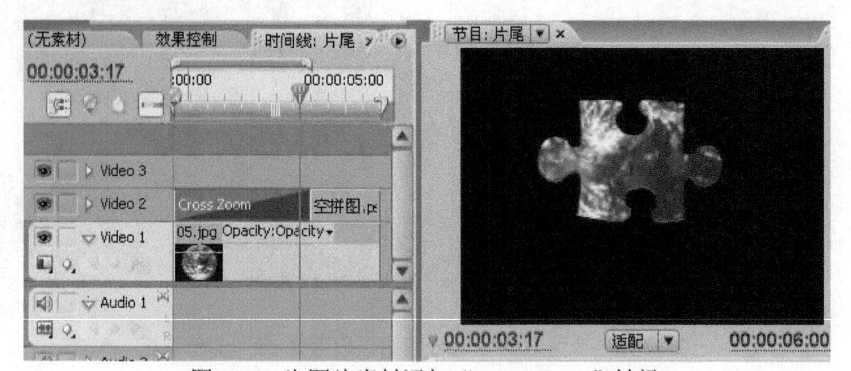

图3-82　为图片素材添加“Cross Zoom”转场

41）在视频3轨道的“00:00:03:00”处拖入字幕“标题”，在开始处添加“Push”视频转场，持续时间2s，完成片尾制作，如图3-83所示。

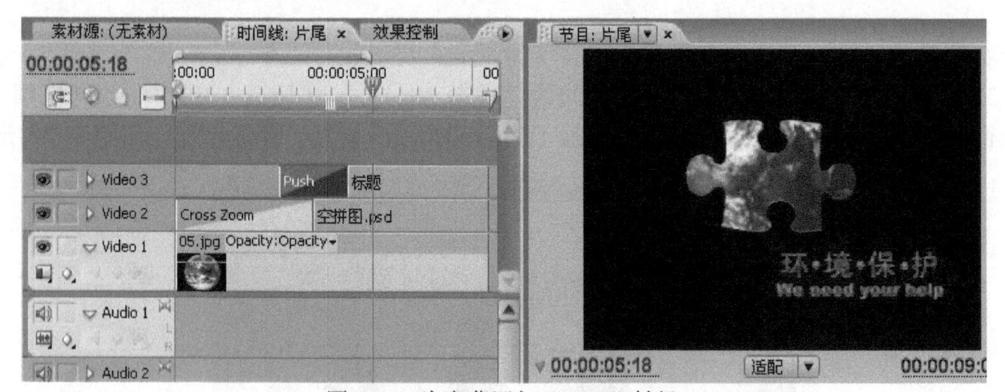

图3-83　为字幕添加“Push”转场

42）新建时间线“环境保护宣传片”，依次拖入时间线“拼图”“段落1”“段落2”“段落3”和“片尾”，在开始和交界的位置添加淡黑视频转场，持续时间2s，如图3-84所示，完成影片的制作。

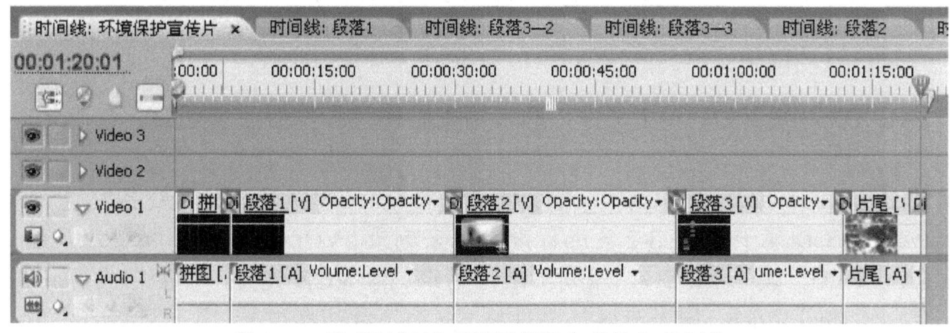

图 3-84 完成时间线“环境保护宣传片”的制作

我来归纳

本节通过“公益宣传片—环境保护”的制作，主要学习了 Photoshop CS4 和 Adobe Premiere CS3 的综合运用。通过本片的制作可以看出，在实际做片过程中，要先在脑海中把整个次序理顺，并灵活运用自定义参数设置来提高做片的效率。

知识拓展

1. 视频素材的常用文件类型

1）AVI 视频文件。AVI（Audio Video Interleaved，音频视频交错格式）是 Windows 使用的标准视频文件，它将视频和音频信号交错在一起存储，兼容性好、调用方便、图像质量好，缺点是文件体积过于庞大。AVI 视频文件的扩展名为 AVI。

2）MPG 视频文件。MPG（Motion Picture Experts Group，动态图像专家组）文件家族中包括了 MPEG-1、MPEG-2 和 MPEG-4 在内的多种视频格式。通过 MPEG 方法进行压缩后，其视频文件具有极佳的视听效果。就相同内容的视频数据来说，MPG 文件要比 AVI 文件规模要小得多。

3）DAT 视频文件。DAT（Digital Audio Tape，数字式录音磁带）是 VCD（影碟）或卡拉 OK-CD 数据文件的扩展名。虽然 DAT 视频的分辨率只有 352´240，然而由于它的帧率比 AVI 格式要高得多，而且伴音质量接近 CD 音质，因此整体效果还是不错的。播放 DAT 视频文件的常用软件有 XingMPEG、超级解霸等。

4）RM 和 ASF 视频文件。RM（Real Media，包括 Real Video 和 Real Audio）和 ASF（Advanced Streaming Format，高级串流格式）是目前网络课件中常见的视频格式，又称为流（Stream）式文件格式。它采用流媒体技术进行特殊的压缩编码，使其能在网络上边下载边流畅地播放。上述格式视频文件的播放软件主要有 Real Player 和 Windows Media Player 等。

5）MOV 视频文件。MOV 是由 QuickTime 播放的格式，为 Apple 公司开发。

2．常见类型的视频文件的应用范围

1）PAL DV，属于 DV AVI 文件，通常用来制作完影片后回录到 DV 磁带上，扩展名为“.avi”。

2）PAL DVD，属于 MPEG-2 压缩标准，用来刻录 DVD 光盘，扩展名为“.mpg”。

3）PAL SVCD 属于 MPEG-2 压缩标准，用来刻录 SVCD 光盘，扩展名为“.mpg”。

4）PAL VCD，属于 MPEG-1 压缩标准，用来刻录 VCD 光盘，扩展名为“.mpg”。

5）流媒体 Real Video，属于流媒体文件格式（边下载边播放），用于网络上视频的发布，扩展名为“.rm”。

6）流媒体 Windows Media Format，属于流媒体文件格式，用于网络上视频的发布，扩展名为“.wmv”或者“.asf”。

3．按格式存储影片

在 Premiere 中选择菜单“文件”→“导出”→“影片命令”，在弹出的界面中单击“设置”按钮，在“导出影片设置”窗口的文件类型下可根据需要选择不同的格式，如图 3-85 所示；选择菜单“文件”→“导出”→“Adobe Media Encoder”，在“Export Settings”（输出设置）的“Format”（格式）中选择相应的格式即可。这里以选择 MPEG-2 格式为例，在“Preset”（预置）项中选择“PAL DV High Quality”（PAL DV 制高质量），在“Summary”（概要）项内会显示出该格式的主要参数，如画面尺寸、帧频等。下方的窗口中还可以手动调节部分参数，如图 3-86 所示。

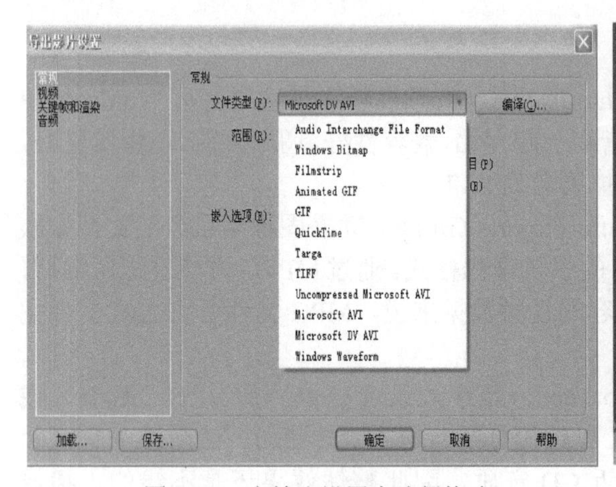

图 3-85 在输出设置中选择格式

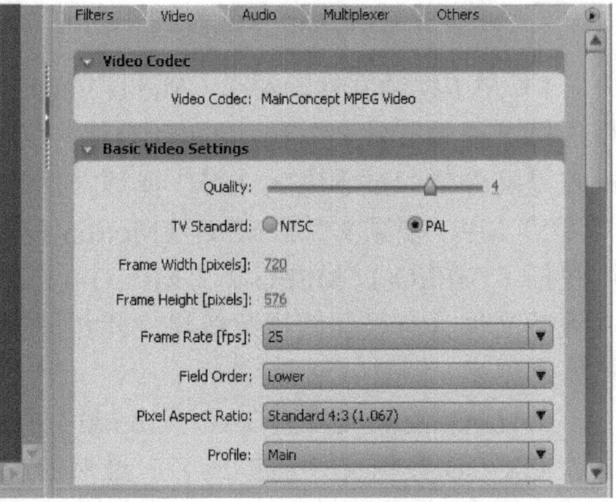

图 3-86 在 MPEG-2 格式中设置参数

课后习题

以“温室效应”为主题，制作一部呼吁环保的公益宣传片。

3.3 抒情风格——希望工程宣传片

任务描述

希望工程是中国青少年发展基金会发起倡导并组织实施的一项社会公益事业，其宗旨是资助贫困地区失学儿童重返校园，建设希望小学，改善农村办学条件。希望工程的实施改变了一大批失学儿童的命运，改善了贫困地区的办学条件，唤起了全社会的重教意识，促进了基础教育的发展。下面介绍一部以“希望工程”为主题的公益宣传片的制作。

任务分析

本片的主色调以黑色为主，辅以红色和白色。简洁的颜色搭配突出影片厚重的主题，曝光过度的胶片效果体现希望工程悠久的历史，大量现实图片表现出强烈的视觉冲击，给人以心灵上的震撼。

本片从失学儿童的现状开始，引起观众的高度注意，进而强调为了希望工程已经作出努力的人们，然后呼吁共同来改变这种状态，挽救失学儿童和他们的家庭，从而达到公益宣传的目的。

相关知识点

1. 掌握使用 Photoshop 软件的各类操作技能和技巧
2. 掌握使用 Premiere 转场滤镜创建转场效果的方法和技巧
3. 掌握使用 Premiere 字幕工具创建静态字幕的方法和技巧
4. 掌握使用 Premiere 导出单帧命令输出图片
5. 综合运用 Premiere 各类操作技能完成影视片的制作

操作步骤

1. photoshop 中准备好所有的图片素材（见图 3-87）

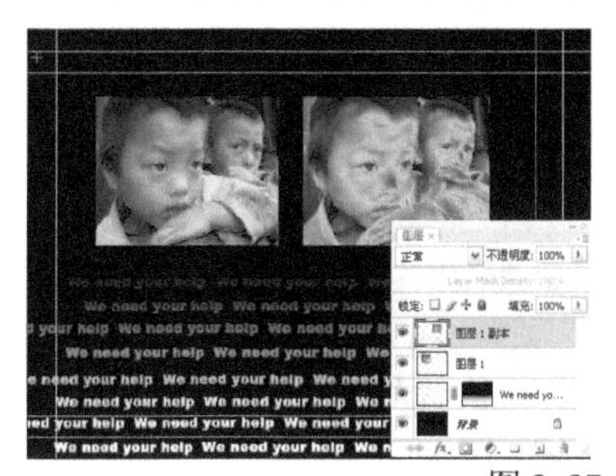

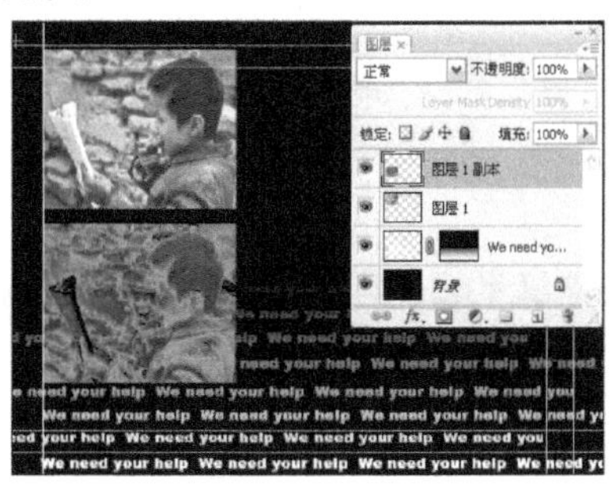

图 3-87 图片素材

图 3-87　图片素材（续）

2. Premiere 中编辑制作影片

1）打开软件 Premiere CS3，单击“新建项目”按钮，如图 3-88 所示。

图 3-88　新建 Premiere 项目文件

2）在“新建项目”对话框中输入文件保存的位置和文件的名称，如图 3-89 所示。

图 3-89　设置项目文件的保存位置和名称

3）选择菜单“编辑”→“参数”→“常规”，修改“视频切换默认持续时间”为“50”帧（2s），“静帧图像默认持续时间”为“125”帧（6s），如图 3-90 所示。

4）导入所有素材，PSD 格式的图片全部以默认格式导入。新建时间线“片头 1”，在开始添加“Gradient Wipe”（倾斜擦除）视频转场，参数设置和效果如图 3-91 所示。

视频切换默认持续时间(V): 50 帧
音频切换默认持续时间(A): 1.00 秒
静帧图像默认持续时间(G): 125 帧

图 3-90 自定义转场和单帧的默认值

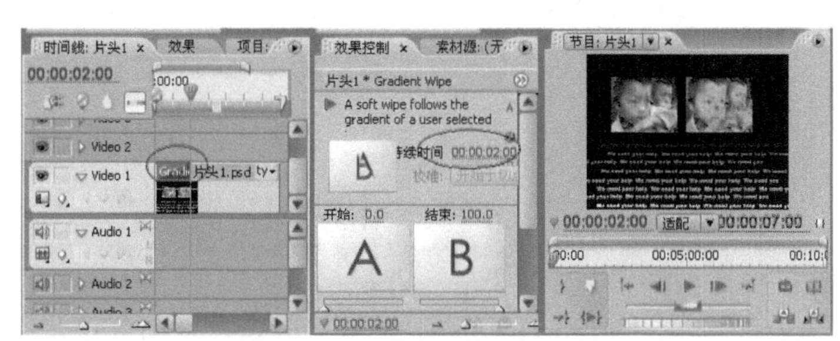

图 3-91 添加“Gradient Wipe”转场

5）在效果控制中单击“自定义”按钮，弹出“Gradient Wipe Settings”（倾斜擦除设置）对话框，如图 3-92 所示。

6）单击“Select Image”按钮，选择图片“遮罩 .psd”，然后单击“OK”按钮，如图 3-93 所示。

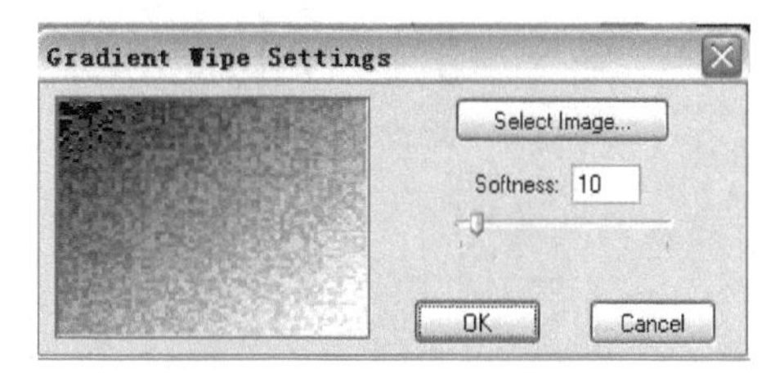

图 3-92 倾斜擦除设置对话框

Gradient Wipe Settings
Select Image...
Softness: 10

图 3-93 选择图片作为倾斜转场的遮罩

7）新建字幕“01”，输入文字“希望工程”，字体为“SimHei”，字号为“40”，颜色为“红色”，如图 3-94 所示。

图 3-94 创建字幕“01”

8）拖动字幕文件到视频 2 轨道的“00:00:02:00”处，在开始处添加“Cross Dissolve”转场，如图 3-95 所示。

时间线: (没有序列)
效果控制
片头1 * Cross Dissolve
Image A fades into image B.
持续时间 00:00:02:00
开始: 0.0
结束: 100.0
A
B

图 3-95 添加“Cross Dissolve”转场

小提示

因为之前已经设置过了自定义的参数，转场为2s，所以所有的转场都持续2s，下面不再赘述。

9）制作时间线“片头1”的副本，修改名称为“片头2”，按住<Alt>键直接拖动素材库的图片“片头2.psd”替换图片“片头1.psd”，修改字幕“01”的位置到“360”“180”完成时间线“片头2”的制作，如图3-96所示。

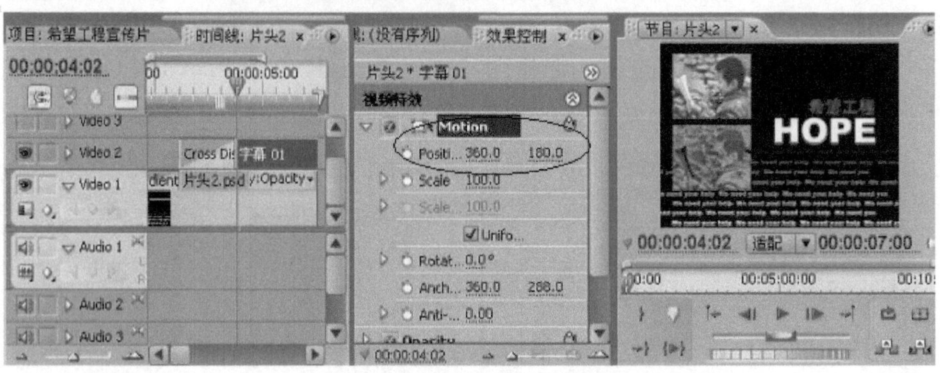

图3-96　利用副本制作时间线“片头2”

10）制作时间线“片头1”的副本，修改名称为“片头3”，按住<Alt>键直接拖动素材库的图片“片头3.psd”替换图片“片头1.psd”，修改字幕“01”的位置到“360”“85”完成时间线“片头3”的制作，如图3-97所示。

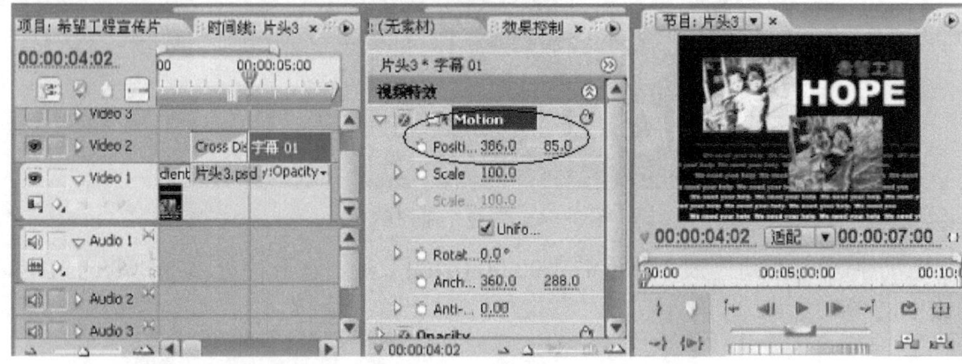

图3-97　利用副本制作时间线“片头3”

11）新建时间线“片头4”，拖动图片“片头4.psd”到视频1轨道，在开始处添加“CheckerBoard”（小棋盘格子）视频转场，如图3-98所示。

12）新建字幕“02”，用“矩形工具”绘制红色图形，如图3-99所示。

13）输入文字“We need your help”，字体为“Arial Black”，颜色为“白色”；输入文字“希望工程”，字体为“SimHei”，颜色为“红色”；输入文字“任重道远”，字体为“SimHei”，颜色为“白色”，排列为如图3-100所示。

图 3-98　添加“CheckerBoard”转场

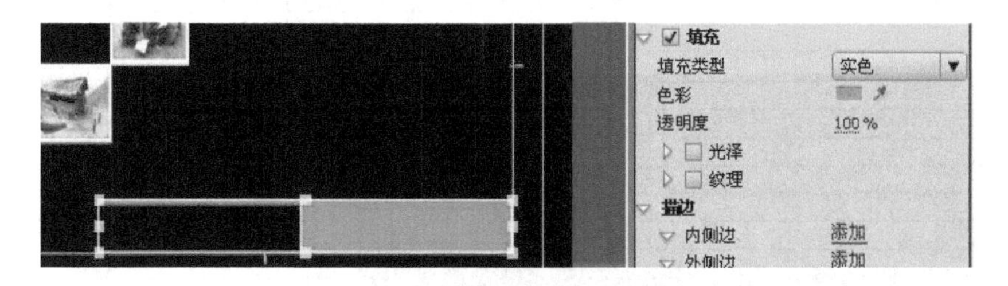

图 3-99　创建字幕“02”

图 3-100　完成字幕“02”

14）把字幕“02”拖动到视频 2 轨道的“00:00:01:00”处，在开始添加“Push”视频转场，方向为从右，如图 3-101 所示。

图 3-101　添加“Push”转场

15）新建时间线“片头”，依次拖入时间线“片头 1”“片头 2”“片头 3”“片头 4”无缝连接，在中间添加“Dip to Black”视频转场，如图 3-102 所示。

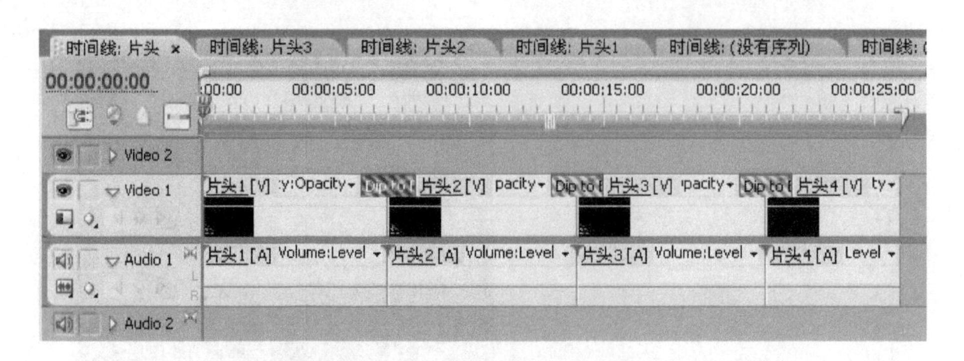

图 3-102　完成时间线“片头”

16）新建时间线“段落 1”，新建字幕“03”，输入文字“这是一双双渴望的眼睛……”，字体为“SimHei”，字号为“30”，如图 3-103 所示，然后拖动字幕文件到视频 1 轨道，持续时间为 5s。

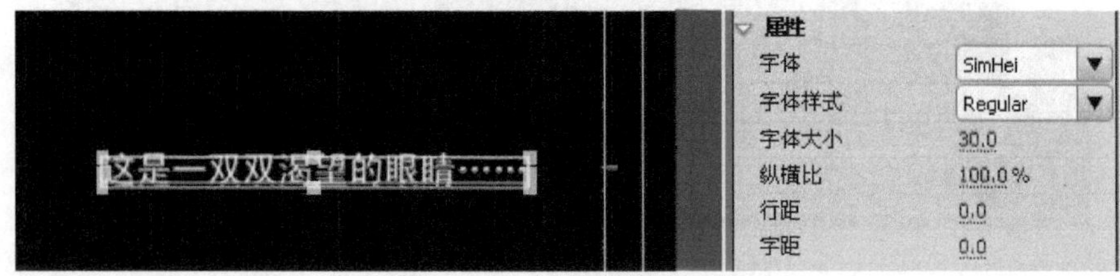

图 3-103　创建字幕“03”

17）拖动素材图片“09.jpg”到视频 1 轨道，与前面字幕无缝连接，修改比例为“120”，如图 3-104 所示。

图 3-104　修改图片“01.jpg”的比例

18）为图片“09.jpg”添加“Gaussian Blur”（高斯模糊）视频滤镜，设置“Blurriness”（模糊值）为“30”，模糊模式为“Horizontal and Vertical”（水平加垂直），如图 3-105 所示。

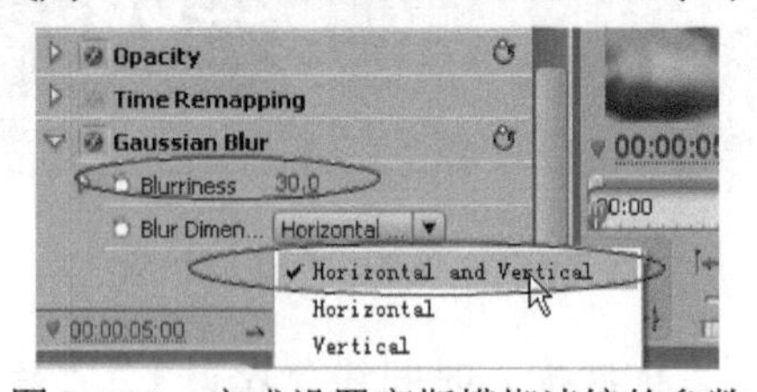

图 3-105　完成设置高斯模糊滤镜的参数

19）拖动图片素材“05.jpg”到视频 2 轨道的“00:00:05:00”处，持续时间为 2s，连续放置 3 段，均添加“Black & White”（黑白）视频特效，如图 3-106 所示。

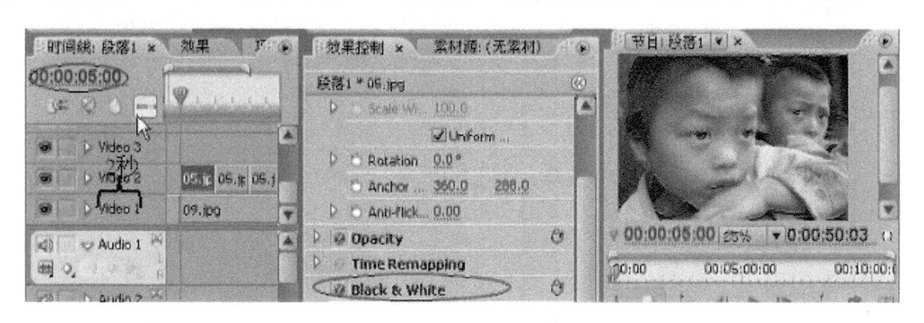

图 3-106　添加“Black&White”视频特效

小提示

这里也可以直接拖动一段图片素材“05.jpg”，用“剃刀工具”把该段素材切分为 3 段，每段 2s。在英文状态下按 <C> 键可快速切换到“剃刀工具”。

20）设置第一段图片“05.jpg”的比例为“100”，如图 3-107 所示。

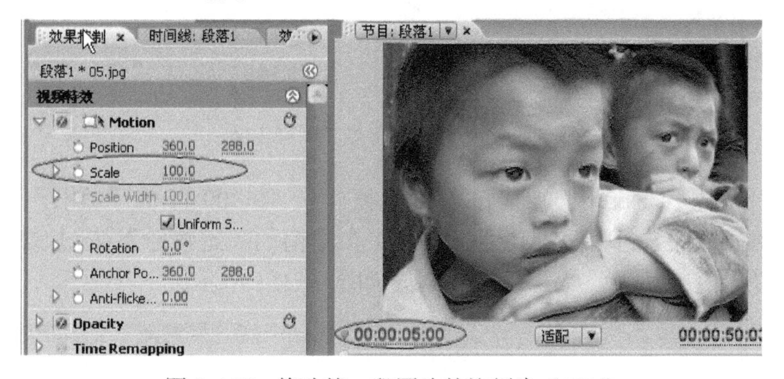

图 3-107　修改第一段图片的比例为“100”

21）设置第二段图片“05.jpg”的比例为“200”，如图 3-108 所示。

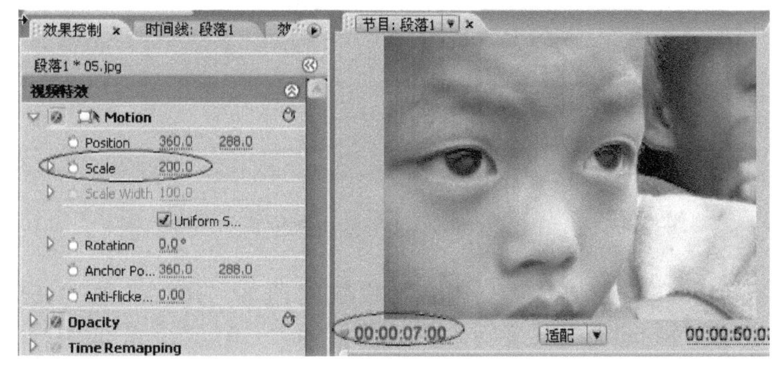

图 3-108　修改第二段图片的比例为“200”

22）设置第三段图片“05.jpg”的比例为“300”，如图 3-109 所示。

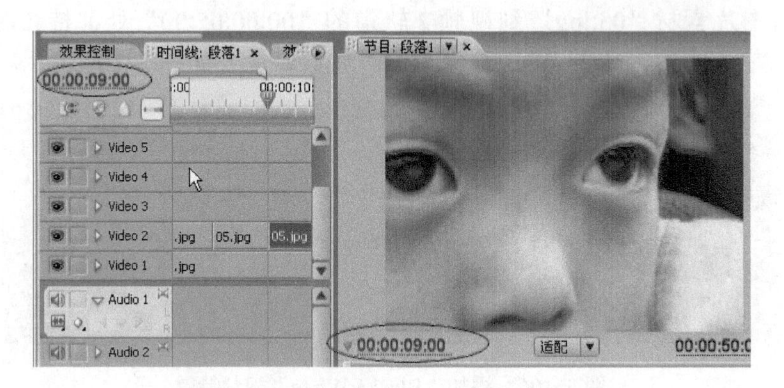

图 3-109　修改第三段图片的比例为“300”

23）时间线轴定位在“00:00:10:24”处，选择菜单“文件”→“导出”→“单帧”，为最后一帧图像输出静态图片，保存为图片“眼神 1.bmp”，如图 3-110 所示。

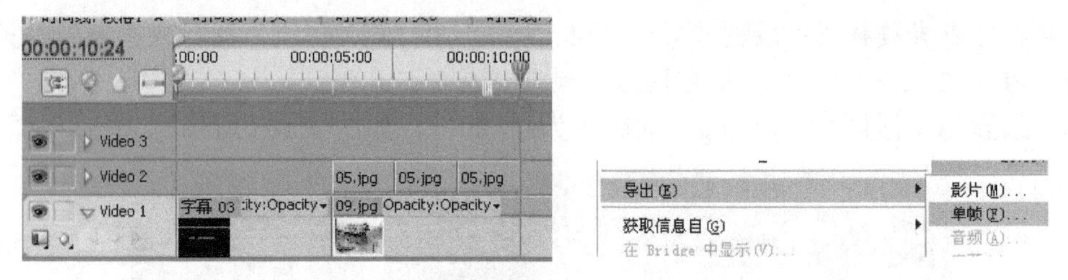

图 3-110　导出单帧图片“眼神 1.bmp”

24）给图片“眼神 1.bmp”制作位置关键帧。在“00:00:11:00”处打开“Position”参数前的关键帧触发按钮，打开“Scale”（比例）参数前的关键帧触发按钮，打开“Rotation”参数前的关键帧触发按钮，参数均保持默认，如图 3-111 所示。

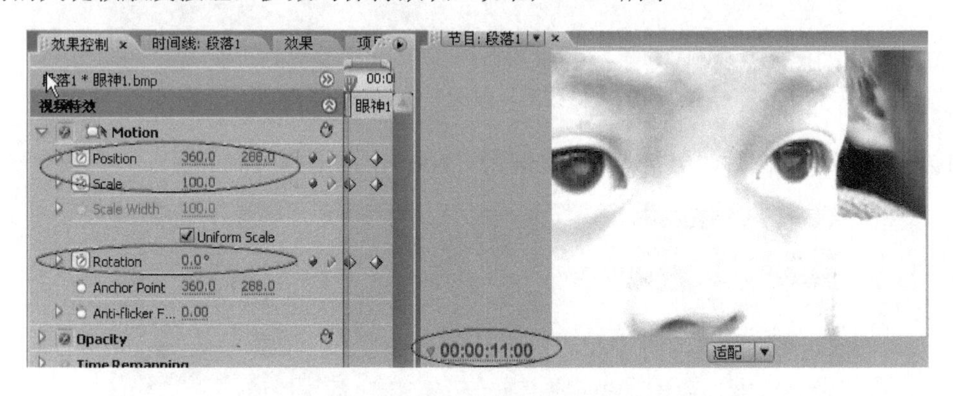

图 3-111　在“00:00:11:00”处设置位置的关键帧值

25）在“00:00:13:00”处设置“Position”参数的值为“167.3”和“155.8”，“Scale”参数的值为“30”，“Rotation”（旋转）参数的值为“−20°”，完成眼神 1 的制作，如图 3-112 所示。

26）复制 3 段完成过特效设置的图片“05.jpg”到视频 3 轨道的“00:00:14:15”处，如图 3-113 所示。

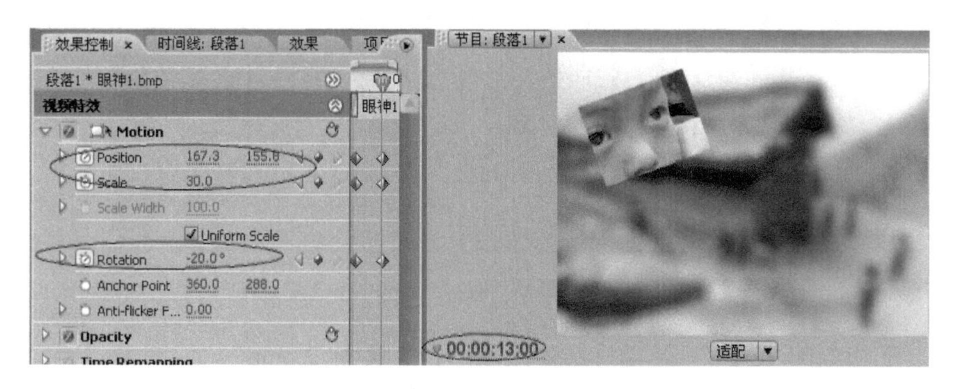

图 3-112　在“00:00:13:00”处设置位置的关键帧值

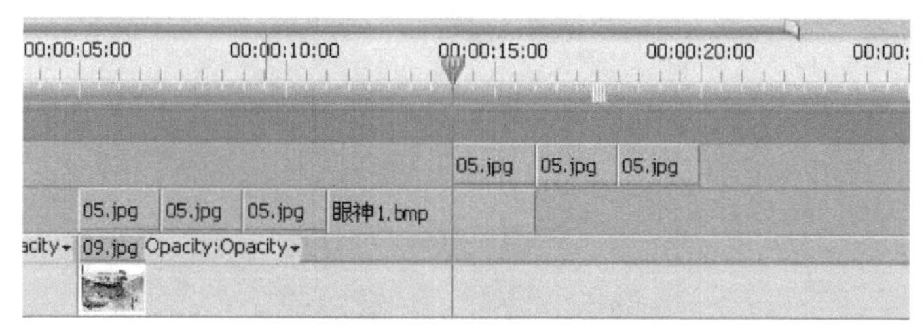

图 3-113　复制素材并粘贴

27）在素材库中找到图片素材“18.jpg”，用该图片替换时间线视频 3 轨道上的图片“05.jpg”，如图 3-114 所示。

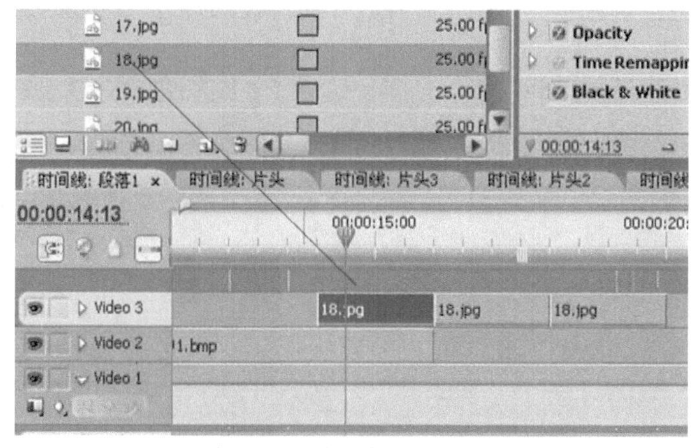

图 3-114　替换素材实现效果

小提示

替换素材的方法可以大大提高效率，在做片过程中要充分利用。

28）在段落结尾处“00:00:20:15”用输出单帧的方法输出图片“眼神 2.bmp”，拖动图片到时间线并无缝连接，如图 3-115 所示。

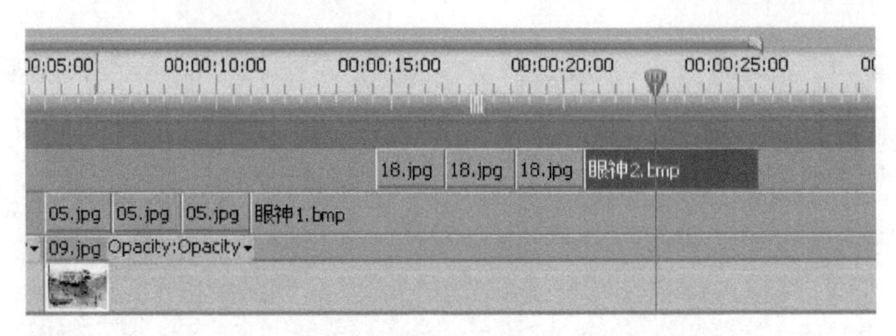

图 3-115　输出单帧“眼神 2.bmp”并无缝连接

29）在“00:00:22:15”处直接修改图片“眼神 2.bmp”的参数“Position”为“250”“250”“Rotation”为“10°”，如图 3-116 所示。

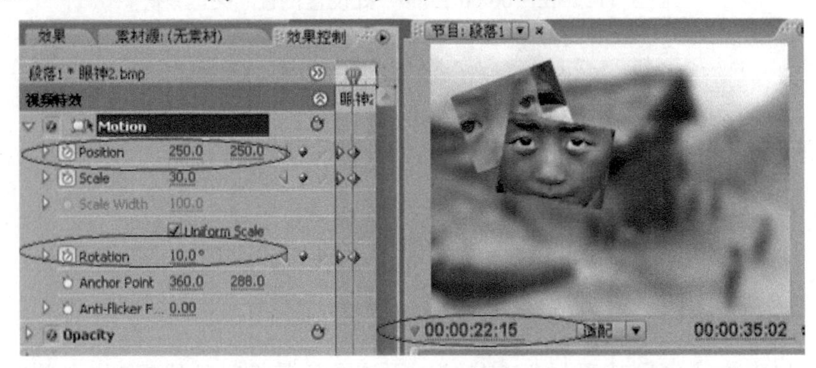

图 3-116 “在 00:00:22:15”处修改位置的关键帧值

30）用同样的方法制作出其余两张眼神照片的特效，时间线排列和效果如图 3-117 所示，具体制作详见源文件。

图 3-117　分别修改另两张图片的位置关键帧值

31）把所有视频轨道的素材选中，拖长到 50s 处，给所有段落的交接处添加“Dip to Black”转场，如图 3-118 所示。

32）新建字幕“08”，输入横排文字“命运的坎坷，生活的艰辛，挡不住对知识的渴求”，字体为“SimHei”，字号为“35”，颜色为“黄色”，阴影为“黑色”，透明度为“100”，角度为“-240°”，如图 3-119 所示。

33）新建字幕“10”，输入文字“We want go to school”，字体为“Arial Black”，字

体大小为“96”，填充“白色”，透明度为“50”，如图 3-120 所示。

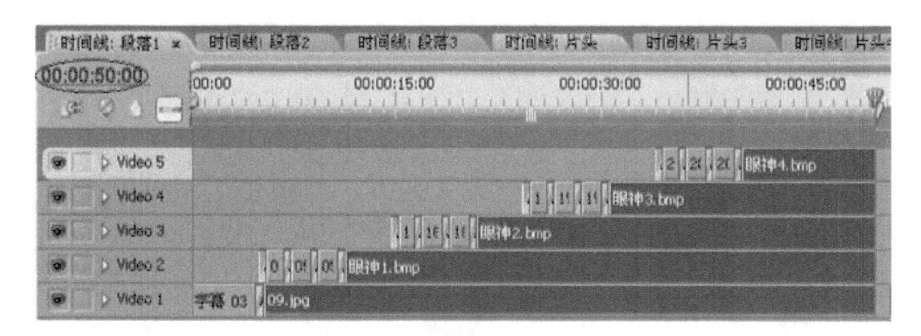

图 3-118　添加“Dip to Black”转场

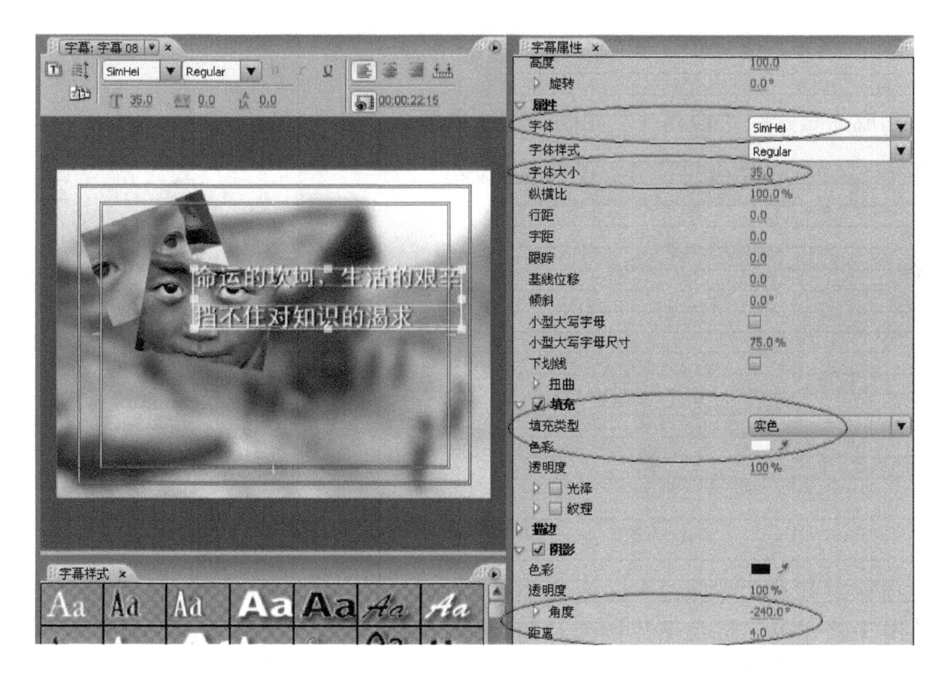

图 3-119　创建字幕“08”

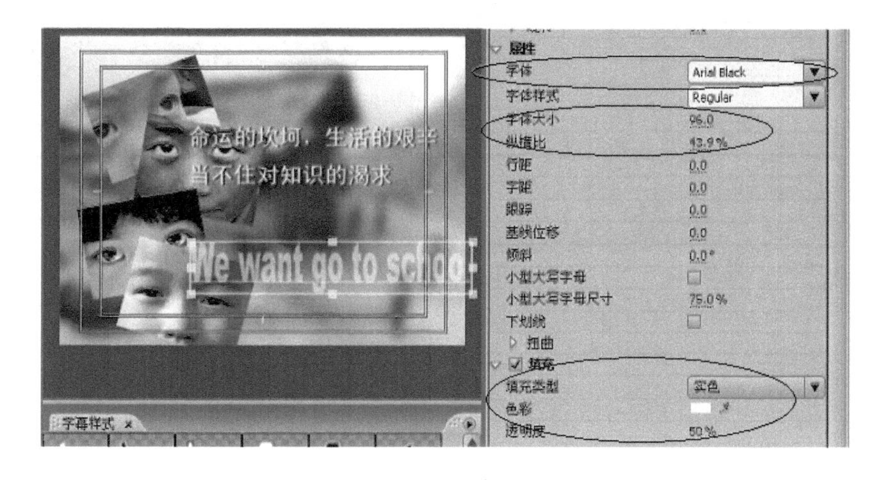

图 3-120　创建字幕“10”

34）在字幕“08”和字幕“10”的开始处添加 1s 的“Push”转场，效果如图 3-121 所示。

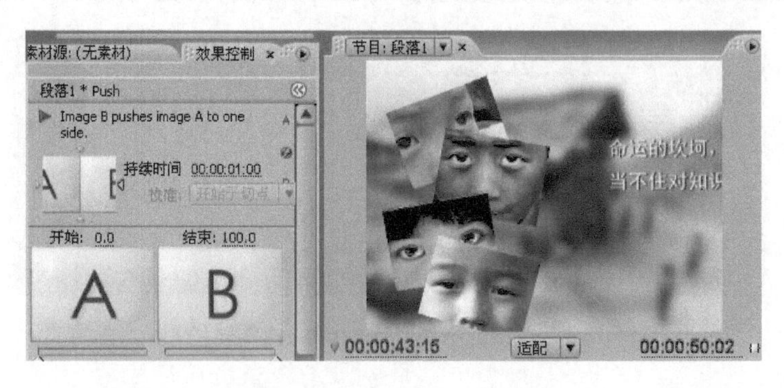

图 3-121 添加“Push”转场

35）完成的时间线“段落 1”如图 3-122 所示。

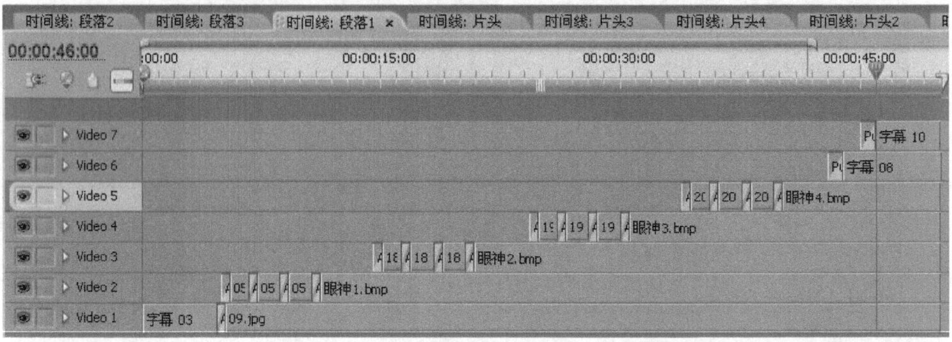

图 3-122 完成时间线“段落 1”的制作

36）新建时间线“段落 2”，依次拖动图片素材“02.bmp”“04.jpg”和“13.jpg”到视频 1 轨道无缝连接，每张图片持续时间为 5s，中间添加“Cross Dissolve”转场；拖动图片“蒙版 .psd”到视频 2 轨道，与视频 1 轨道的素材等长，如图 3-123 所示。

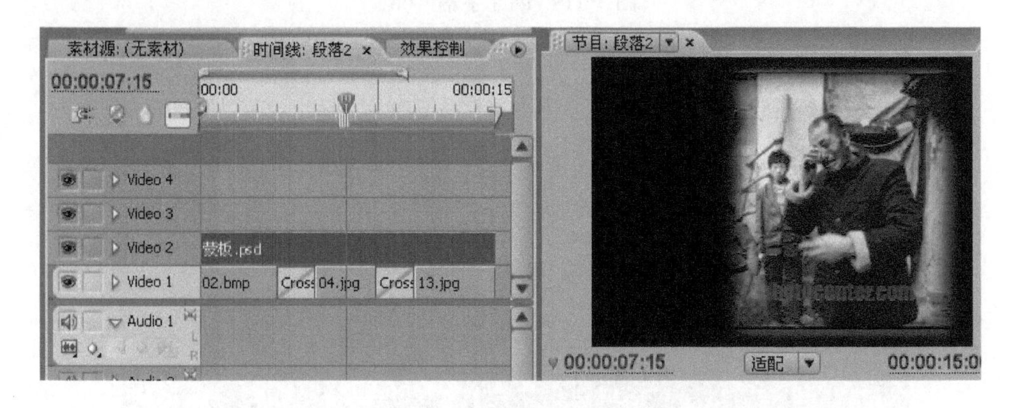

图 3-123 新建时间线“段落 2”并排列素材

37）新建字幕“04”，输入竖排文字“教育是国家的基础”，字体为“SimHei”，字号为“35”，字距为“10”，颜色为“黄色”，如图 3-124 所示。

图 3-124　创建字幕“04”

小提示

新建字幕除了可以通过菜单创建外，还可直接按 <F9> 键打开字幕编辑面板。

38）在字幕“04”的基础上创建字幕“05”，修改文字为“孩子是民族的希望”，参数设置不变；分别拖动字幕“04”和字幕“05”到视频 3 轨道和 4 轨道，在开始添加“Wipe”转场，方向为向上，如图 3-125 所示。

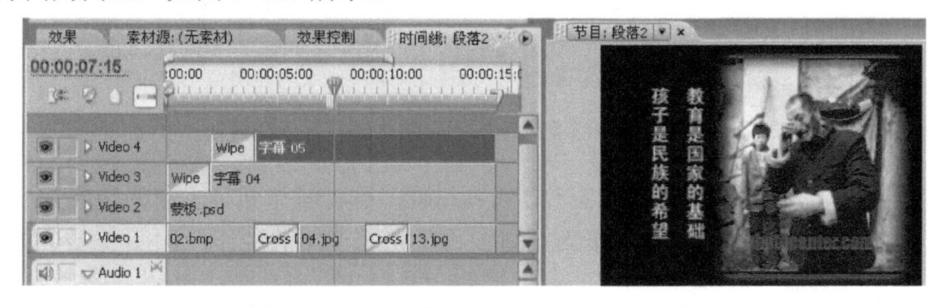

图 3-125　排列素材并添加“Wipe”转场

39）新建时间线“段落 3”，依次拖动图片素材“09.jpg”“15.jpg”和“02.bmp”到视频 1 轨道无缝连接，中间添加“Cross Dissolve”转场，如图 3-126 所示。

图 3-126　新建时间线“段落 3”并排列素材

40）依次拖动图片素材“11.jpg”“14.jpg”和“08.jpg”到视频2轨道无缝连接，中间添加“Cross Dissolve”转场，给3张图片均添加“Edge Feather”（边缘羽化）视频滤镜，值为“30”，如图3-127所示。

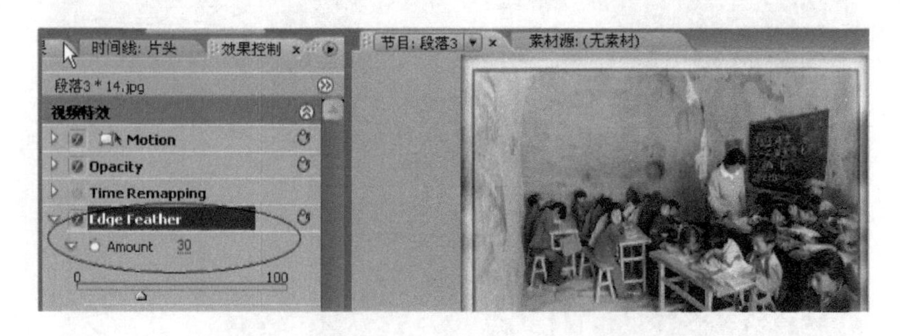

图3-127　添加“Edge Feather”视频滤镜

41）新建字幕“06”，输入文字“很多人为此付出了一生的努力”；新建字幕“07”，输入文字“但还需要更多的人伸出援助之手……”，具体参数见源文件；依次拖动两个字幕文件到视频3轨道，添加“Cross Dissolve”转场，如图3-128所示。

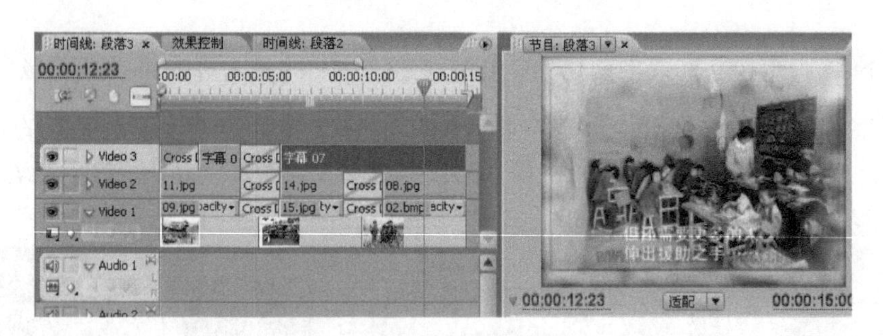

图3-128　新建字幕“06”、字幕“07”并添加转场

42）新建时间线“片尾”，拖动图片“片尾.psd”到视频1轨道，在开始添加“Gradient Wipe”转场，以图片“蒙版.psd”作为倾斜图片，完成片尾的制作，如图3-129所示。

图3-129　添加“Gradient Wipe”转场

43）新建时间线“希望工程宣传片”，依次拖入时间线“片头”“段落1”“段落2”“段

落 3”和“片尾”到视频 1 轨道，给开头、中间和结尾添加“Dip to Black”转场，完成全片的制作，如图 3-130 所示

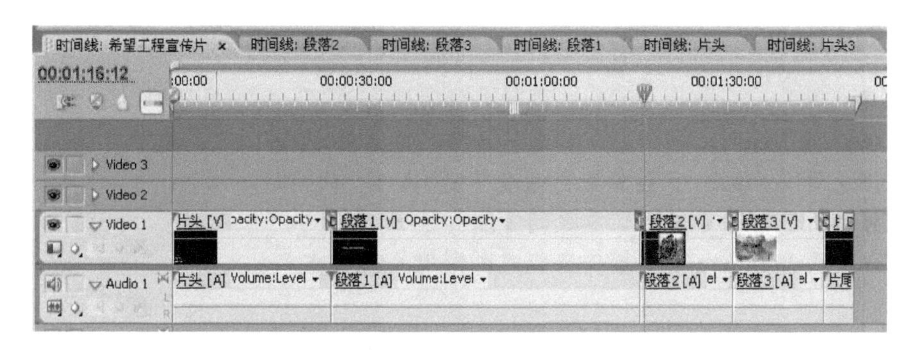

图 3-130 完成时间线“希望工程宣传片”的制作

我来归纳

本节通过“公益宣传片—希望工程”的制作，主要学习了 Photoshop CS4 和 Adobe Premiere CS3 的综合运用。通过本片的制作可以看出，在实际制作过程中，特效的使用是否繁多并不是作品优秀的关键，而是要根据影片的风格和节奏，选择合适的特效，以表现出想要的效果。

课后习题

以“珍爱生命，远离艾滋”为题，制作一部呼吁环保的公益宣传片。

3.4 动感风格——南京旅游纪录片

任务描述

南京是六朝古都，文化圣地。为了向各方友人全面的介绍南京，吸引更多的人来南京旅游以促进经济发展，扩大消费，下面介绍一部图文并茂的旅游宣传片的制作，它将南京文化的精髓融入其中，以达到宣传推广的效果。

任务分析

本片的基调为现代、时尚、快节奏，为了满足当前人们的欣赏品味，通片的静帧持续时间在 3s 以内，转场持续在 15 帧之内，以绚丽夺目的方式来表现。

相关知识点

1. 掌握使用 Premiere 特效滤镜工具特效的方法和技巧
2. 掌握使用 Premiere 转场滤镜创建转场效果的方法和技巧
3. 掌握使用 Premiere 字幕工具创建静态字幕的方法和技巧
4. 掌握使用 Premiere 自定义参数的方法和技巧
5. 综合运用 Premiere 各类操作技能完成影视片的制作

操作步骤

1．photoshop 中准备好所有的图片素材（见图 1-131）

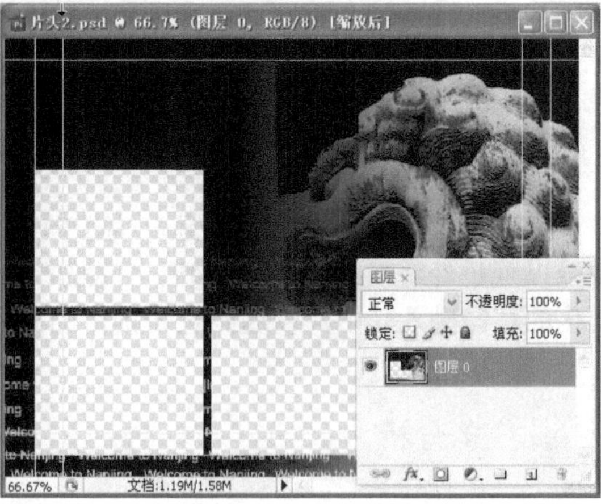

图 1-131　图片素材

图 1-131　图片素材（续）

2. Premiere 中编辑制作影片

1）打开软件 Premiere CS3，新建工程“动感风格—南京旅游纪录片”，设置好文件保存的位置和文件的名称，如图 3-132 所示。

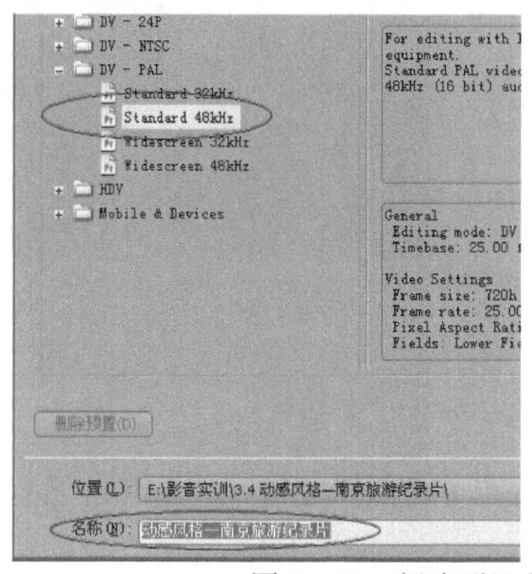
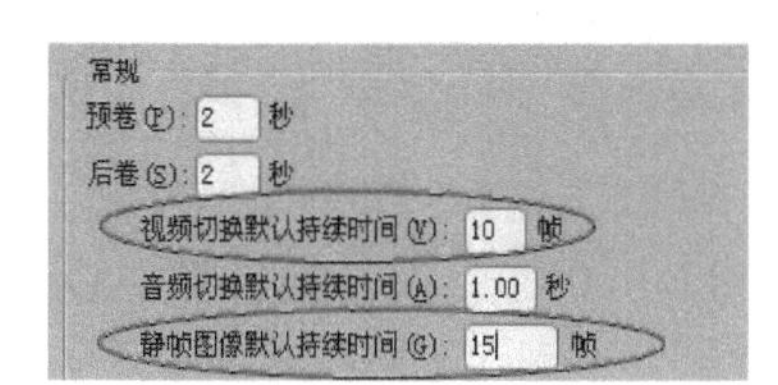

图 3-132　新建项目文件并设置默认参数

2）新建字幕“01”“02”“03”，设置字体为“SimHei”，字号为“120”，放置在画面中间，如图 3-133 所示。

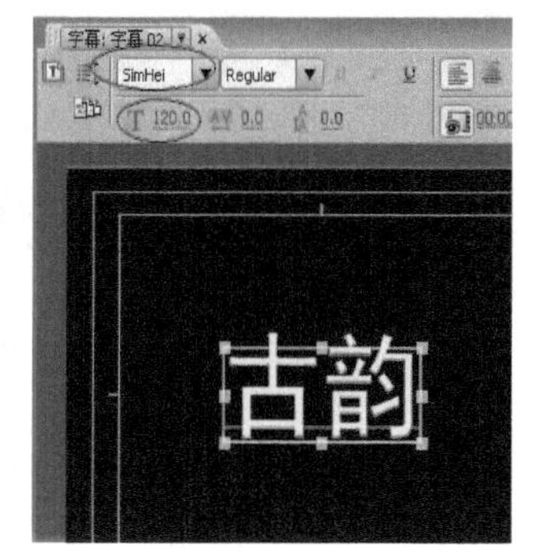

图 3-133　创建字幕“01”“02”“03”

3）新建时间线“快闪”，如图 3-134 所示，在视频 1 轨道依次排列图片和字幕，每张图片和字幕均持续 15 帧；拖动素材“蒙版 .psd”到视频 2 轨道。

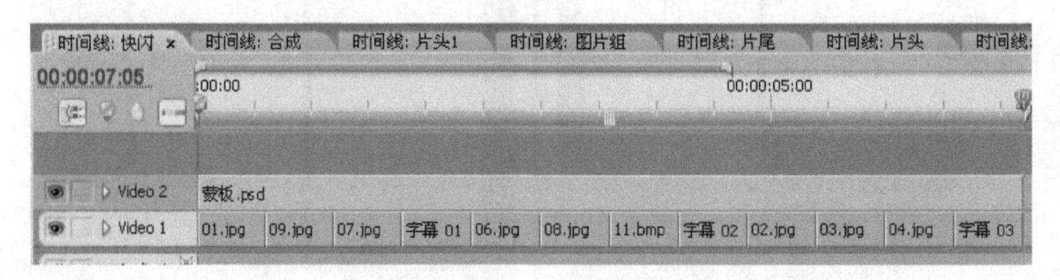

图 3-134　新建时间线“快闪”并排列素材

4）选择图片“01.jpg”，为图片添加“Gaussian Blur”特效；在“00:00:00:00”处打开参数“Scale”“Opacity”（透明度）、“Blurriness”前的关键帧触发按钮，分别设置参数值为“300”“0”“50”，如图 3-135 所示。

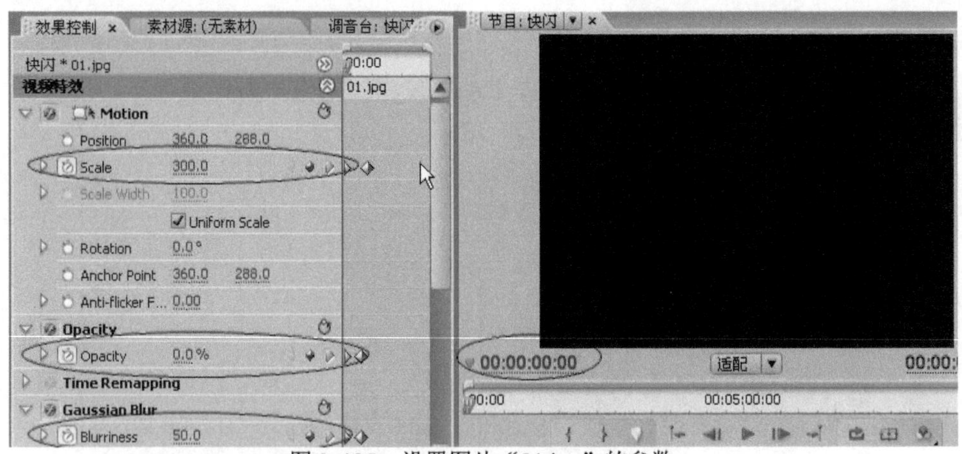

图 3-135　设置图片“01.jpg”的参数

5）在“00:00:00:03”处设置参数“Opacity”的值为“100”，“Blurriness”的值为 0，如图 3-136 所示。

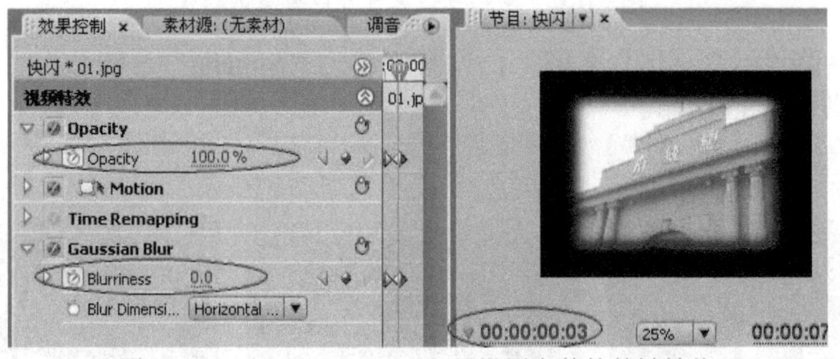

图 3-136　在“00:00:00:03”处设置参数的关键帧值

6）在“00:00:00:04”处设置参数“Scale”的值为“100”；为图片添加亮度与对比度特效（Brightness & Contrast），打开关键帧触发按钮，设置“Brightness”（亮度）和“Contrast”（对比度）的值均为“0”，如图 3-137 所示。

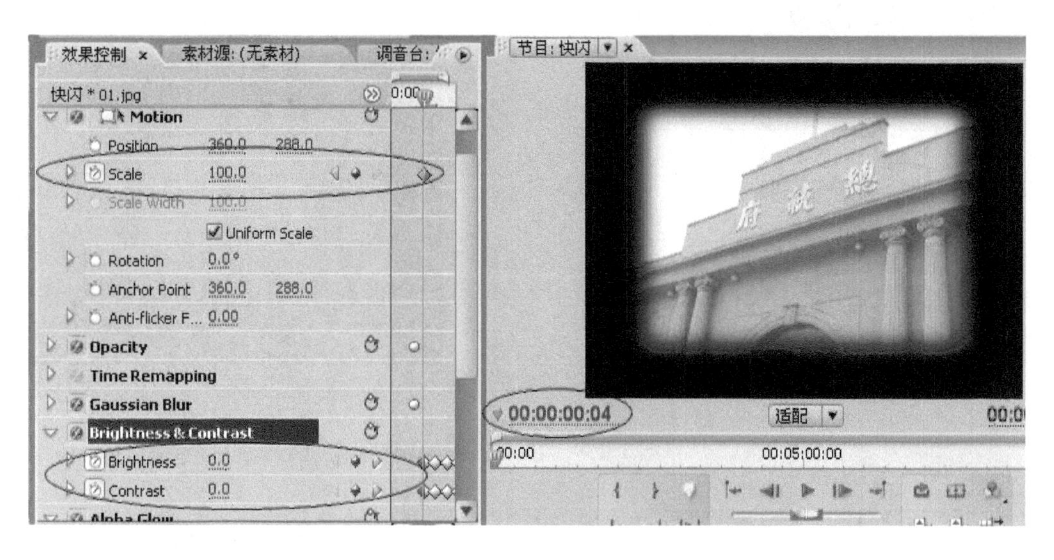

图 3-137　在“00:00:00:04”处设置参数的关键帧值

7）在“00:00:00:05”处设置参数“Brightness”的值为“-90”，“Contrast”的值为“-85”，如图 3-138 所示。

图 3-138　在“00:00:00:05”处设置参数的关键帧值

8）复制“Brightness & Contrast”特效已设置的两个参数并粘贴在后面，一共制作出 8 组关键帧；为图片添加 Alpha 通道“Alpha Glow”（发光）特效，设置参数“Glow”（发光度）为“74”，“Brightness”为“255”，如图 3-139 所示。

9）复制图片“01.jpg”的所有特效，并粘贴给其他所有图片和字幕，完成时间线“快闪”的制作，如图 3-140 所示。

10）新建时间线“片头 1”，依次拖动图片素材“片头 1.psd”“09.jpg”“10.jpg”“11.bmp”分别到视频 1 轨道～4 轨道，持续时间分别为 3s、10 帧、15 帧和 12 帧，如图 3-141 所示。

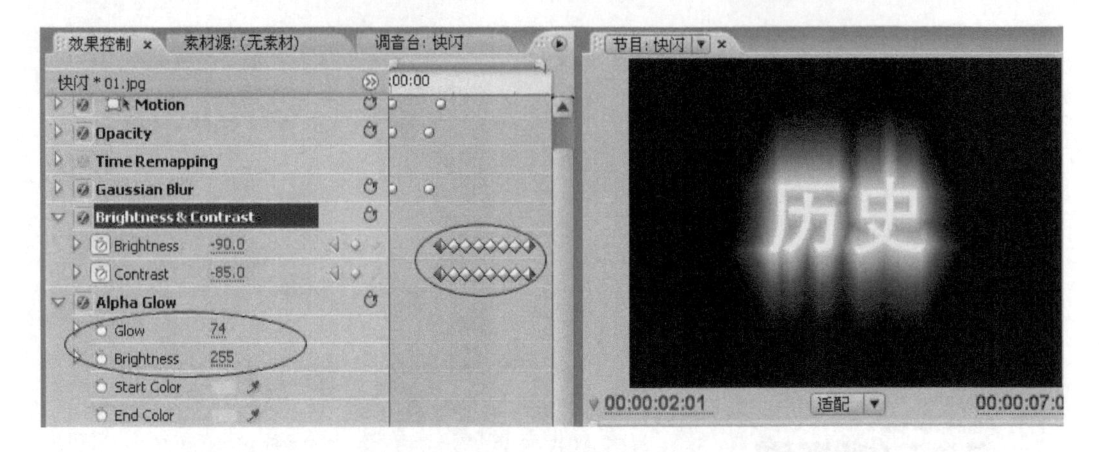

图 3-139 复制特效并粘贴

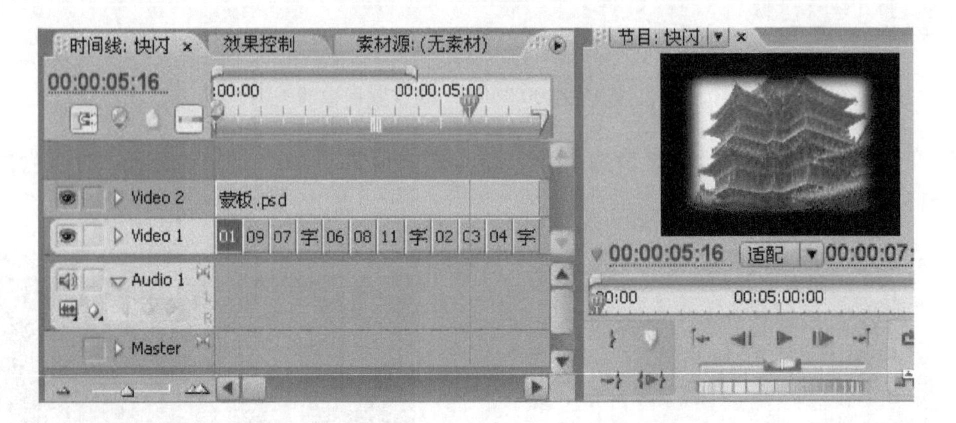

图 3-140 复制图片“01.jpg”的所有特效并粘贴

图 3-141 新建时间线“片头 1”并排列素材

11）修改所有图片的比例为 35%，设置图片“09.jpg”的位置为“120.8”“116.2”；图片“10.jpg”的位置为“144.5”“328.4”；图片“11.bmp”的位置为“360”“123.8”，如图 3-142 所示。

12）复制图片“09.jpg”“10.jpg”“11.bmp”，使 4 层轨道的总持续时间均为 3s，如图 3-143 所示。

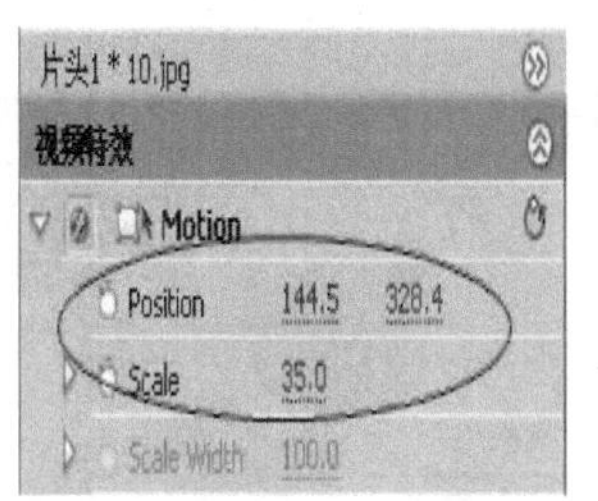

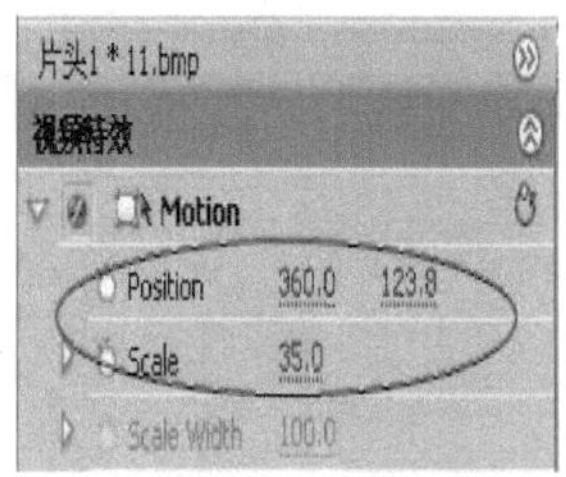

图 3-142　分别设置图片素材的位置和比例

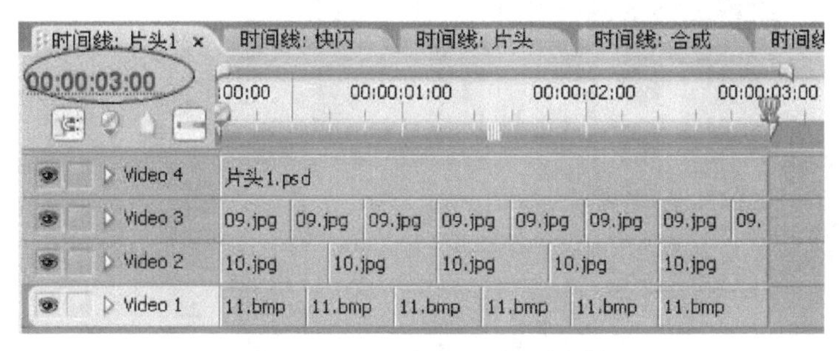

图 3-143　复制图片并排列素材

13）为图片之间添加“Addtive Dissolve”转场，持续时间为 10 帧，如图 3-144 所示，注意添加的时候要部分错开。

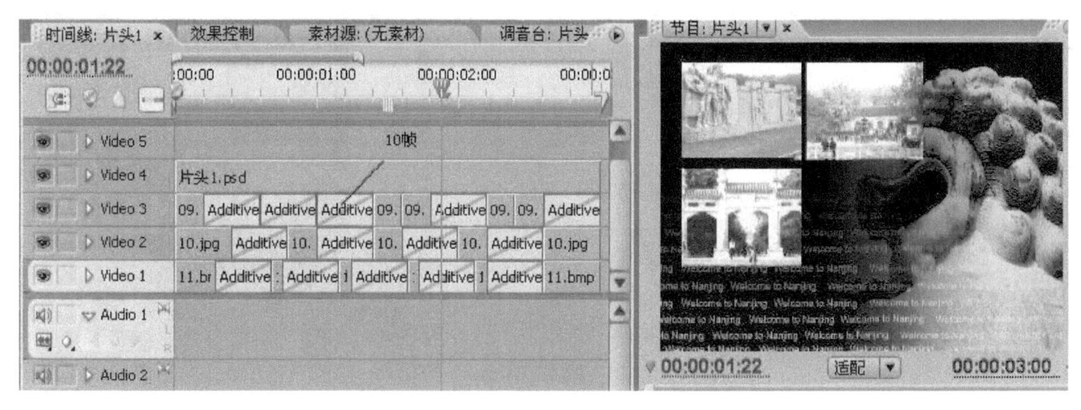

图 3-144　添加“Addtive Dissolve”转场

14）新建字幕“04”，输入文字“Hello”和“南京”，设置好字体和字号，其中“Hello”为“白色”，“南京”为“红色”，两个文字均添加黑色阴影，如图 3-145 所示。

15）拖动字幕“04”到视频 5 轨道的“00:00:01:00”处，在开始处添加“Push”转场，方向为向右，持续时间为 15 帧，完成时间线“片头 1”的制作，如图 3-146 所示。

16）利用时间线“片头 1”的副本制作出时间线“片头 2”，用图片素材“片头 2.psd”“01.jpg”“07.jpg”“08.jpg”分别替换“片头 1.psd”“09.jpg”“10.jpg”“11.bmp”，修改字幕“04”的位置为右上，完成时间线“片头 2”的制作，如图 3-147 所示。

17）利用时间线“片头 1”的副本制作出时间线“片头 3”，用图片素材“片头 3.psd”“02.jpg”“06.jpg”“03.jpg”分别替换“片头 1.psd”“09.jpg”“10.jpg”“11.

bmp”，修改字幕“04”的位置为左下，完成时间线“片头 3”的制作，如图 3-148 所示。

图 3-145　创建字幕“04”

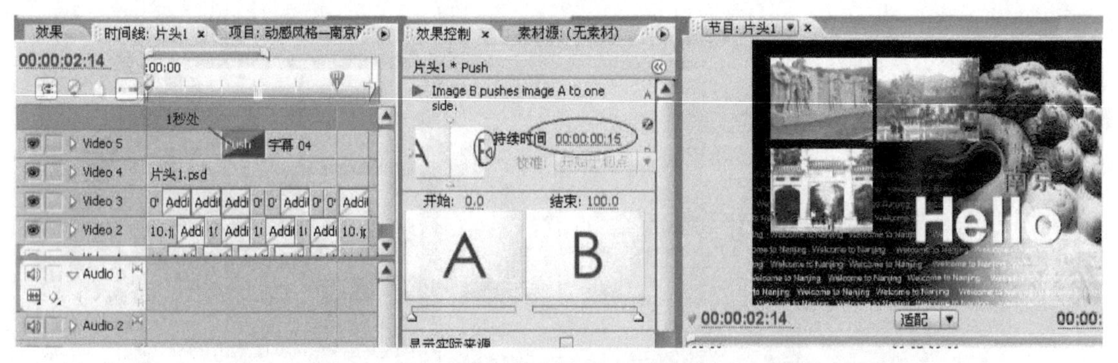

图 3-146　添加“Push”转场

图 3-147　利用副本完成时间线“片头 2”的制作

图 3-148　利用副本完成时间线“片头 3”的制作

18）双击打开时间线“片头 4”，把所有图层上移一层空出视频 1 轨道，把所有图片素材拖动到视频 1 轨道依次排列，每张图片持续时间 15 帧，总时间线持续时间 5s，如图 3-149 所示。

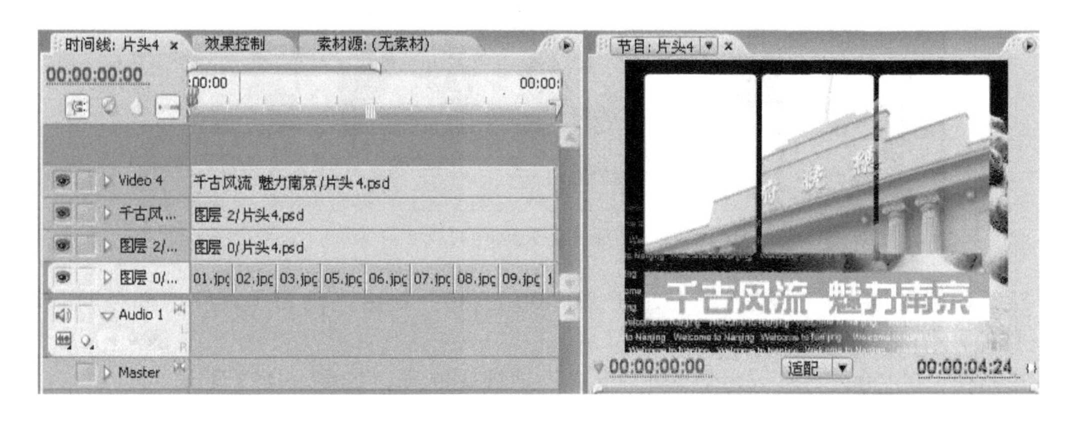

图 3-149　新建时间线“片头 4”并排列素材

小提示

由于在导入 PSD 格式的图片“片头 4.psd”时选择的是“Sequence”（序列导入），所以导入后会自动创建一个文件夹“片头 4”。这个文件夹包含所有图层和自动排列好上下顺序的时间线，可以直接打开使用。

19）为视频 1 轨道的所有图片之间添加 10 帧的“Addtive Dissolve”转场；为视频 3 轨道和视频 4 轨道的文字层添加 1s 10 帧的“Push”转场，方向分别从左和从右，完成时间线“片头 4”的制作，如图 3-150 所示。

20）新建时间线“片头”，依次拖入时间线“快闪”“片头 1”“片头 2”“片头 3”“片头 4”无缝连接，给相接处添加“Cross Zoom”转场，持续时间为 10 帧，完成片头的制作，如图 3-151 所示。

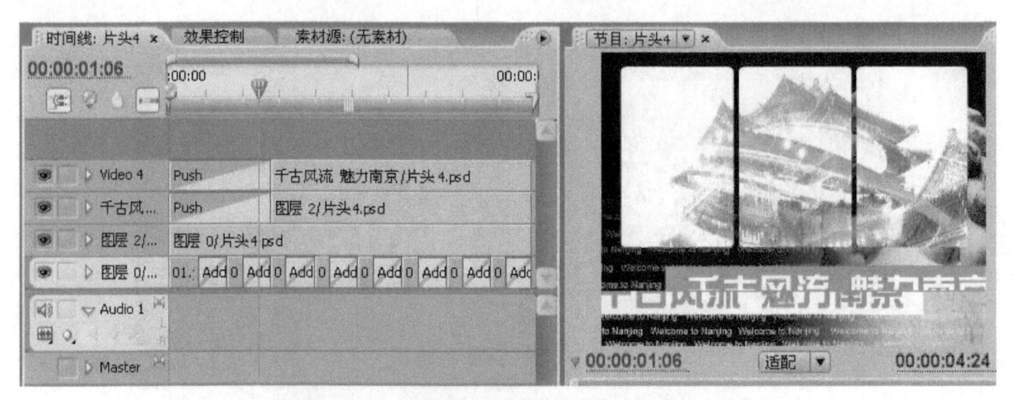

图 3-150　添加转场完成时间线“片头 4”

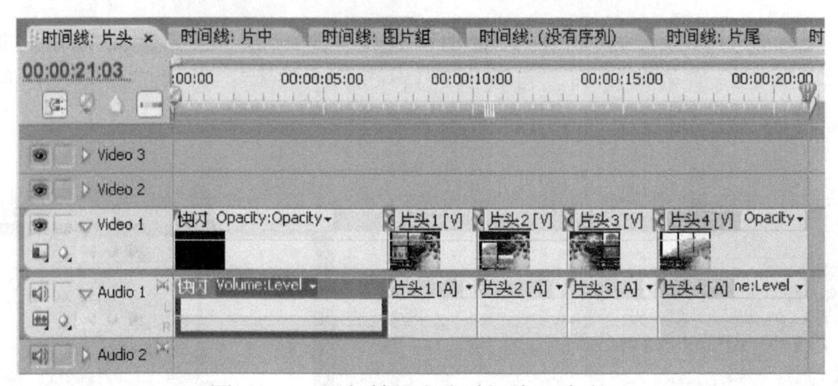

图 3-151　添加转场完成时间线“片头”

21）新建时间线“视频剪辑”，在“00:00:17:00”处用“剃刀工具”把视频断开，如图 3-152 所示。

22）在“00:00:25:16”处用“剃刀工具”把视频断开，如图 3-153 所示。

23）分别在“00:00:36:10”“00:00:46:00”“00:01:00:14”和“00:01:08:21”处把素材断开，取出 3 段旅游胜地部分，如图 3-154 所示。

24）新建时间线“片中”，把在时间线“视频剪辑”中截取好的视频片段复制过来进行无缝连接，放置在视频 1 轨道，在连接处添加“Cross Dissolve”转场；把视频 1 轨道的所有素材复制一份放置在视频 2 轨道，拖动字幕“04”到视频 3 轨道，修改位置到右下，如图 3-155 所示。

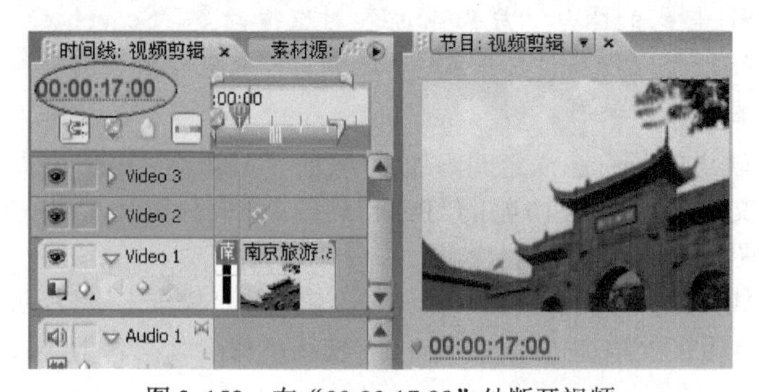

图 3-152　在“00:00:17:00”处断开视频

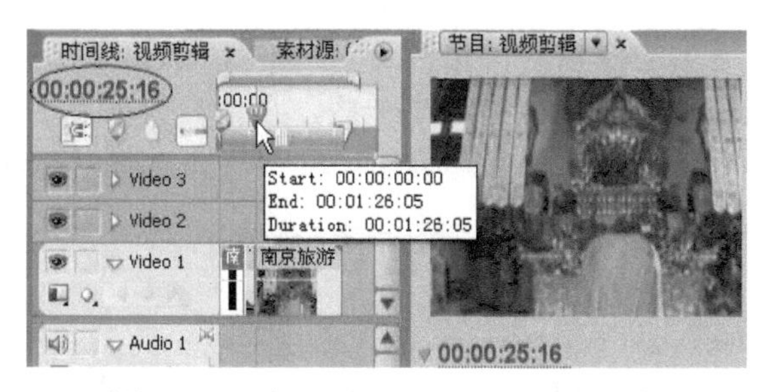

图 3-153　在“00:00:25:16”处断开视频

图 3-154　剪辑视频取出所需的段落

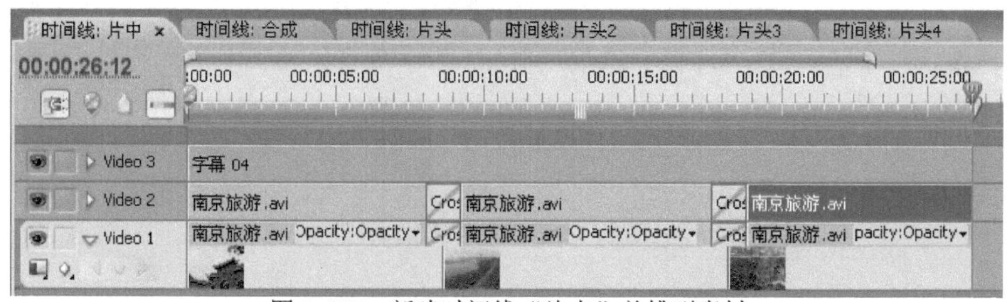

图 3-155　新建时间线“片中”并排列素材

25）修改视频 1 轨道上的视频素材比例为“250”，添加“Color Balance”（色彩平衡）特效，设置参数“Red”为“185”，“Green”为“100”，“Blue”为“0”，把视频调为金色的偏色；添加“Gaussian Blur”特效，设置参数“Blurriness”为“15”，如图 3-156 所示。

图 3-156　为视频 1 轨道上的素材添加特效并设置参数

26）修改视频 2 轨道上的视频素材比例为“250”，添加“Four-Point Garbage Matte”（四点遮罩）特效，把视频 4 条边往里缩小一些，具体参数如图 3-157 所示；添加“Edge Feather”特效，设置“Amount”（羽化数量）为“30”，如图 3-157 所示。

图 3-157　为视频 2 轨道上的素材添加特效并设置参数

27）分别复制属性并粘贴属性，完成时间线“片中”的制作，如图 3-158 所示。

图 3-158　复制属性并粘贴给其他段视频

28）新建时间线“图片组”，依次拖动图片素材“01.jpg”“06.jpg”“07.jpg”“10.jpg”分别到视频 1 轨道～ 4 轨道，设置图片的持续时间均为 15 帧，修改所有图片的比例为“20”，分布好图片的排列位置，如图 3-159 所示。

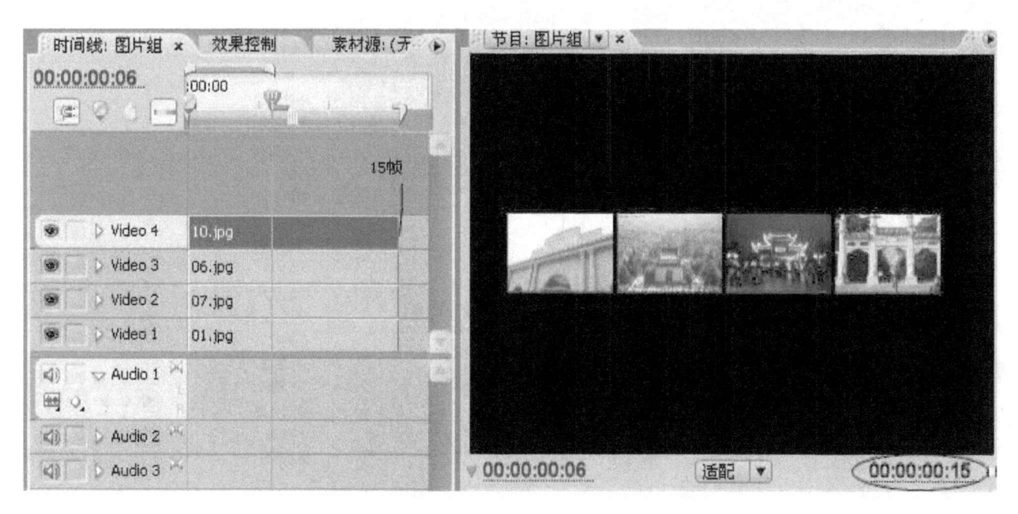

图 3-159　新建时间线“图片组”并排列素材

小提示

在分布图片位置时要注意，水平排列的图片位置参数的 Y 值应当保持不变，小图片之间的间隔应该一致。

29）在各自的轨道复制图片并粘贴，使时间线的总持续时间为 5s；为图片相接处添加“Addtive Dissolve”转场，持续时间为 10 帧，注意适当错开不同轨道的转场时间，如图 3-160 所示。

图 3-160　为视频段落间添加“Addtive Dissolve”转场

30）新建字幕“05”，利用“矩形工具”绘制长条，输入文字“魅力南京 精彩无限”，设置字体为“SimHei”，字号为“30”，填充“白色”，如图 3-161 所示。

图 3-161　创建字幕“05”

31）新建时间线“片尾”，拖动时间线“图片组”到视频 1 轨道，拖动字幕“05”到视频 2 轨道，在开始均添加“Push”转场，设置文字从右边进，图片组从左边进，持续时间均为 1s，完成片尾的制作，如图 3-162 所示。

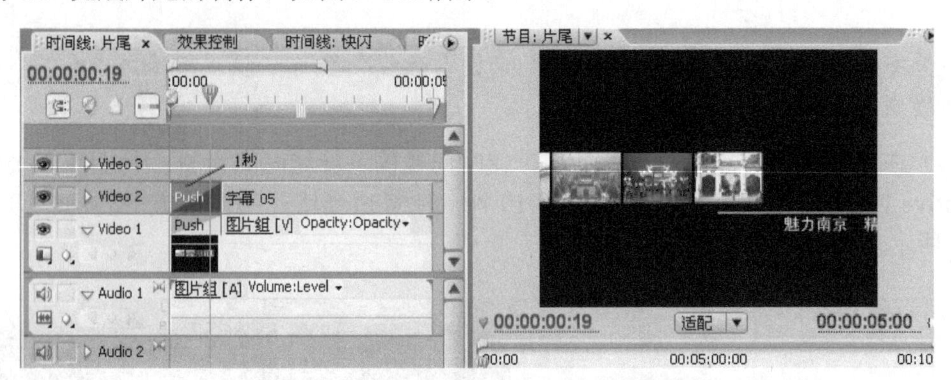

图 3-162　新建时间线“片尾”并排列素材

32）新建时间线“合成”，依次拖入时间线“片头”“片中”和“片尾”无缝连接，在相接处添加“Dip to Black”转场，完成整片的制作，如图 3-163 所示。

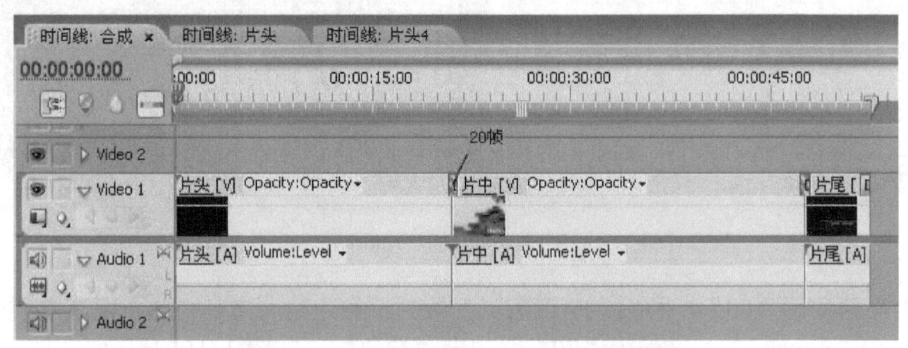

图 3-163　新建时间线“合成”并排列素材

我来归纳

本节通过“南京旅游纪录片”的制作，主要学习了 Adobe Premiere CS3 各种技能的综合运用。通过本片的制作可以看出，在实际制作过程中，特效和转场的运用要恰到好处，一部片子要保持统一的风格，只需几种转场和特效即可。同时，影片节奏的把握十分重要，快节奏的影片从单帧持续速度到转场时间都要恰当，否则会影响影片的表现力。

课后习题

以“古韵苏州”为题，制作一部苏州的宣传片。

3.5 古典风格——中国文化遗产宣传片

任务描述

中国是文明古国，在 5 000 年的历史积淀下，中国有很多震惊全世界的宝藏，这些宝藏是全中国人民的骄傲。我们要把这些宝藏发扬光大，让更多的人，特别是青年一代了解，下面介绍一部宣扬中国文化遗产的宣传片的制作。

任务分析

本片的基调为中国红，片中充分利用书简、书法、窗格等多种元素来烘托氛围，通过隶书、行楷等字体表现出一种纯正的中国风。

相关知识点

1. 掌握使用 Premiere 特效滤镜工具制作特效的方法和技巧
2. 掌握使用 Premiere 转场滤镜创建转场效果的方法和技巧
3. 掌握使用 Premiere 字幕工具创建静态字幕的方法和技巧
4. 掌握使用 Premiere 自定义参数的方法和技巧
5. 综合运用 Premiere 各类操作技能完成影视片的制作

操作步骤

1．photoshop 中准备好所有的图片素材（见图 3-164）

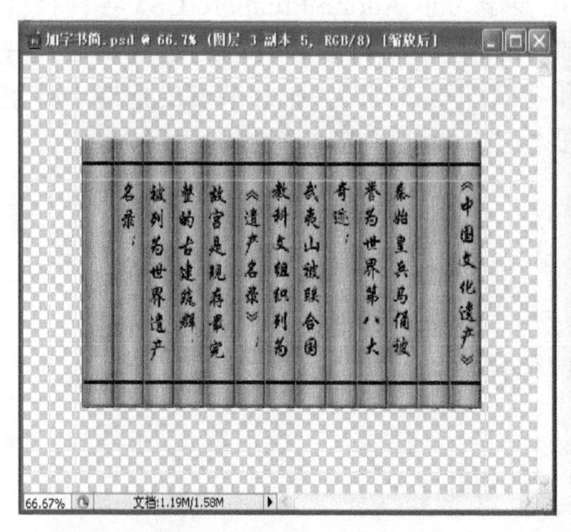

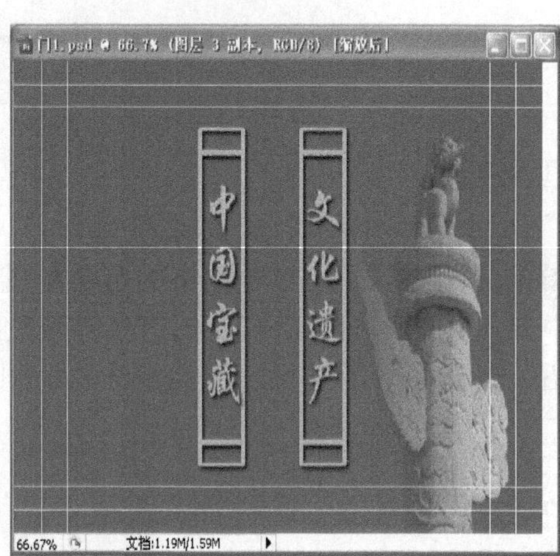

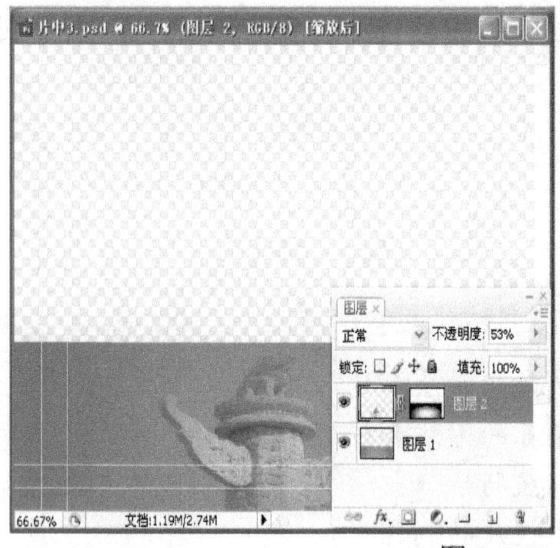

图 3-164　图片素材

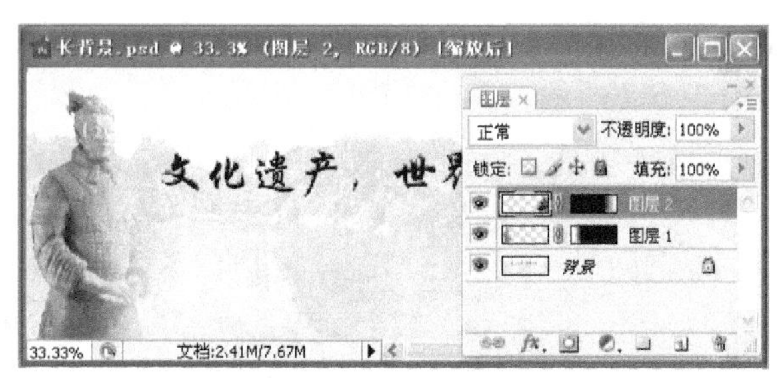

图 3-164 图片素材（续）

2. Premiere 中编辑制作影片

1）打开软件 Premiere CS3，新建项目“古典风格—中国文化遗产宣传片”，设置好文件保存的位置和文件的名称，导入所有素材；新建时间线“书简打开”，拖动图片“加字书简 .psd”到视频 1 轨道，在开始添加“Wipe”转场，方向为从右，持续时间为 3s，模拟出书简打开的效果，如图 3-165 所示。

图 3-165 新建时间线“书简打开”并排列素材

2）双击打开时间线“长背景”，取消视频 2 轨道和视频 3 轨道的可视，在“00:00:01:05”处打开“Position”前的关键帧触发按钮，设置值为“730”“288”，如图 3-166 所示。

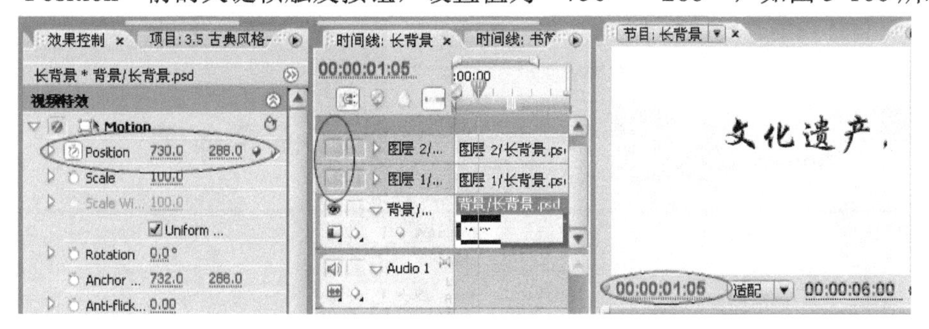

图 3-166 在“00:00:01:05”处设置位置的关键帧值

小提示

在导入素材的时候，图片“长背景 .psd”以合成形式导入，就会自动出现按照图层顺序分布好轨道顺序的合成。

3）在“00:00:03:09”处设置参数“Position”的值为“-10”“288”，实现长背景从右到左滑动的效果，如图3-167所示。

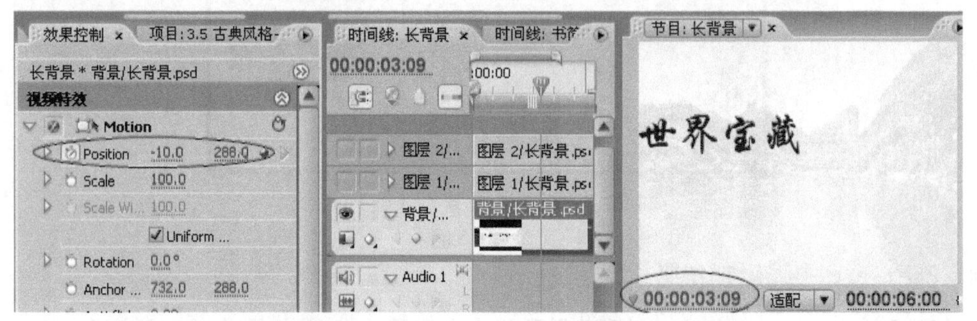

图3-167　在“00:00:03:09”处设置位置的关键帧值

4）打开视频2轨道的可视，在开始处添加“Wipe”转场，方向为向左下角，持续时间为1s 5帧，实现画面擦出的效果，如图3-168所示。

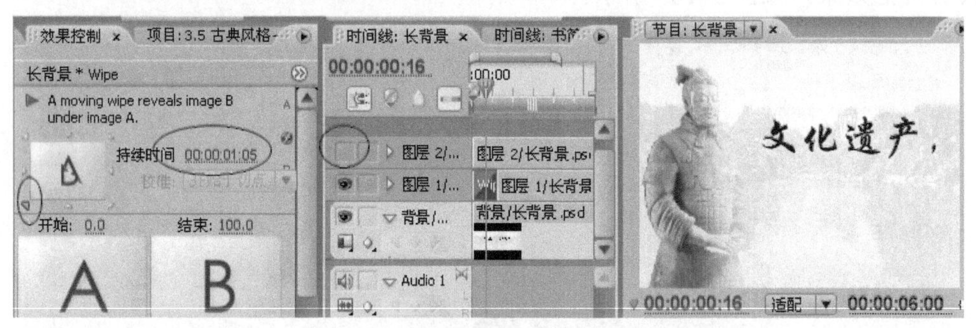

图3-168　为视频2轨道的素材添加“Wipe”转场

5）打开视频3轨道的可视，在开始处添加“Wipe”转场，方向为向右下角，持续时间为1s 5帧，实现画面擦出的效果，如图3-169所示。

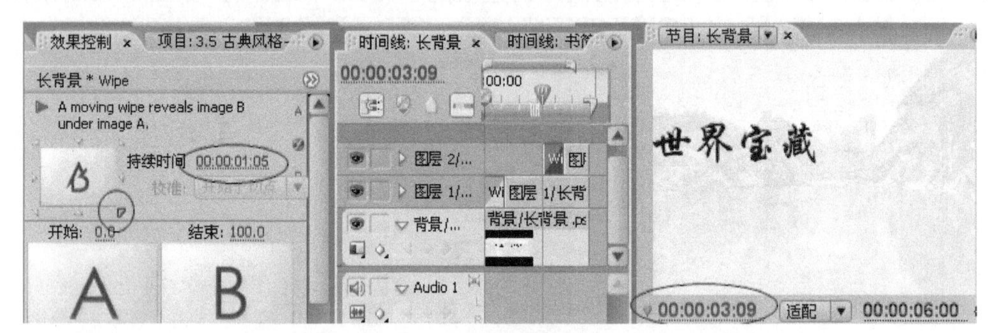

图3-169　为视频3轨道的素材添加“Wipe”转场

6）新建时间线“视频剪辑1”，把3段视频素材拖入，分别取其中的2min，各段之间无缝连接，添加“Cross Dissolve”转场，持续时间为20帧，如图3-170所示。

7）新建时间线“笔刷”，把时间线“视频剪辑1”拖动到视频1轨道，添加“Find Edges”（查找边缘）特效，设置“Blend”（混合）参数为“50%”；添加“Fast Color Corrector”（快速调色）特效，指针拖动到黄色区域，把视频调色到暗黄，如图3-171所示。

图 3-170　新建时间线“视频剪辑 1”并排列素材

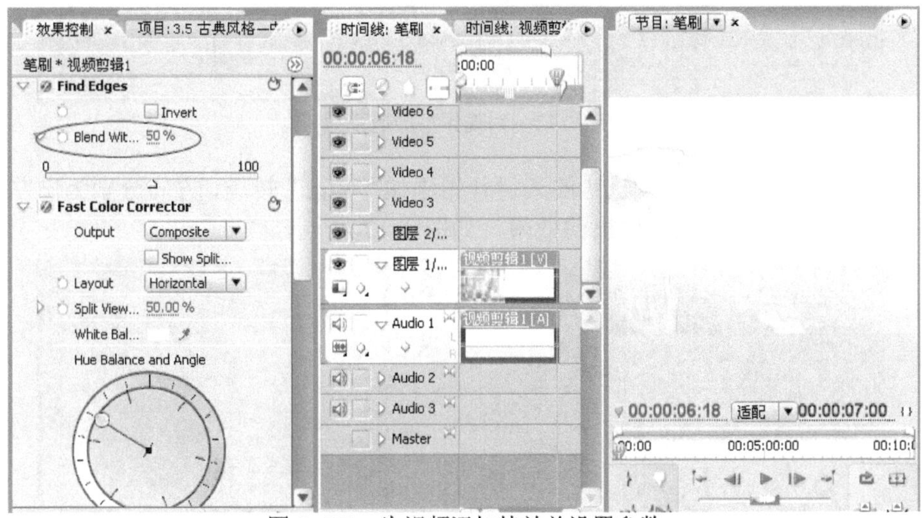

图 3-171　为视频添加特效并设置参数

8）再次把时间线“视频剪辑 1”拖动到视频 2 轨道，拖动图片“图层 1/ 笔刷 .psd”到视频 4 轨道，添加“Track Matte Key”特效到视频 2 轨道的“视频剪辑 1”上，设置参数“Matte”（遮罩）为“Video 4”，如图 3-172 所示。

图 3-172　为视频制作遮罩效果

小提示

导入图片“笔刷 .psd”时，以图层形式导入，可以分层导入。

9）再次把时间线“视频剪辑 1”拖动到视频 3 轨道，拖动图片“图层 2/ 笔刷 .psd”到视频 5 轨道，添加“Track Matte Key”特效到视频 3 轨道的“视频剪辑 1”上，设置参数“Matte”为“Video 5”，如图 3-173 所示。

图 3-173　为视频添加遮罩效果

10）为视频 2 轨道和视频 3 轨道的素材开始添加“Wipe”转场，方向分别为向左和向右，持续时间为 1s 5 帧，实现笔刷擦出的效果，如图 3-174 所示。

图 3-174　为素材添加“Wipe”转场

11）新建字幕“01”，用“竖排文字工具”输入文字“中国文化遗产”，设置字体为“ST Xingkai”（ST 行楷），字号为“52”，字符间距为“17”，白色（R=255、G=255、B=255）填充，红色（R=255、G=0、B=0）描边，描边类型为“凸出”，大小为“25”，如图 3-175 所示。

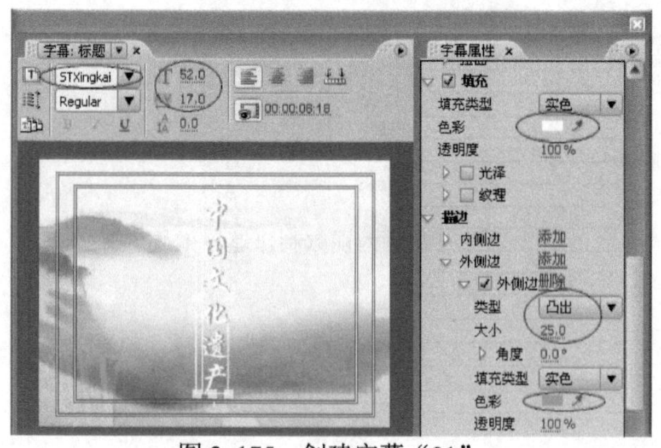

图 3-175　创建字幕“01”

12）在“00:00:03:00”处拖入字幕“01”，在开始处添加“Wipe”转场，方向为向上，持续时间为1s 5帧，实现文字擦出的效果，如图3-176所示。

图3-176　为字幕添加“Wipe”转场

13）新建字幕“印章”，用“竖排文字工具”输入文字“文化遗产”，设置字体为“ST Xingkai”，字号为“122”，字符间距为“55”，红色（R=255、G=0、B=0）填充，添加投影，透明度“50%”，角度“-240.3° ”，距离“10”；用“矩形工具”绘制矩形边框，红色（R=255、G=0、B=0）描边，如图3-177所示。

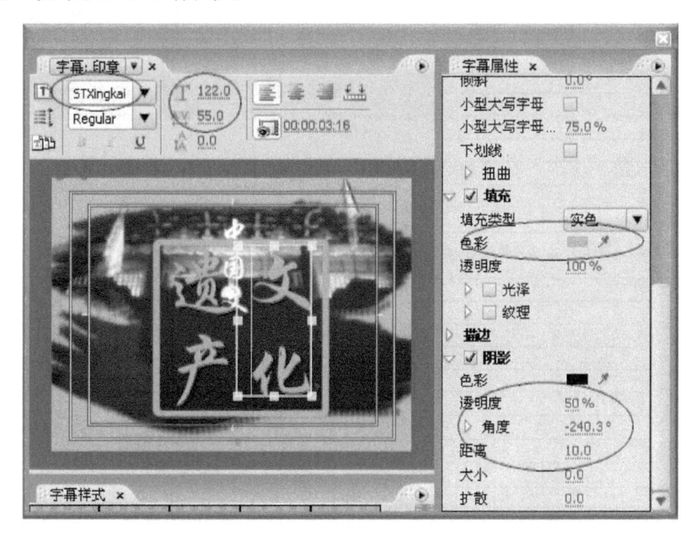

图3-177　创建字幕“印章”

14）在“00:00:04:05”处拖入字幕“印章”，打开参数“Position”前的关键帧触发按钮，设置值为“-400”“400”；打开参数“Scale”前的关键帧触发按钮，设置其值为“200”，让印章从画面外进入，如图3-178所示。

15）在“00:00:05:05”处设置参数“Position”的值为“500”“400”；参数“Scale”的值为“40”，让印章盖印在文字右下方，如图3-179所示。

16）新建时间线“片头定格”，拖动图片“片头.psd”到视频1轨道，复制时间线“笔刷”中的“印章”到视频2轨道，如图3-180所示。

图 3-178　在“00:00:04:05”处设置字幕的位置和比例值

图 3-179　在“00:00:05:05”处设置字幕的位置和比例值

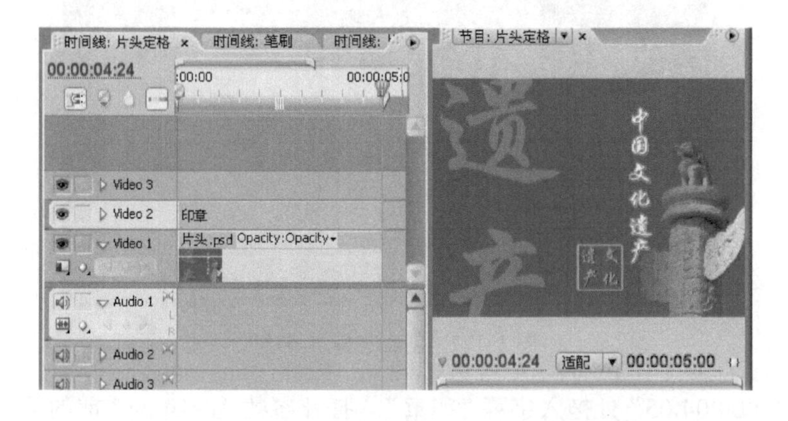

图 3-180　新建时间线“片头定格”并排列素材

17）新建时间线“片头”，依次拖动时间线“书简打开”“长背景”“笔刷”和“片头定格”到视频 1 轨道无缝连接，之间添加“Cross Dissolve”转场，持续时间为 1s 5 帧，完成片头的制作，如图 3-181 所示。

18）新建时间线“片中 1”，拖动视频素材“兵马俑 .avi”到视频 1 轨道，截取其中的 20s 画面；拖动图片“片中 1.psd”到视频 2 轨道，如图 3-182 所示。

图 3-181　新建时间线“片头”并排列素材

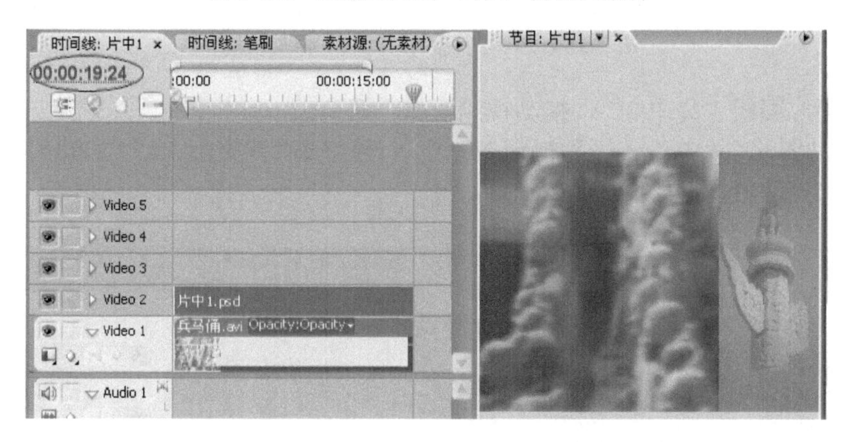

图 3-182　新建时间线“片中 1”并排列素材

19）新建字幕“兵马俑介绍”，选取文本素材中关于兵马俑介绍部分，以竖排文字形式粘贴，设置字体为“ST Xingkai”，字号为“30”，字符间距为“10”，行间距为“7”，白色（R=255、G=255、B=255）填充，添加投影，透明度“76%”，角度“0°”，距离“3”，如图 3-183 所示。

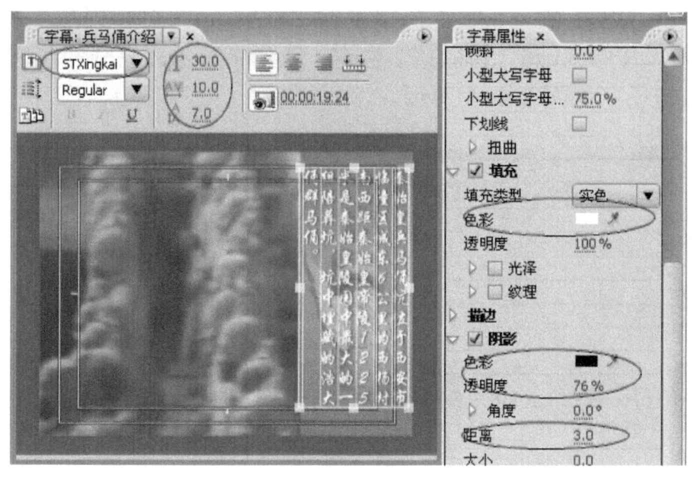

图 3-183　创建字幕“兵马俑介绍”

20）在“00:00:04:06”处拖入字幕“兵马俑介绍”到视频3轨道，在字幕前添加擦除转场；拖动图片“门1.psd”到视频4轨道的结束处，添加“Doors”（门）转场特效，设置方向为从左向右，持续时间为2s，模拟出开门的效果，如图3-184所示。

图3-184　拖动字幕到时间线并添加转场

21）新建时间线“片中2”，拖动视频素材“武夷山.avi”到视频1轨道，截取其中的20s画面；拖动图片“片中2.psd”到视频2轨道，新建字幕“武夷山介绍”拖动到视频3轨道，在开始处添加擦除转场，如图3-185所示。

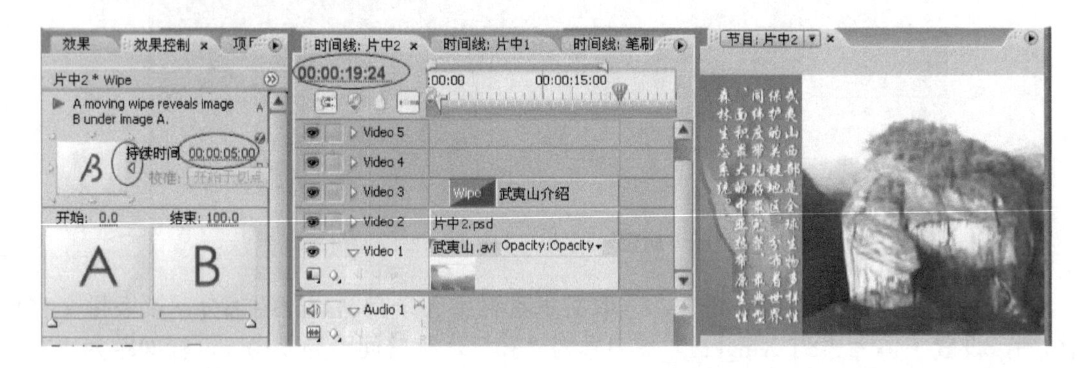

图3-185　新建时间线“片中2”并排列素材

22）新建时间线“片中3”，拖动视频素材“故宫.m2v”到视频1轨道，截取其中的20s画面；拖动图片“片中3.psd”到视频2轨道，新建字幕“故宫介绍”拖动到视频3轨道，在开始处添加擦除转场，如图3-186所示。

图3-186　新建时间线“片中3”并排列素材

23）新建时间线“片中”，依次拖动时间线“片中1”“片中2”“片中3”到视频1轨道无缝连接，中间添加“Cross Dissolve”转场，持续时间为1s 5帧，如图3-187所示。

图3-187 新建时间线“片中”并排列素材

24）在“00:00:56:00”处拖入图片“门2.psd”到视频2轨道，在开始处添加“Doors”转场特效，设置方向为从左右，持续时间为2s，模拟出关门的效果，如图3-188所示。

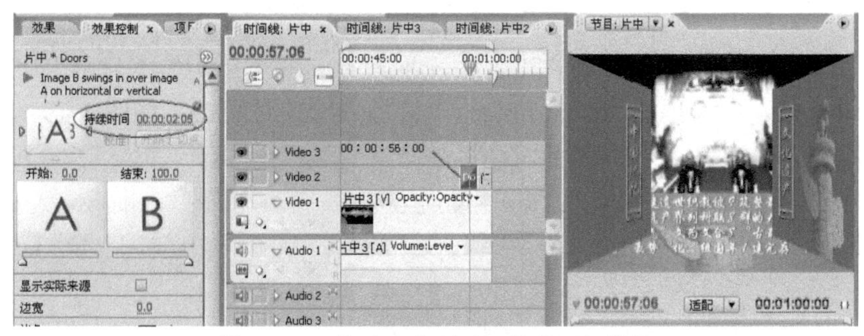

图3-188 拖动字幕到时间线并添加转场

25）新建时间线“片尾”，新建白板并拖动到视频1轨道，拖动素材图片“6.jpg”到视频2轨道，修改透明度为“20%”，如图3-189所示。

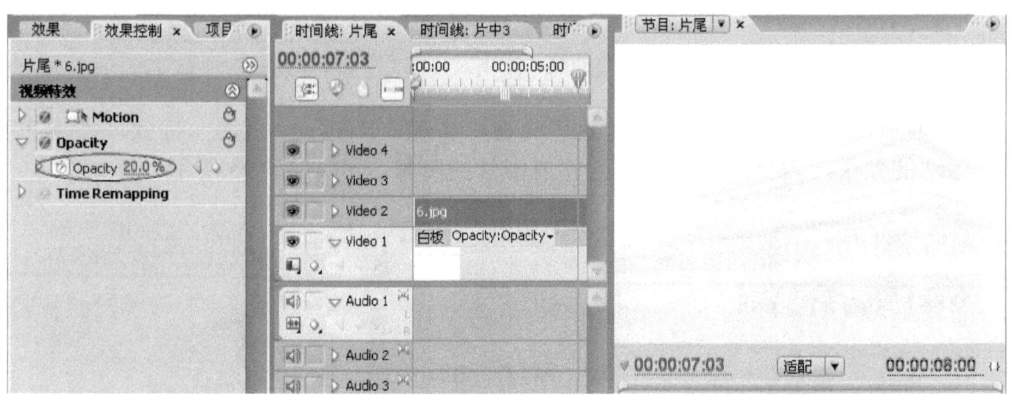

图3-189 新建时间线“片尾”并排列素材

白板可以通过菜单“文件”→“新建”→“色板”，选择“白色”来实现。

26）拖动图片“加字书简 .psd”到视频 3 轨道，在开始处添加擦除转场，方向为向右，持续时间为 5s，完成片尾的制作，如图 3-190 所示。

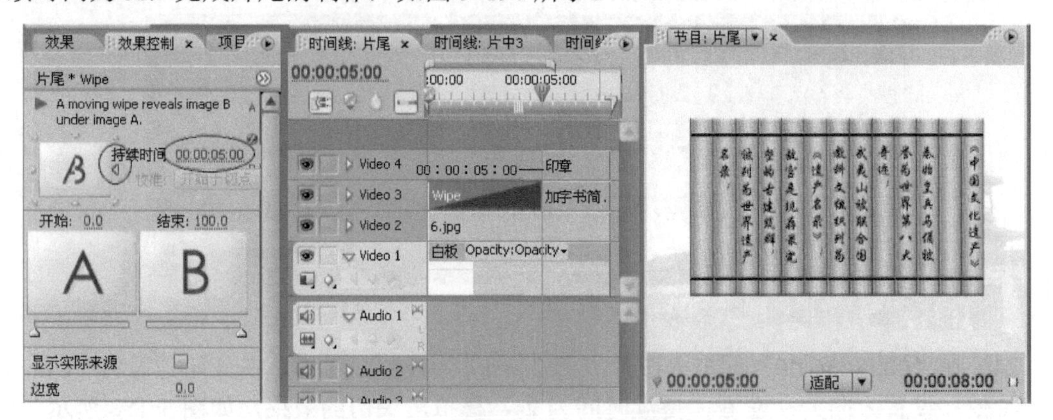

图 3-190　拖动素材到时间线并添加转场

27）新建时间线“中国文化遗产”，依次拖动时间线“片头”“片中”“片尾”到视频 1 轨道无缝连接，中间添加“Dip to Black”转场，持续时间 2s，如图 3-191 所示。

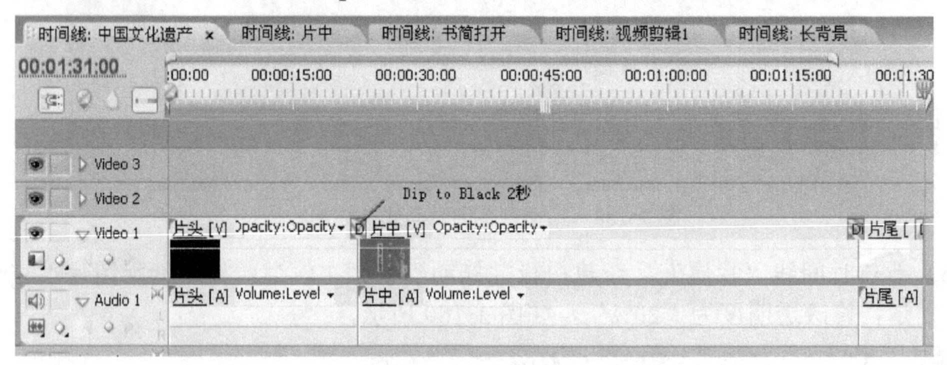

图 3-191　新建时间线“中国文化遗产”并排列素材

28）拖动图片“花纹 .psd”到视频 2 轨道，添加“Roll”（滚动）特效，实现古典窗格不停运动的效果，为全片增加点缀，完成影片的制作，如图 3-192 所示。

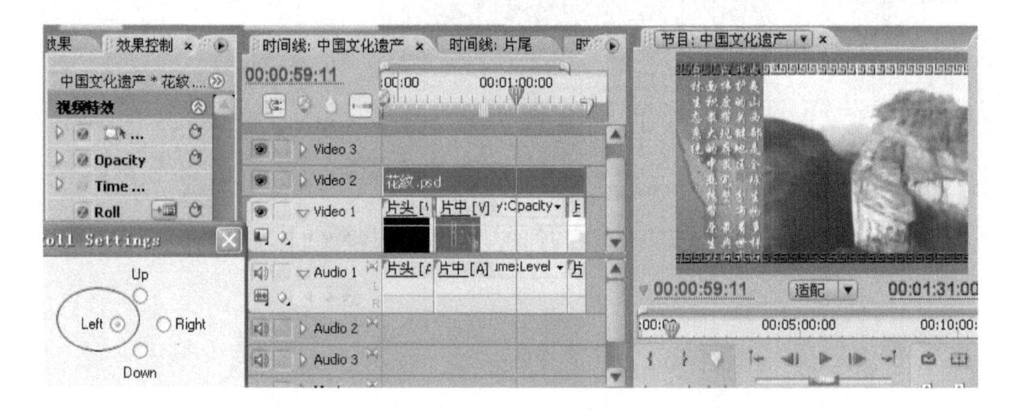

图 3-192　完成影片制作

我来归纳

本节通过“中国文化遗产宣传片”的制作，主要学习了 Adobe Premiere CS3 各种技能的综合运用。通过本片的制作可以看出，对于纯中国风的影片，我们要充分利用书简、书法、窗格等多种元素来烘托氛围，字体的选择也要符合中国特色，如隶书、行楷等。

课后习题

以“水墨画展”为题，制作一部水墨画展的宣传片。

第4章 数字影视片头创作

4.1 通用会议记录的片头

任务描述

学校经常会举行各种各样的活动，每次这些活动都要保留影音资料。不少活动的类型都差不多，如果每次都重新做片头太麻烦和浪费时间了，因此下面介绍一个通用性质会议记录的片头设计，这样以后只需要替换照片就可以快速地完成影音资料。

任务分析

本片的主色调是橙色，橙色体现出积极向上的情绪，符合学校教书育人的大环境。在片中穿插立体感的图片，既能够展示部分会议内容的精髓，又满足会议记录类影片常用的风格。片中通过模拟灯光闪耀的剧场模式，烘托出一种隆重和正式的气氛，容易得到客户的认可和接受。

相关知识点

1. 掌握 After Effects 遮罩工具的使用方法和技巧
2. 掌握 After Effects 钢笔工具的使用方法和技巧
3. 掌握 After Effects 描边特效的使用方法和技巧
4. 掌握 After Effects 星光特效的使用方法和技巧
5. 掌握 After Effects 发光特效的使用方法和技巧
6. 掌握 After Effects 边角特效的使用方法和技巧
7. 掌握 After Effects 3D 模式的使用方法和技巧
8. 综合运用 After Effects 各类操作技能完成影视片头的制作

操作步骤

1）打开 After Effects 软件，新建合成“图片 1”，设置“Preset”为“PAL D1/DV”，

持续时间为 20s，如图 4-1 所示；新建黑色固态层，尺寸与合成大小相同，如图 4-2 所示。

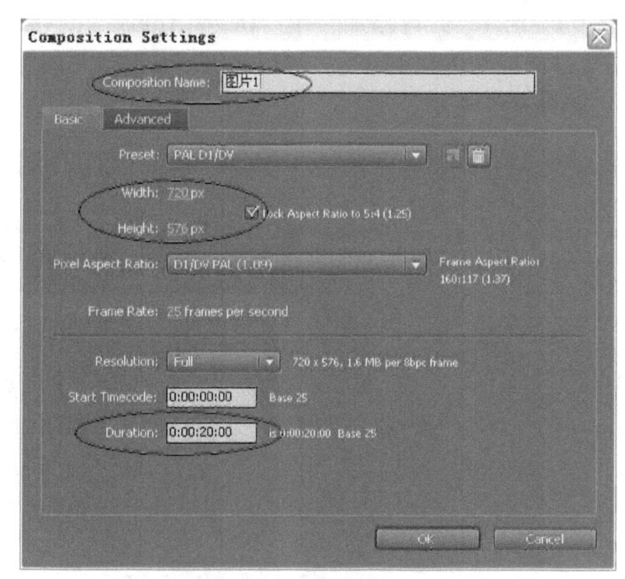

图 4-1　新建合成“图片 1”

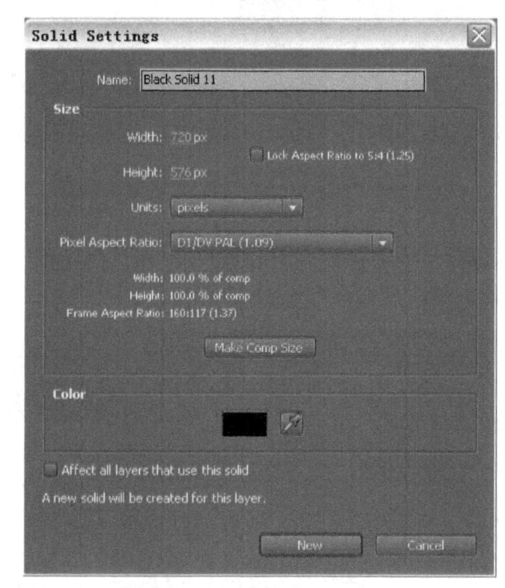

图 4-2　新建黑色固态层

2）选择“矩形遮罩工具”，在固态层上绘制矩形，如图 4-3 所示。

图 4-3　为固态层添加矩形遮罩

3）为固态层添加“3D Stroke”（3D 描边）特效，设置“Color”（颜色）为“白色”，“Thickness”（宽度）为“14.1”；再添加一个“Bevel Alpha”（Alpha 斜角）特效，设置“Edge Thickness”（边缘厚度）为“24.3”，“Light Color”（光线颜色）为“白色”，制作出立体边框的效果，如图 4-4 所示。

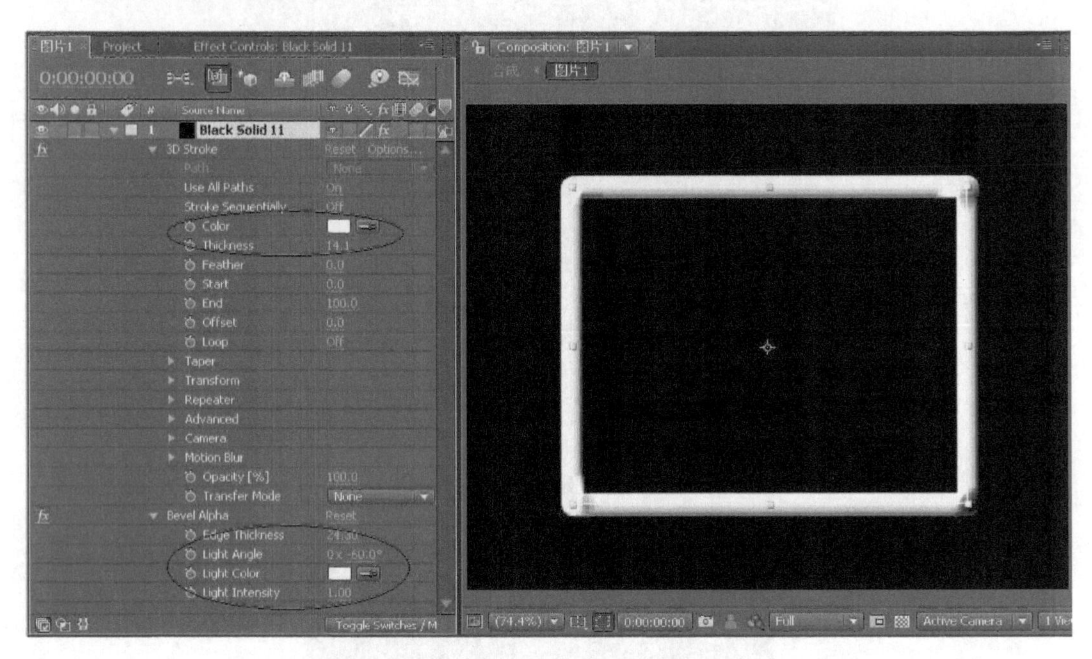

图 4-4　为固态层添加特效并设置参数

4）拖动素材图片“01.jpg”到固态层上方，修改参数“Anchor Point”为“250”“187.5”，使图片和边框妥帖地结合在一起，如图 4-5 所示。

图 4-5　修改素材图片“01.jpg”的位置

5）利用合成“图片 1”制作出合成副本，修改名称为“图片 2”，用项目素材库中的图片“02.jpg”来替换合成“图片 2”中的图片“01.jpg”，从而快速地完成合成“图片 2”的制作，如图 4-6 所示；用同样的方式制作出合成“图片 3”，用素材图片“03.jpg”替换，如图 4-7 所示。

6）用同样的方式制作出合成“图片 4”，用素材图片“04.jpg”替换，如图 4-8 所示；用同样的方式制作出合成“图片 5”，用素材图片“05.jpg”替换，如图 4-9 所示。

图 4-6　合成“图片 2”的效果

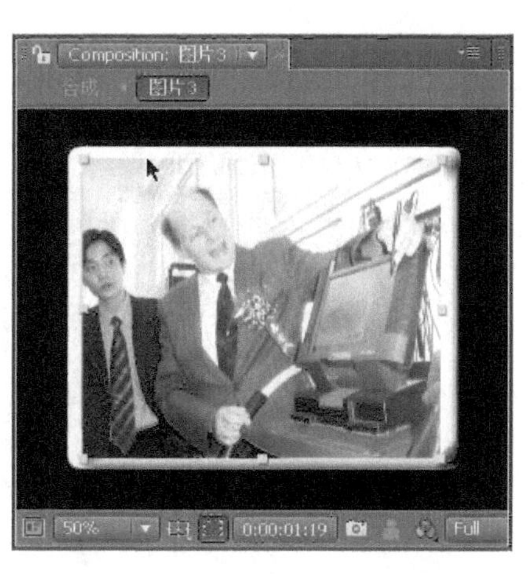

图 4-7　合成“图片 3”的效果

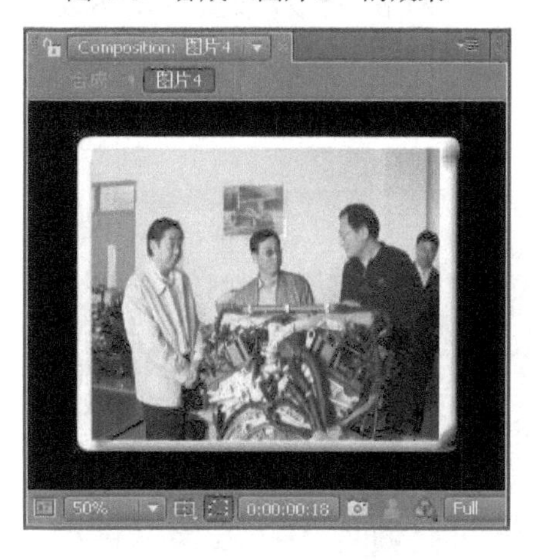

图 4-8　合成“图片 4”的效果

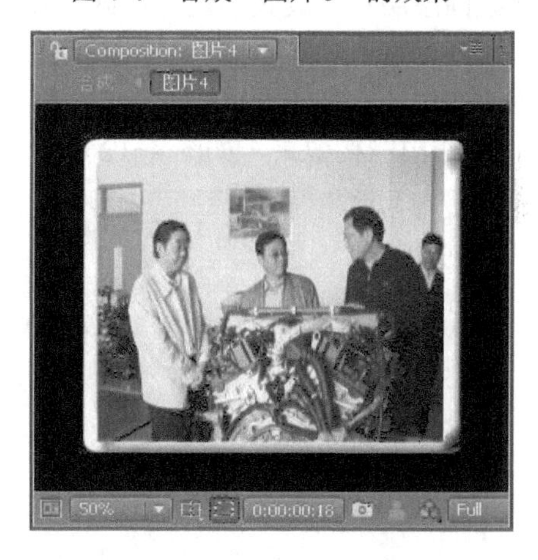

图 4-9　合成“图片 5”的效果

7）新建合成“背景字”，设置“Preset”为“PAL D1/DV”，持续时间为 20s；使用“文字输入工具”输入文字“金陵职业教育中心”，设置字体为“黑体”，字号为“100”，字符间距为“-75”，填充色为无，描边色为“白色”（R=255、G=255、B=255），设置位置为“11”“132”，如图 4-10 所示。

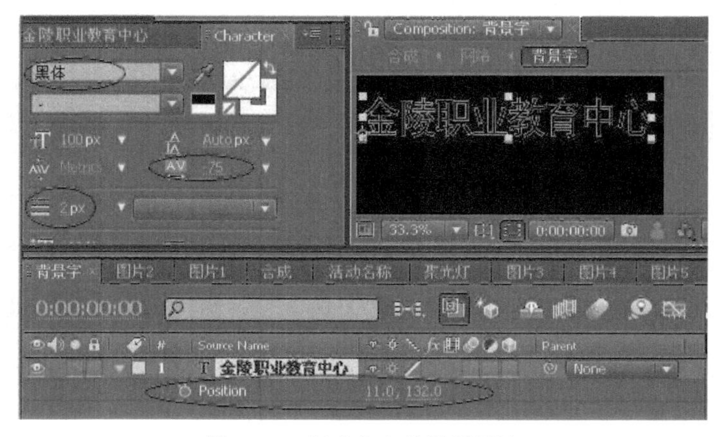

图 4-10　创建文字并设置属性

8）新建合成“网络”，设置宽度为“4000px”，高度为“3200px”，持续时间为20s，如图4-11所示。

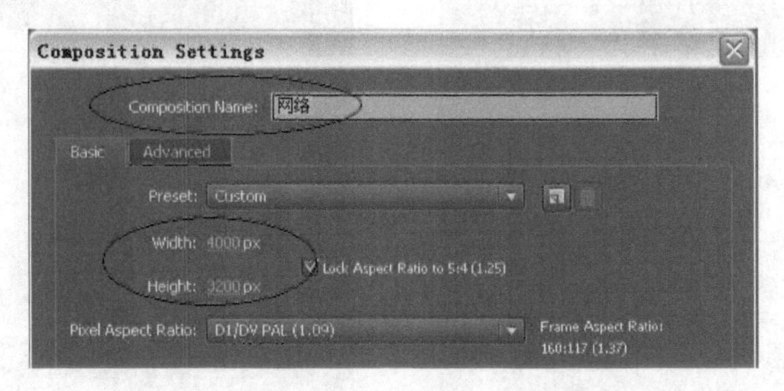

图4-11　新建合成“网络”并设置属性

9）新建固态层与合成大小尺寸相同，添加“Grid”（网络）特效，设置参数“Size From”（大小基于）为“Width & Height”（宽度和高度），“Width”（宽度）和“Height”（高度）的值均为“100”，“Border”（粗细）为“5”，“Color”为“白色”（R=255、G=255、B=255），制作出网格效果，如图4-12所示。

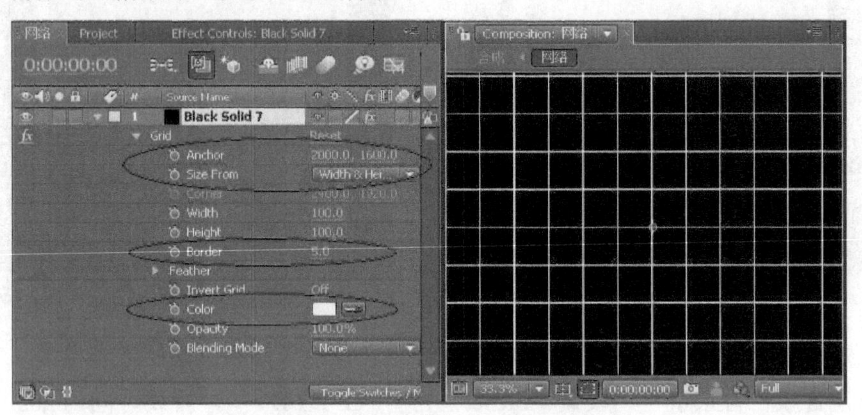

图4-12　设置“Grid”特效的参数值

10）把合成“背景字”拖动到合成“网络”中，复制出24层“背景字”副本，排列到适当的位置，具体见源文件，如图4-13所示。

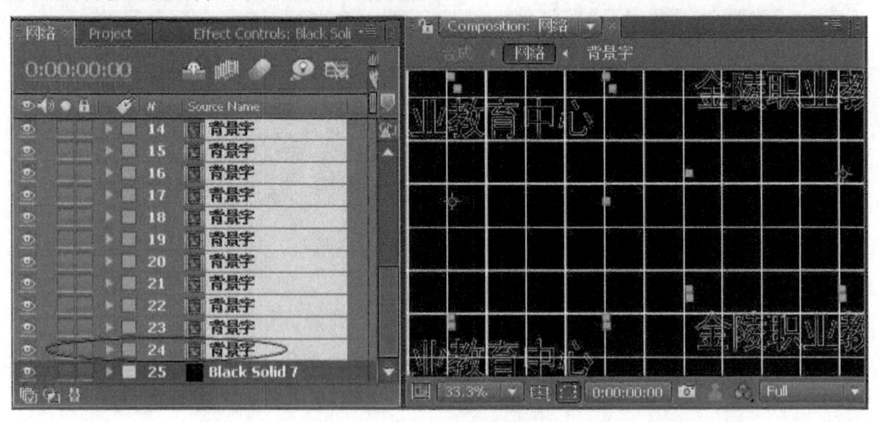

图4-13　复制层并排列位置

11）新建合成“聚光灯”，设置宽度为“1440px”，高度为“1152px”，持续时间为20s，如图4-14所示。

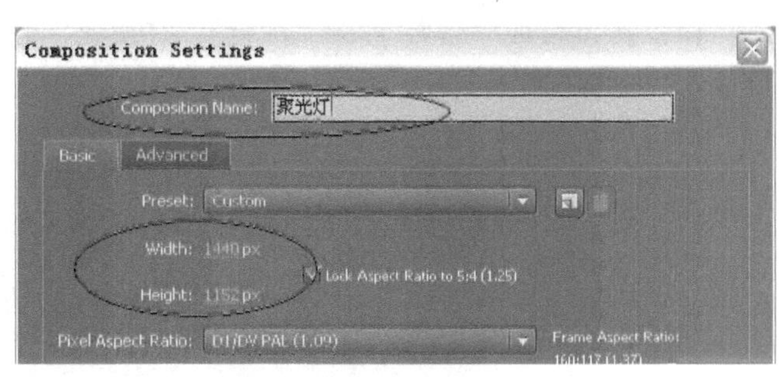

图4-14　新建合成“聚光灯”并设置属性

12）新建固态层与合成大小尺寸相同，用“钢笔工具”绘制一条垂直的直线，添加“3D Stroke”特效，设置“Color”为“白色”，“Thickness”为6，“Advanced”（高级）类别下的参数“Adjust Step”（调整步数）为“3000”，制作出圆点的效果，如图4-15所示。

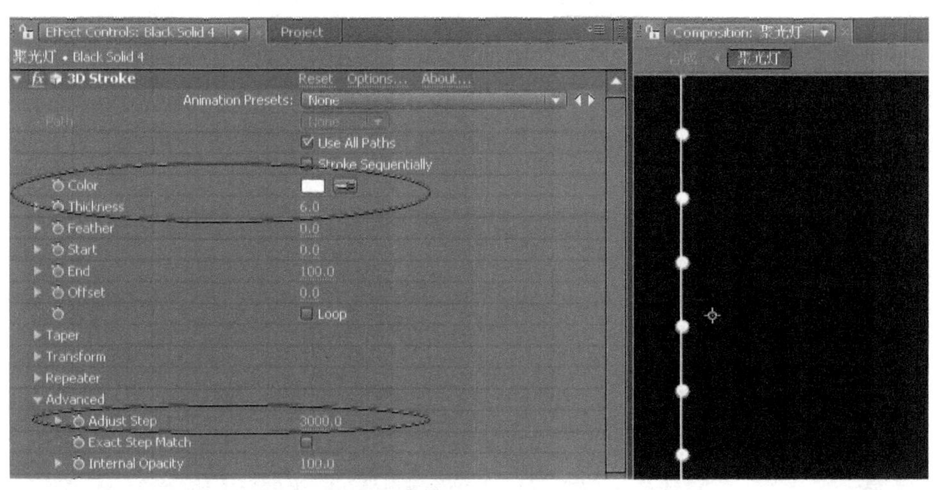

图4-15　设置“3D Stroke”特效的参数值

13）复制多个固态层，在水平线上排列成列，列间距为“28”，模拟出聚光灯的效果，如图4-16所示。

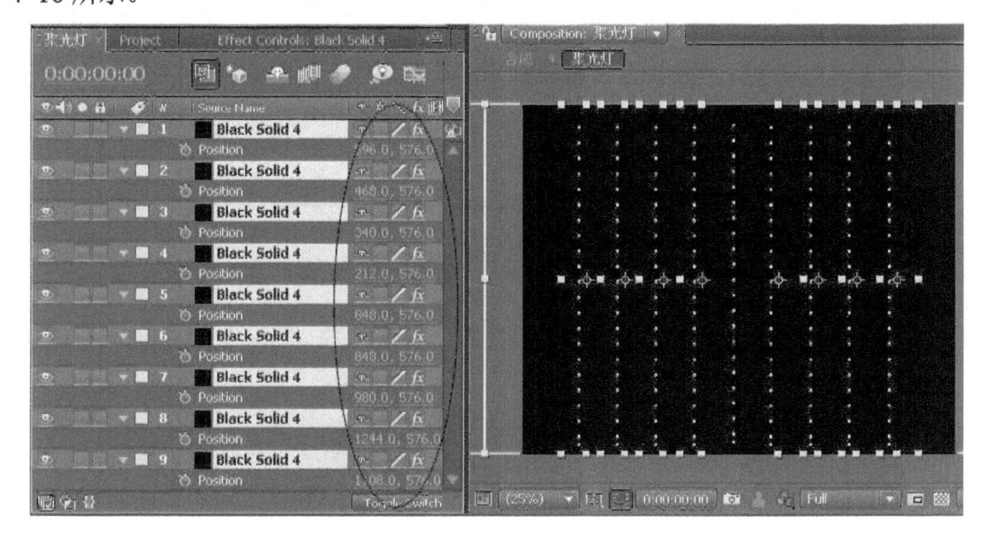

图4-16　复制层并排列位置

14）新建合成“学校名称”，设置“Preset”为“PAL D1/DV”，持续时间为20s，如图4-17所示。

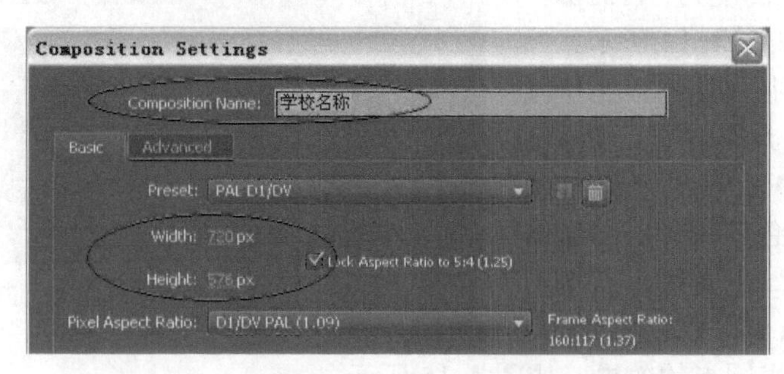

图4-17　新建合成“学校名称”并设置属性

15）新建固态层与合成大小同尺寸，添加“Basic Text”（基本文字）特效，添加文字“金陵职业教育中心”，设置显示方式为“Stroke Only”（只描边），“Stroke Color”（描边颜色）为“白色”（R=255、B=255、G=255），“Stroke Width”（描边宽度）为“1”，“Size”（大小）为“78”，如图4-18所示。

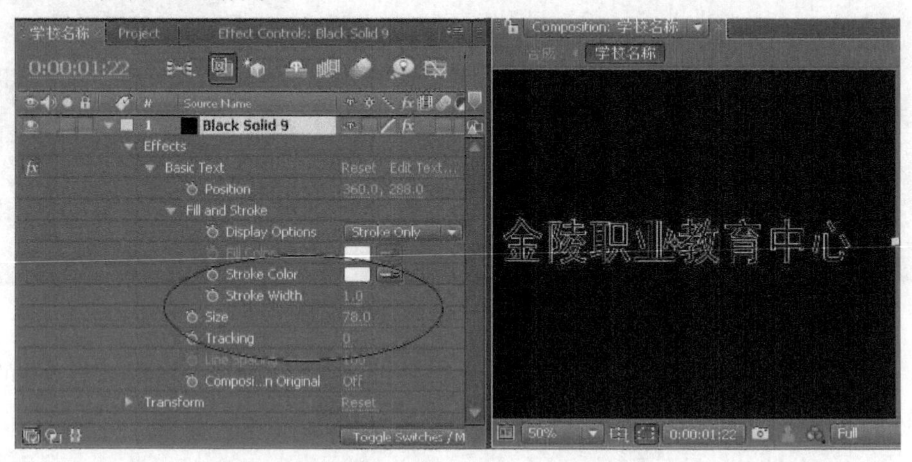

图4-18　设置“Basic Text”特效的参数值

小提示

这里的文字也可以直接用“文本输入工具”实现。

16）为固态层添加“Starglow”（星光）特效，设置参数“Streak Length”（光线长度）为“8”，“Boost Light”（光线亮度）为“3”，“Colormap A”类别下设置“Type”（类型）为“3-Color Gradient”（三色渐变），三色分别为白色（R=255、B=255、G=255）、草绿（R=166、G=255、B=0）和深绿（R=96、G=255、B=0），为文字添加星光特效，如图4-19所示。

17）新建合成“学校名称描边”，设置“Preset”为“PAL D1/DV”，持续时间为20s；把合成“学校名称”中的固态层复制过来作为参照，隐藏参照层的星光特效，新建固态层与合成大小尺寸相同，取消固态层可视，如图4-20所示。

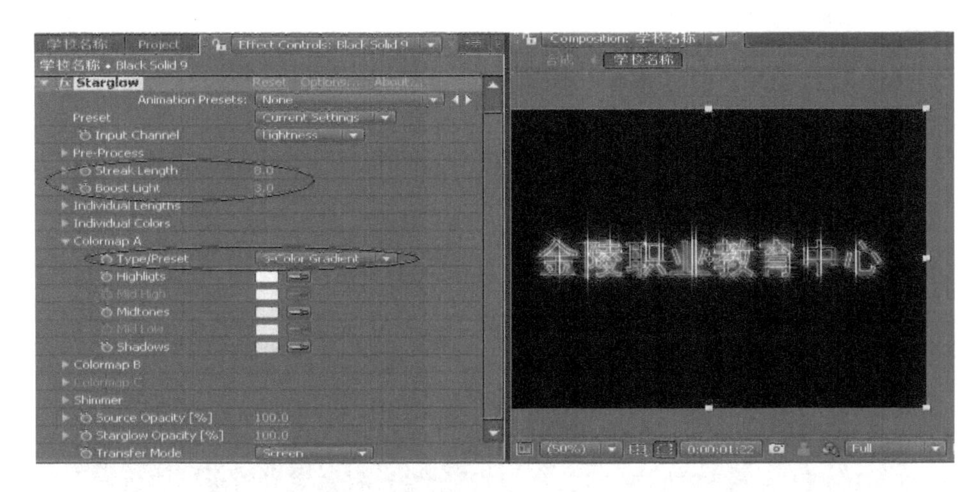

图 4-19　设置“Starglow”特效的参数值

图 4-20　新建合成“学校名称描边”并排列素材

小提示

隐藏参照层的星光特效是为了还原清晰的文字，方便下面的描边特效制作。

18）用“钢笔工具”在固态层上沿参照层文字笔画绘制出路径，每个文字绘制一小段，如图 4-21 所示。

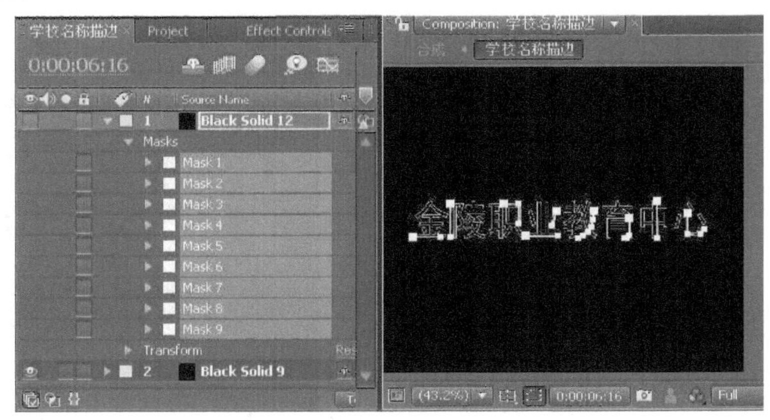

图 4-21　“钢笔工具”绘制笔画遮罩

19）为固态层添加“3D Stroke”特效，设置“Color”为“白色”，“Thickness”为“2”；在“0:00:00:00”处打开参数“End”（结束）的关键帧触发按钮，设置值为“0”，如图 4-22 所示。

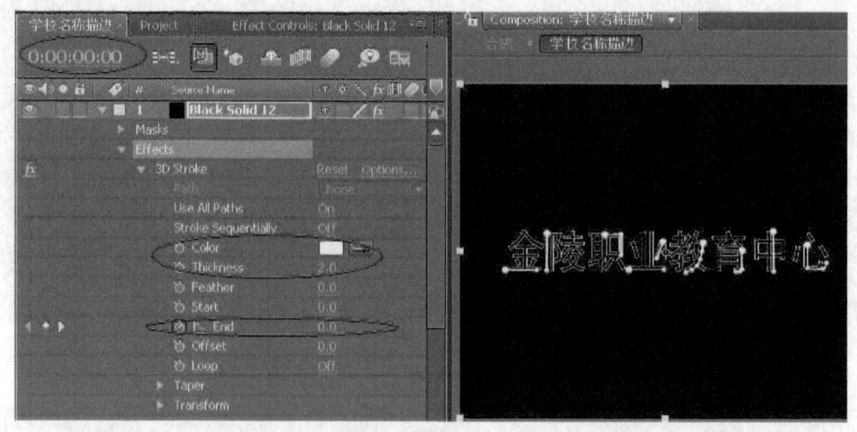

图 4-22　在“0:00:00:00”处设置“3D Stroke”特效的参数值

20）在“0:00:02:01”处设置参数“End”的关键帧触发按钮，设置值为“100”，如图 4-23 所示。

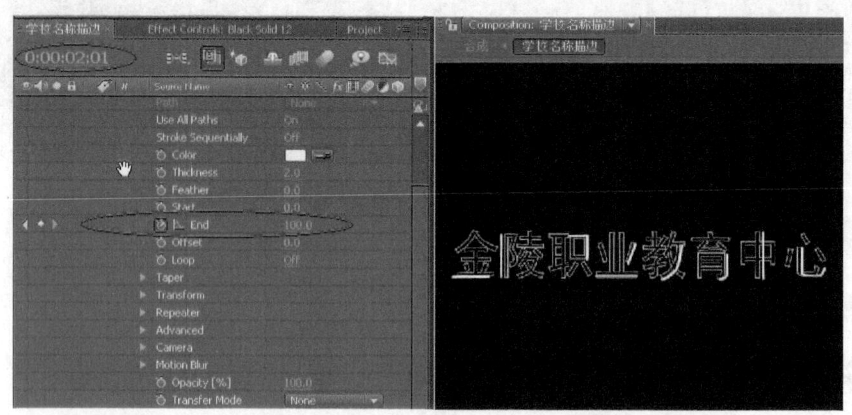

图 4-23　在“0:00:02:01”处设置“3D Stroke”特效的参数值

21）为固态层添加“Glow”（发光）特效，参数设置如图 4-24 所示。

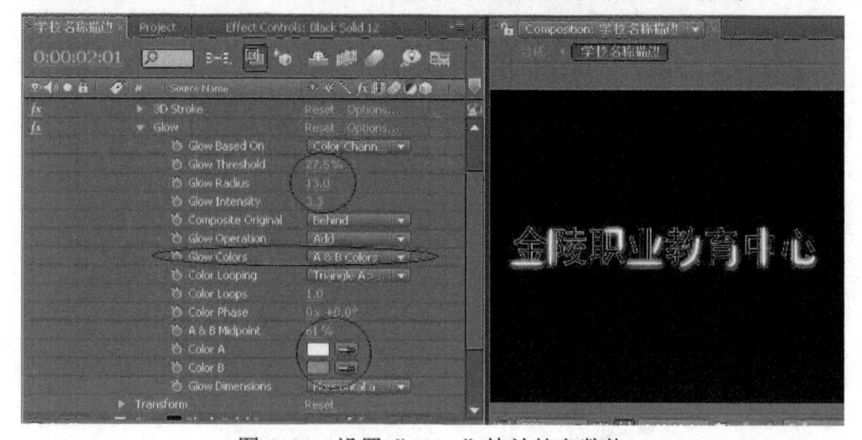

图 4-24　设置“Glow”特效的参数值

22）新建合成“活动名称”，设置“Preset”为“PAL D1/DV”，持续时间为 20s；新建固态层与合成大小同尺寸，添加“Basic Text”特效，输入文字“信息技能展示大赛”，设置字体为“黑体”，字号为“80”，颜色为只有填充色“白色”（R=255、B=255、G=255），如图 4-25 所示。

图 4-25　新建固态层并添加“Basic Text”特效

23）为文字添加“Glow”特效，参数设置如图 4-26 所示。

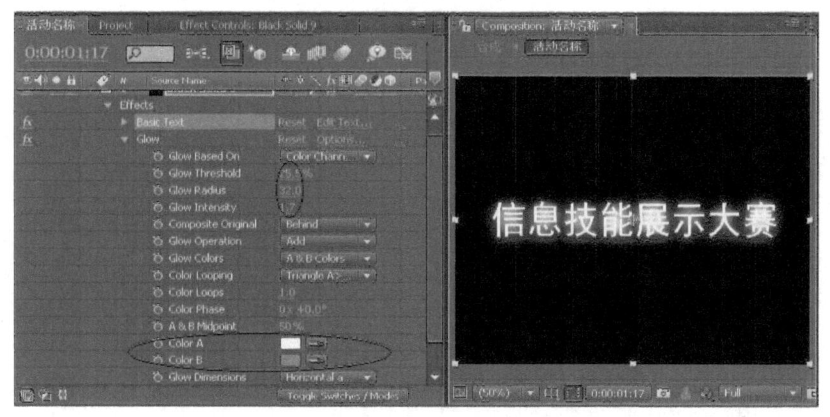

图 4-26　添加“Glow”特效并设置参数

24）新建合成“合成”，设置“Preset”为“PAL D1/DV”，持续时间为 20s；新建固态层与合成大小同尺寸，添加“Ramp”（渐变）特效，设置参数“Start of Ramp”（开始位置）为“360”“0”；“Start Color”（开始色）为“黑色”（R=0、G=0、B=0）；“End of Ramp”（结束位置）为“360”“576”；“End Color”（结束色）为“橙色”（R=190、G=125、B=0），如图 4-27 所示。

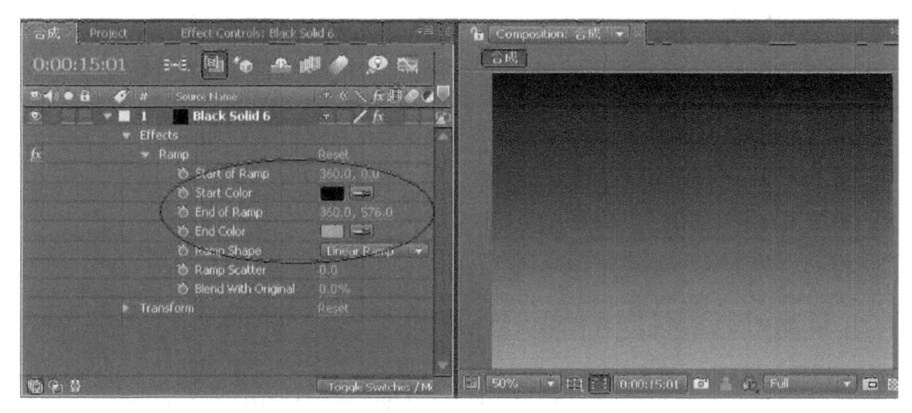

图 4-27　设置“Ramp”特效的参数值

25）拖动合成“聚光灯”到合成“合成”，打开合成“聚光灯”的 3D 开关，设置“Position”

为“267.5”“214.7”“104”；“Orientation”为“78.2”“5”“331.3”，如图 4-28 所示。

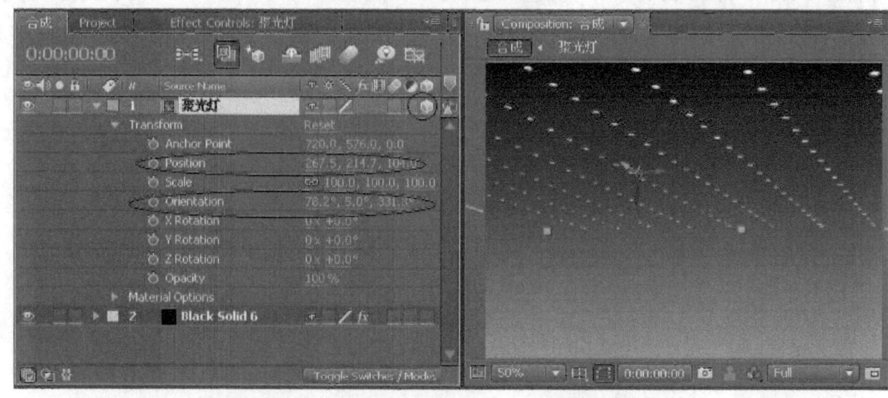

图 4-28　设置层“聚光灯”的位置参数值

26）为合成“聚光灯”添加“Starglow”特效，设置参数“Input Channel”（输入通道）为“Lightness”，“Streak Length”（光线长度）为“10”，“Boost Light”为“1.3”，其他参数保持默认，如图 4-29 所示。

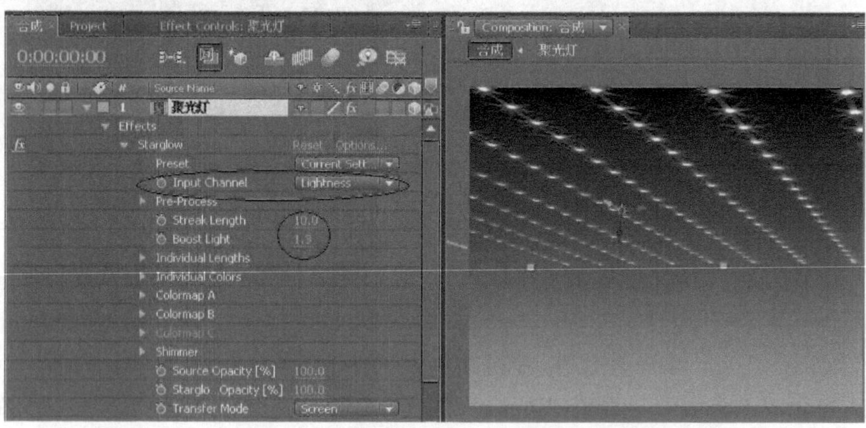

图 4-29　设置“Starglow”特效的参数值

27）新建固态层与合成大小同尺寸，添加“Ramp”特效，设置参数“Start of Ramp”为“360”“0”；“Start Color”为白色（R=255、G=255、B=255）；“End of Ramp”为“362”“288”；“End Color”为黑色（R=0、G=0、B=0），如图 4-30 所示。

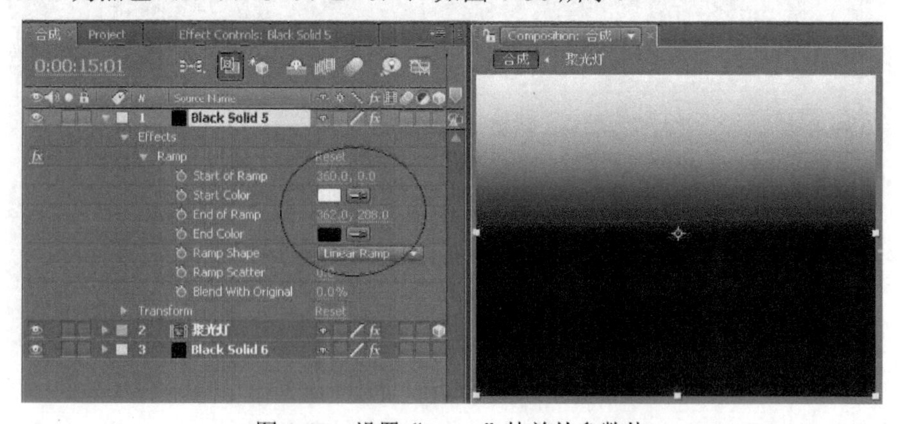

图 4-30　设置“Ramp”特效的参数值

28）设置合成“聚光灯”的遮罩模式为“Luma”，制作出聚光灯从近到远的效果，如图 4-31 所示。

图 4-31　设置“聚光灯”层的遮罩模式

29）拖动合成“图片 1”到合成“合成”，添加“Corner Pin”（边角）特效，设置参数如图 4-32 所示。

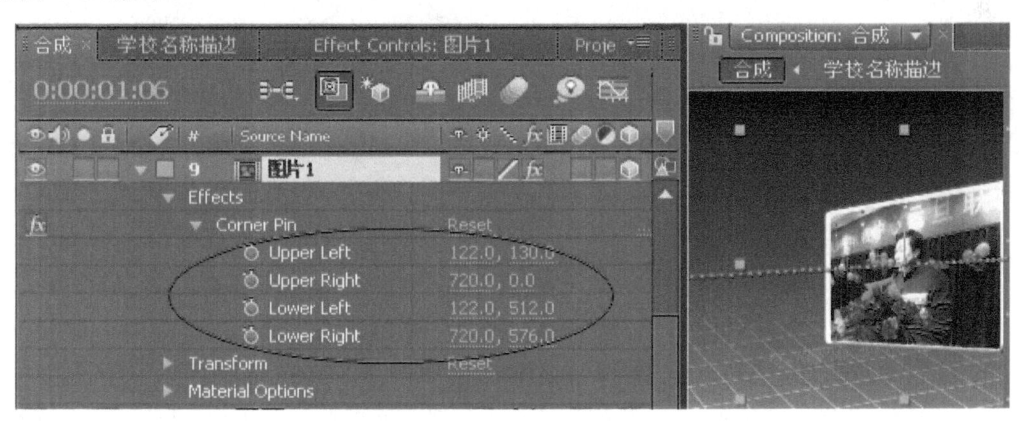

图 4-32　设置“Corner Pin”特效的参数值

30）在“0:00:00:00”处打开参数“Position”的关键帧触发按钮，设置值为“1066.2”“225”“524”；打开参数“Scale”前的关键帧触发按钮，设置值为“60”，如图 4-33 所示。

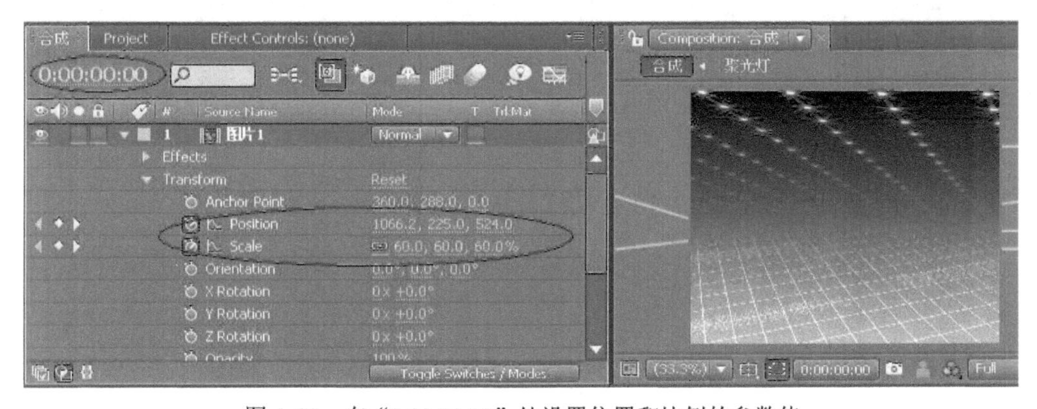

图 4-33　在“0:00:00:00”处设置位置和比例的参数值

31）在“0:00:04:00”处设置参数“Position”的值为“-251.8”“311”“-256”；参数“Scale”的值为“100”，如图 4-34 所示。

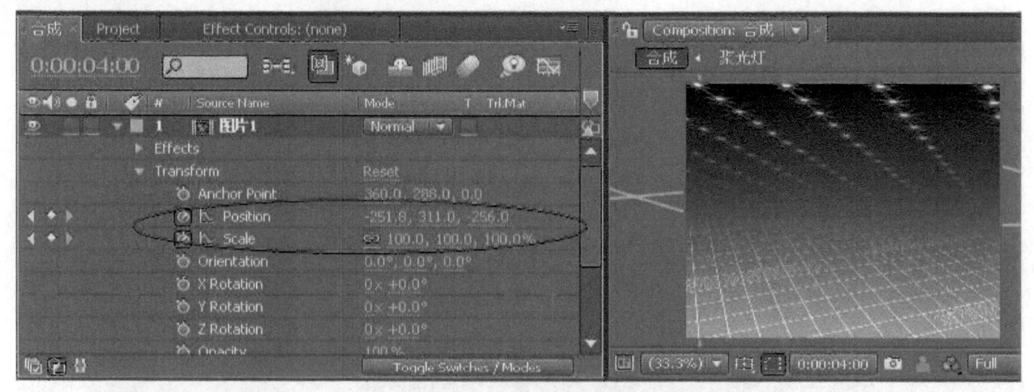

图 4-34　在“0:00:04:00”处设置位置和比例的参数值

32）把合成“图片 2”“图片 3”“图片 4”“图片 5”依次拖入合成“合成”，依次间隔 1s 15 帧，复制合成“图片 1”的所有属性给合成“图片 2”～“图片 5”，如图 4-35 所示。

图 4-35　新建合成“合成”并排列素材

33）在“0:00:09:01”处拖入合成“学校名称”，打开参数“Position”前的关键帧触发按钮，设置值为“458”“288”“574”；打开参数“Scale”前的关键帧触发按钮，设置值为“100”；打开参数“Orientation”前的关键帧触发按钮，设置值为“90”“0”“0”；打开参数“Opacity”前的关键帧触发按钮，设置值为“100”，如图 4-36 所示。

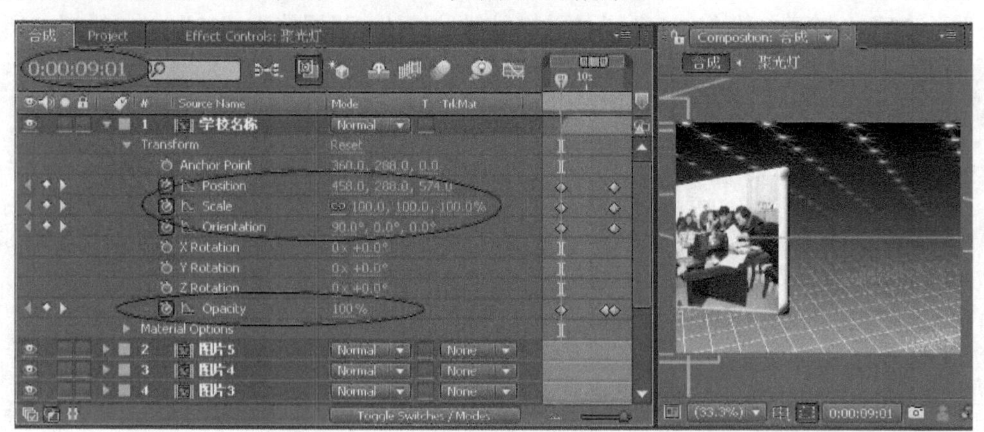

图 4-36　在“0:00:09:01”处设置位置、比例、方向、透明度的参数值

34）在“0:00:10:18”处设置参数“Opacity”的值为“100”，如图 4-37 所示。

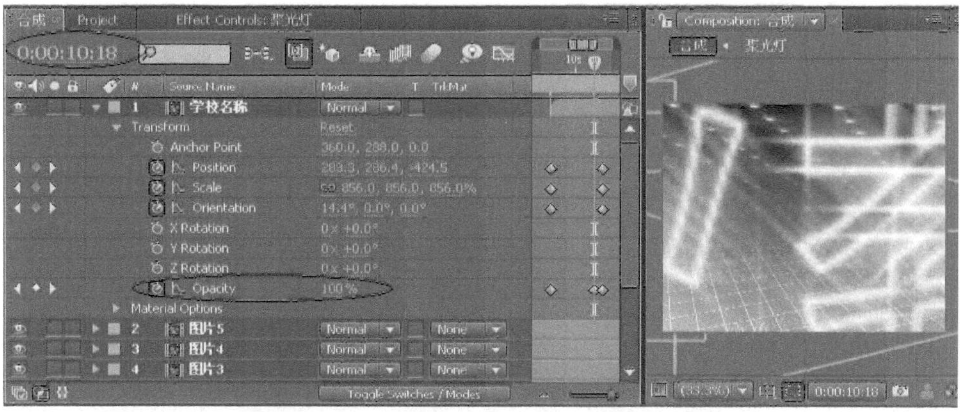

图 4-37 在“0:00:10:18”处设置透明度的参数值

35）在“0:00:11:01”处设置参数“Position”的值为“250”“286.1”“-614.6”；参数“Scale”的值为“1000”；参数“Orientation”的值为“0”“0”“0”；参数“Opacity”的值为“0”，如图 4-38 所示。

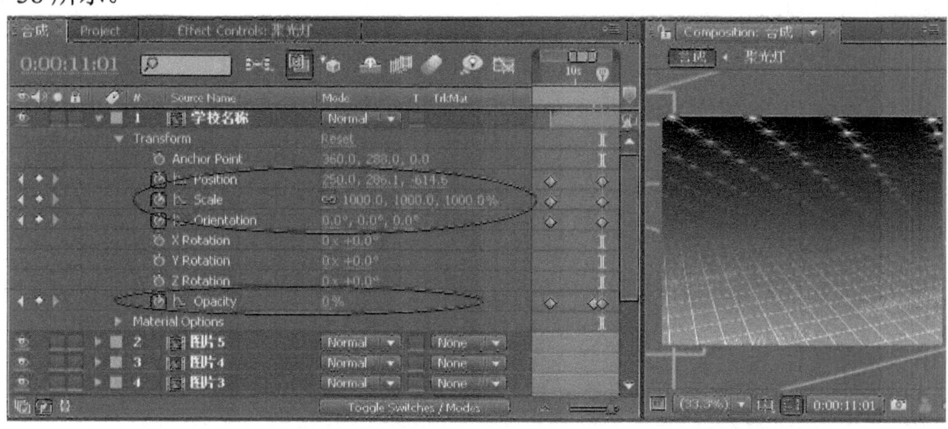

图 4-38 在“0:00:11:01”处设置位置、比例、方向的参数值

36）在“0:00:11:01”处再次拖入合成“学校名称”，打开参数“Position”前的关键帧触发按钮，设置值为“360”“240”“-1148”，如图 4-39 所示。

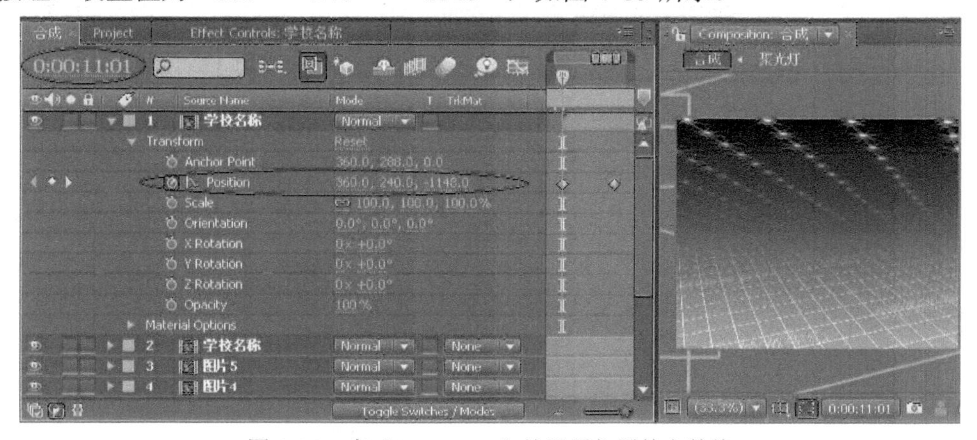

图 4-39 在“0:00:11:01”处设置位置的参数值

37）在“0:00:13:01”处设置参数“Position”的值为“360”“240”“0”，如图4-40所示。

图4-40　在“0:00:13:01”处设置位置的参数值

38）在“0:00:13:00”处拖入合成“活动名称”，添加“Basic 3D”（基本3D）特效，打开参数“Tilt”前的关键帧触发按钮，设置值为“0”×“-90”；设置参数“Position”的值为“360”“370”，如图4-41所示。

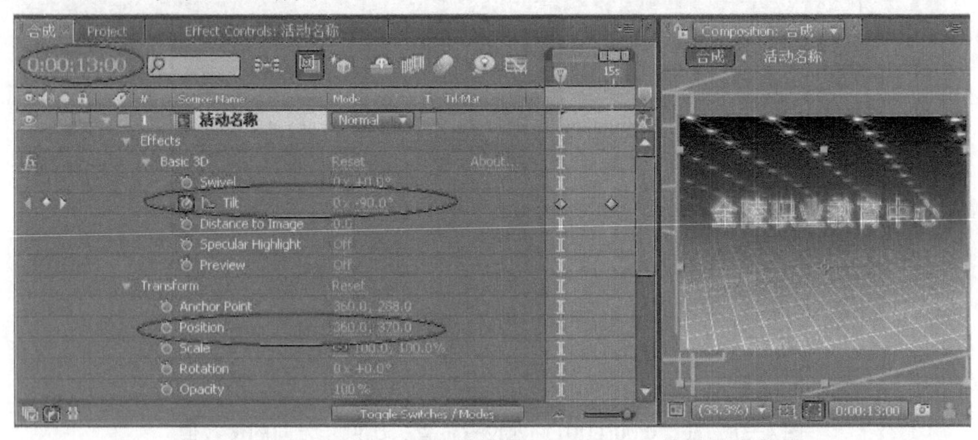

图4-41　在“0:00:13:00”处设置“Basic 3D”特效的参数值

39）在“0:00:14:23”处设置参数“Tilt”的值为“0”×“0°”，如图4-42所示。

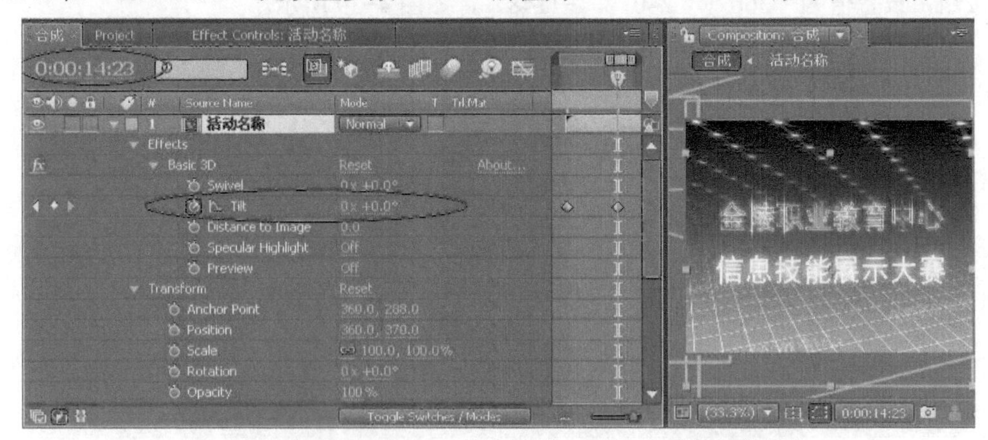

图4-42　在“0:00:14:23”处设置“Basic 3D”特效的参数值

40）最后，在“0:00:13:00”处拖入合成“学校名称描边”，设置“Position”为“360”“240”，完成影片的制作，如图 4-43 所示。

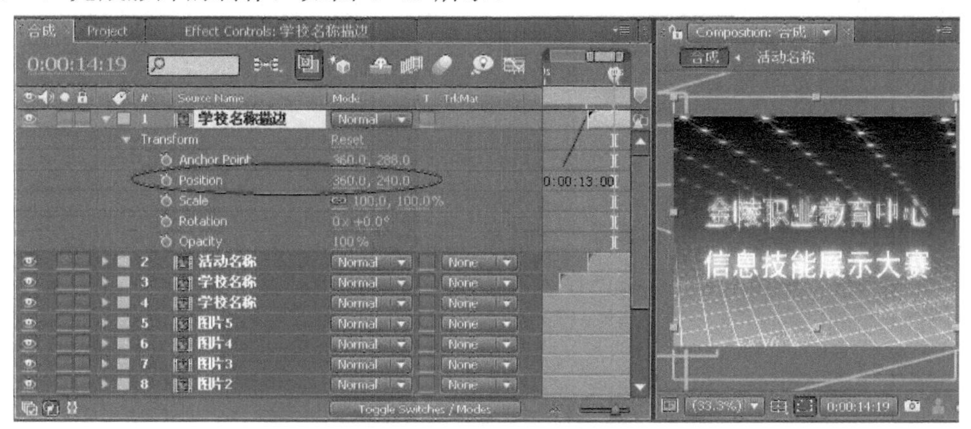

图 4-43　设置合成“学校名称描边”的位置参数值

我来归纳

本节通过“通用会议记录”片头的制作，主要学习了 After Effects CS4 的综合运用。通过本片头的制作可以看出，会议记录类型的片头通常用照片组合的形式来呈现，这样做的好处是便于以后替换照片，提高实际工作中的效率。

课后习题

以“‘灵动’社团成立大会”为题，制作一部社团成立的影音记录片头。

4.2　艺术活动记录的片头

任务描述

学校举行了一场钢琴音乐会，现在要给这场音乐会安排全程的拍摄和视频制作。好的影片一定要有一个好的片头，所以现在我们要为这场音乐会设计一个贴合的片头。

任务分析

本片的主色调是蓝色，忧郁的蓝色是音乐永恒的颜色。由于是广义上的音乐会，所以这里通篇以音符贯穿。音乐会标题以波纹荡漾的形式出现，就好像钢琴的键盘在跳跃。

本片从全黑画面中出现一个蓝色的音符开始，将观众的注意力紧紧锁住，再以黄色的音符串接，展示出飘动的影片标题。

相关知识点

1. 掌握 After Effects 遮罩工具的使用方法和技巧
2. 掌握 After Effects 钢笔工具的使用方法和技巧
3. 掌握 After Effects 调色特效的使用方法和技巧
4. 掌握 After Effects 渐变特效的使用方法和技巧
5. 掌握 After Effects 画面偏移特效的使用方法和技巧
6. 综合运用 After Effects 各类操作技能完成影视片头的制作

操作步骤

1）打开 After Effects 软件，新建合成“音符”，设置“Preset”为“PAL D1/DV”，持续时间为 17s，如图 4-44 所示；新建固态层“音符”，尺寸同合成大小，如图 4-45 所示。

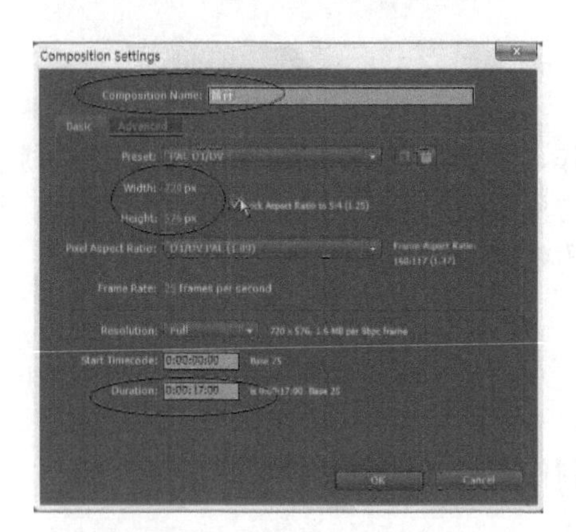

图 4-44　新建合成“音符”

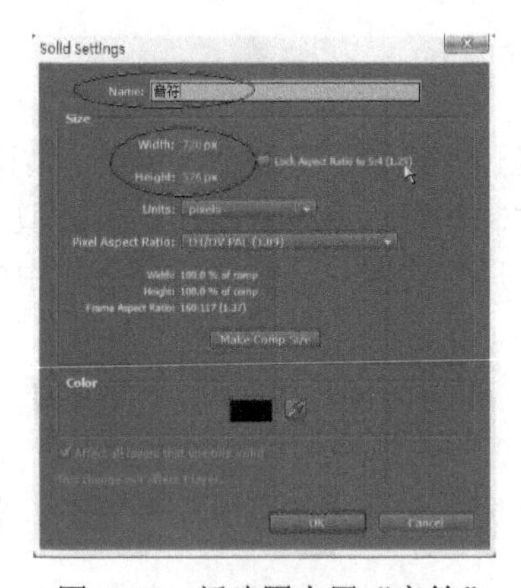

图 4-45　新建固态层“音符”

2）使用“钢笔工具”在固态层“音符”上绘制音符形状遮罩，设置遮罩羽化值为“14”，如图 4-46 所示。

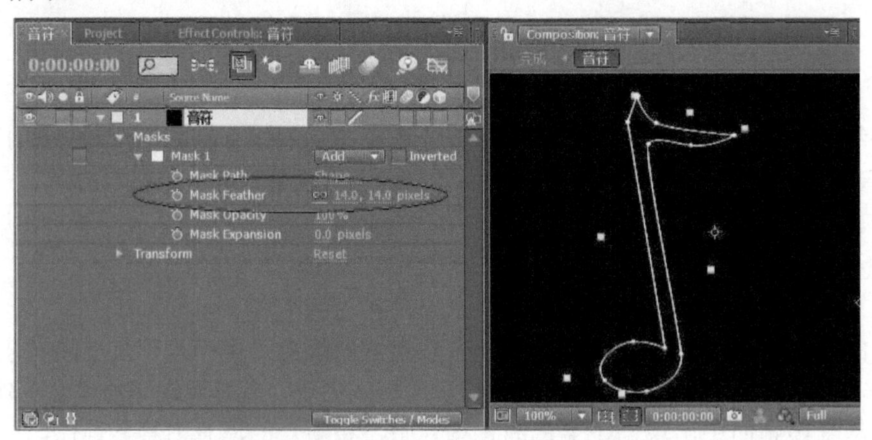

图 4-46 “钢笔工具”绘制音符形状路径

小提示

绘制音符时，可以在固态层下方放置一张有音符的图片，然后隐藏固态层，在固态层上作画。

3）为固态层添加“Ramp”特效，设置参数“Start Color”为“橙色”（R=255、G=180、B=0），“End Color”为“黄色”（R=252、G=255、B=0），“Ramp Shape”（渐变类型）为“Linear Ramp”（线性渐变），如图 4-47 所示。

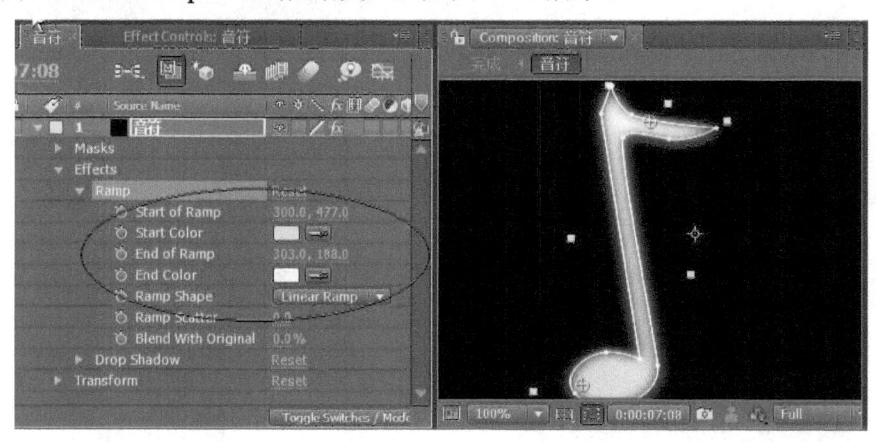

图 4-47　为固态层添加“Ramp”特效并设置参数

4）为固态层添加“Drop Shadow”（投影）特效，设置“Shadow Color”（投影颜色）为“黑色”，“Direction”（角度）为“135°”，“Distance”（距离）为“5”，如图 4-48 所示。

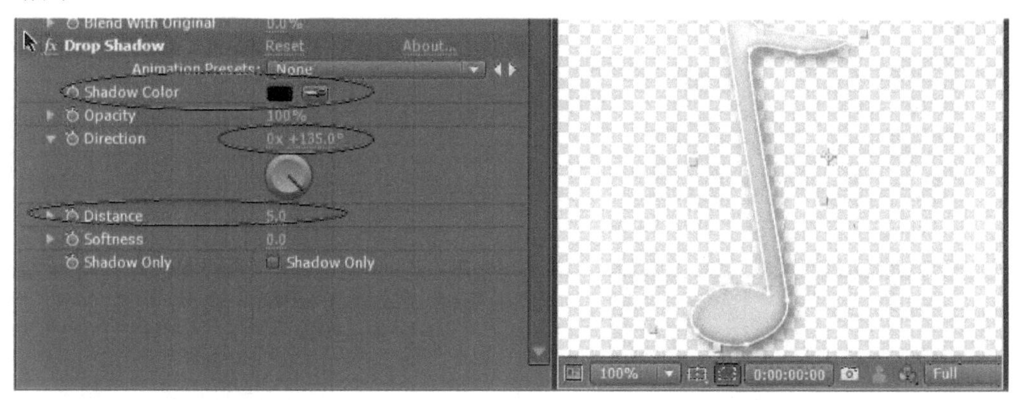

图 4-48　为固态层添加“Drop Shadow”特效并设置参数

5）新建合成“标题”，设置“Preset”为“PAL D1/DV”，持续时间为 17s；用“文字工具”输入 3 层文字层“音乐”“之”“声”，如图 4-49 所示。

6）设置字符“音乐”的字体为“FZYao Ti”（方正姚体），字号为“86”，字符间距为“-75”，添加“Drop Shadow”特效，设置“Shadow Color”为“黑色”，“Direction”为“135°”，“Distance”为“5”，如图 4-50 所示。

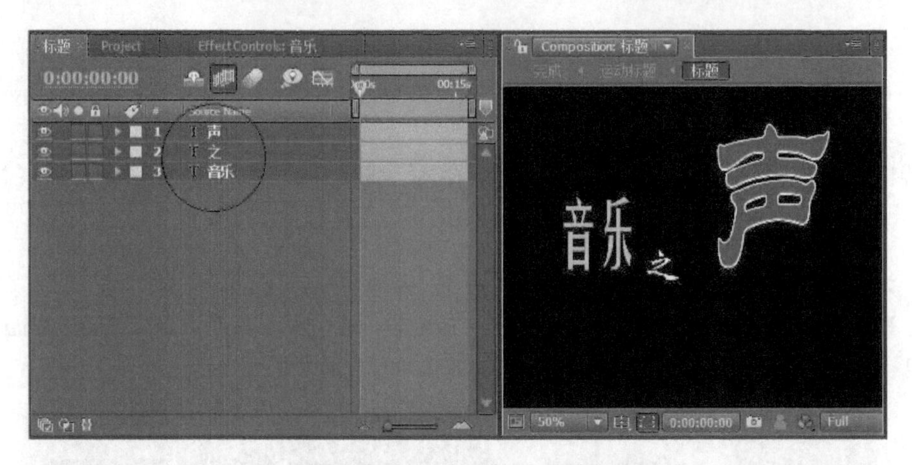

图 4-49　新建合成“标题”并排列素材

图 4-50　创建字符层“音乐”并添加特效

7）设置字符“之”的字体为“ST XinWei”（ST 行魏），字号为“72”，字符间距为“-75”，添加“Drop Shadow”特效，设置“Shadow Color”为“黑色”，“Direction”为“135°”，“Distance”为“5”，如图 4-51 所示。

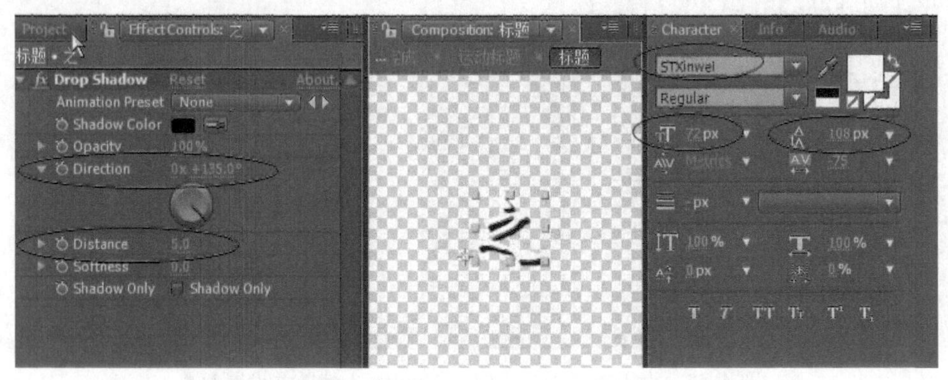

图 4-51　创建字符层“之”并添加特效

小提示

字符“之”的投影效果可以直接复制字符“音乐”的，以提高做片效率。

8）设置字符“声”的字体为“ST Liti”（ST 隶书），字号为“380”，字符间距为“-75”，添加“Drop Shadow”特效，设置“Shadow Color”为“黑色”，“Direction”为“135°”，“Distance”为“5”，如图 4-52 所示。

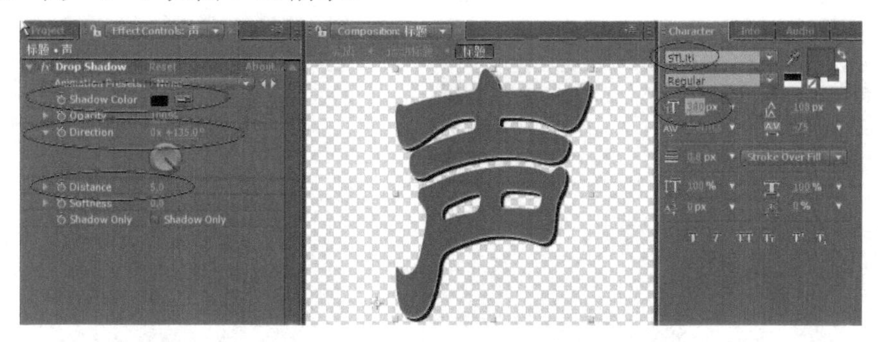

图 4-52　创建字符层“声”并添加特效

9）新建合成“运动标题”，设置“Preset”为“PAL D1/DV”，持续时间为 17s；拖动视频素材“EW-Text-FX.mov”到时间线轨道，修改“Scale”为“238.7”“240”；拖动合成“标题”到时间线轨道，如图 4-53 所示。

图 4-53　新建合成“运动标题”并排列素材

10）为合成“标题”添加“Displace Map”（画面偏移）特效，设置偏移到的图层为视频文件“EW-Text-FX.mov”，其余参数如图 4-54 所示。

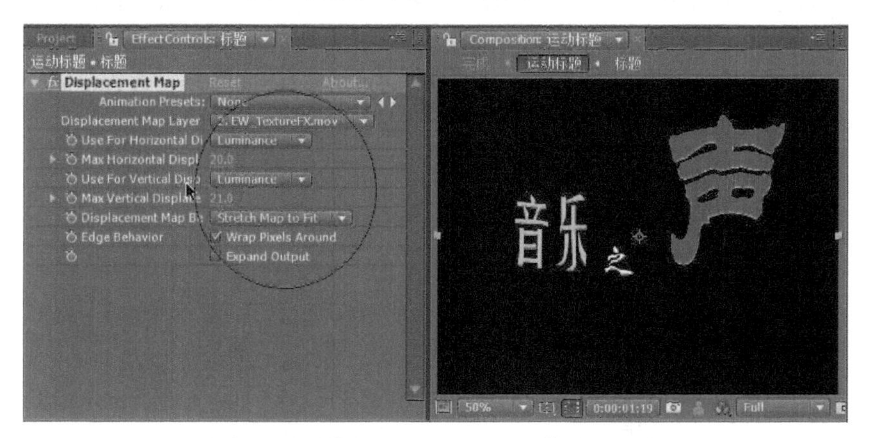

图 4-54　设置“Displace Map”特效的参数

11）新建合成“完成”，设置“Preset”为“PAL D1/DV”，持续时间为17s，如图4-55所示；新建固态层“大音符”，设置与合成大小相同的尺寸，如图4-56所示。

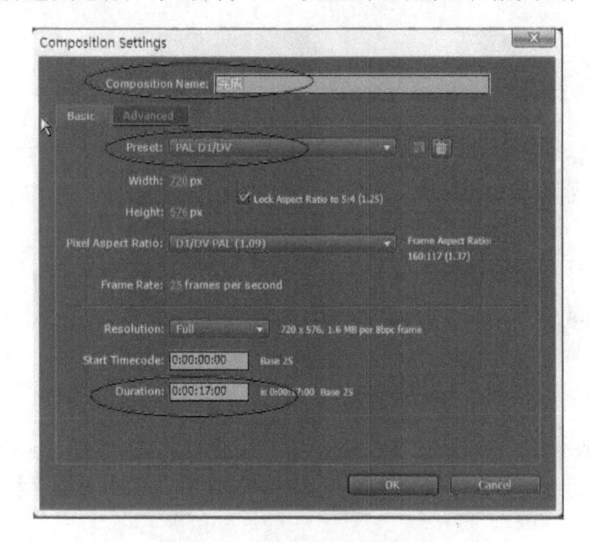

图4-55　新建合成“完成”

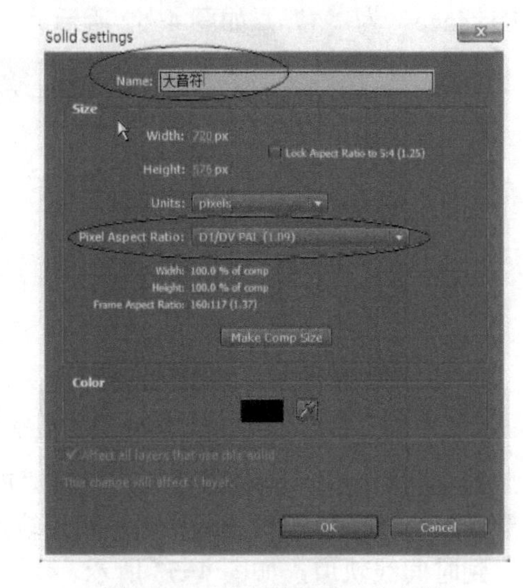

图4-56　新建固态层“大音符”

12）使用“钢笔工具”在固态层“音符”上绘制音符形状遮罩，如图4-57所示。

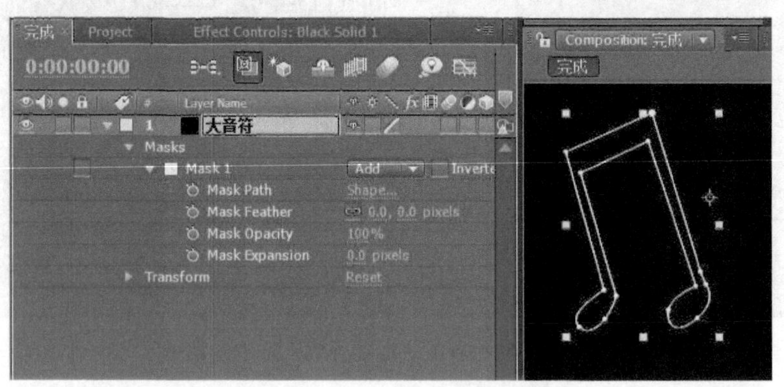

图4-57　绘制大音符形状遮罩

13）为固态层“大音符”添加“Stroke”（描边）特效、“Gaussian Blur”特效和“Fill”（填充）特效，如图4-58所示。

图4-58　为固态层添加“Stroke”“Gaussian Blur”“Fill”特效

14）设置“Path”（描边路径）为“Mask1”，即音符的路径，“Color”为“蓝色”（R=0、G=0、B=255），“Brush Size”（画笔大小）为“5”，“Paint Style”（画笔类型）为“On Transparent”（基于透明），如图 4-59 所示。

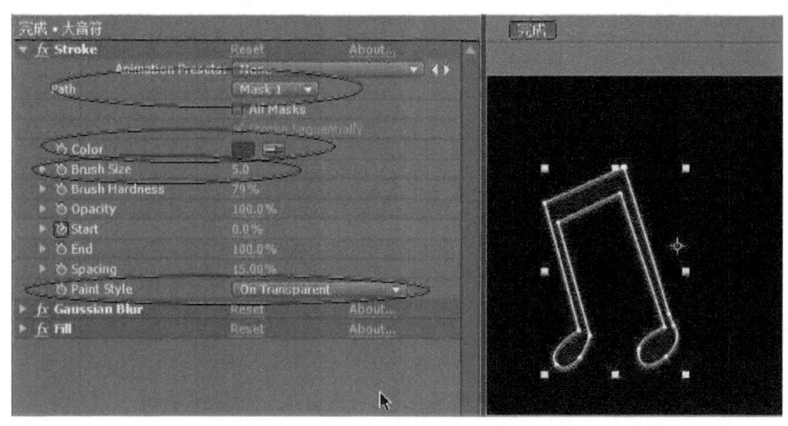

图 4-59　设置“Stroke”特效的参数

15）在 0s 处打开参数“Start”（开始）前的关键帧触发按钮，设置值为“100”，让音符呈现完全透明状态，参数和效果如图 4-60 所示。

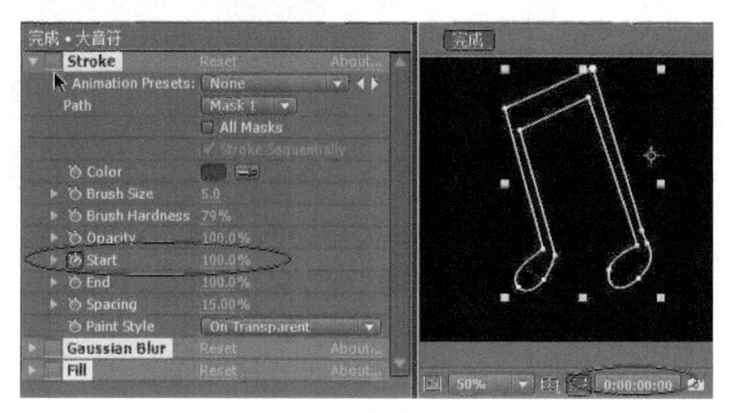

图 4-60　在 0s 处设置参数“Start”的关键帧值

16）在 2s 处设置“Start”的值为“0”，让音符完成描边，参数和效果如图 4-61 所示。

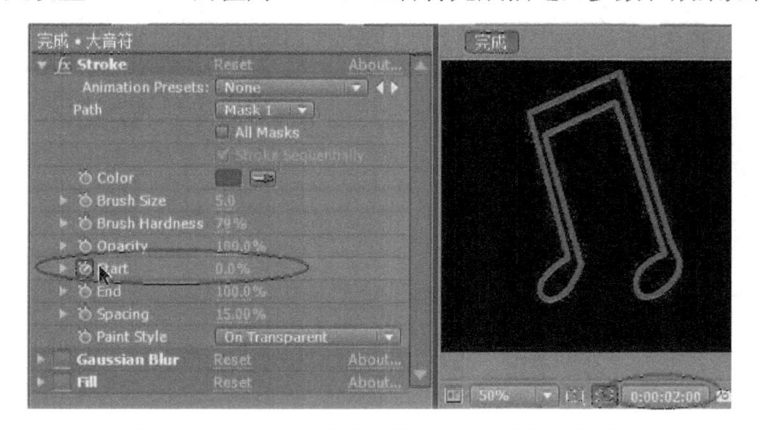

图 4-61　在 2s 处设置参数“Start”的关键帧值

17）设置“Gaussian Blur”特效的参数，“Blurriness”参数为“3”，“Blur Dimensions”为“Horizontal and Vertical”；“Fill”特效的“Color”为“蓝色”，“Horizontal Feathe”（水平羽化）值为“24.1”，“Vertical Feather”（垂直羽化）值为“32.4”，在 3s 处打开参数“Opacity”前的关键帧触发按钮，设置值为“0”，如图 4-62 所示。

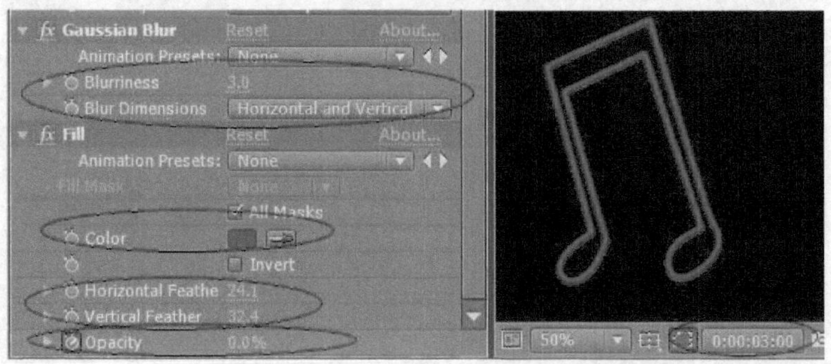

图 4-62　在 3s 处设置参数“Opacity”的关键帧值

18）在 4s 24 帧处设置参数“Opacity”的值为“100%”，实现填充的颜色从无到有的效果，如图 4-63 所示。

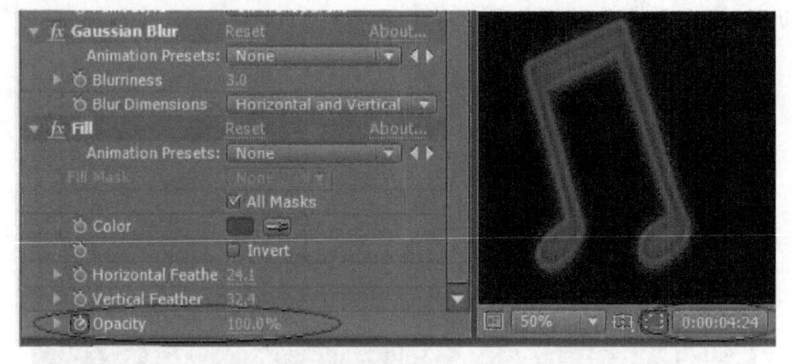

图 4-63　在 4s 24 帧处设置参数“Opacity”的关键帧值

19）拖动图片素材“音符蓝 .bmp”到固态层下方的“0:00:04:23”处，打开图片中透明度参数“Opacity”前的关键帧触发按钮，设置值为“0”，如图 4-64 所示；在“0:00:07:23”处修改值为“100”，制作背景图片从透明到不透明的变化过程，如图 4-65 所示。

图 4-64　在“0:00:04:23”处透明度的值

图 4-65　在“0:00:07:23”处透明度的值

20）拖动合成“音符”到时间线轨道的“0:00:08:00”处，放置在固态层“大音符”的上方，设置合成“音符”到叠加模式为“Overlay”，打开参数“Position”前到触发按钮，设置值为“4”“410”，让音符从画面外进入，如图 4-66 所示。

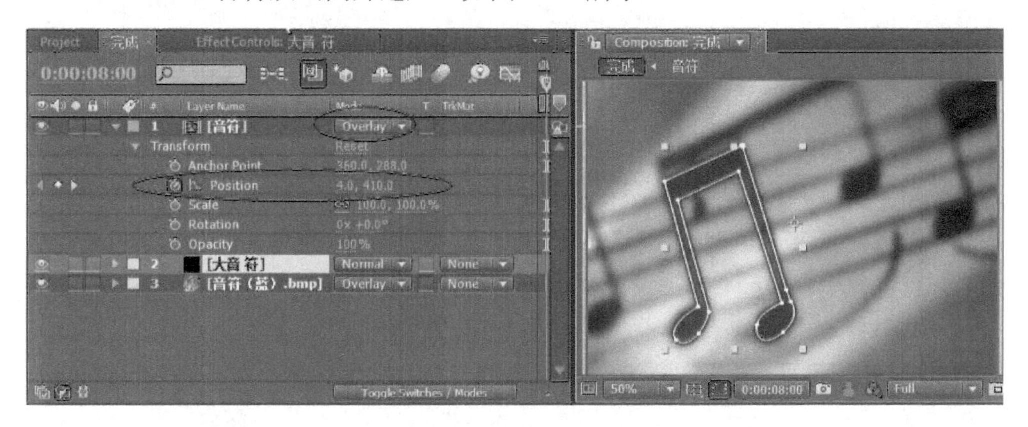

图 4-66　在“0:00:08:00”处设置叠加模式和位置参数

21）在“0:00:09:00”修改参数“Position”的值为“234”“126”，如图 4-67 所示。

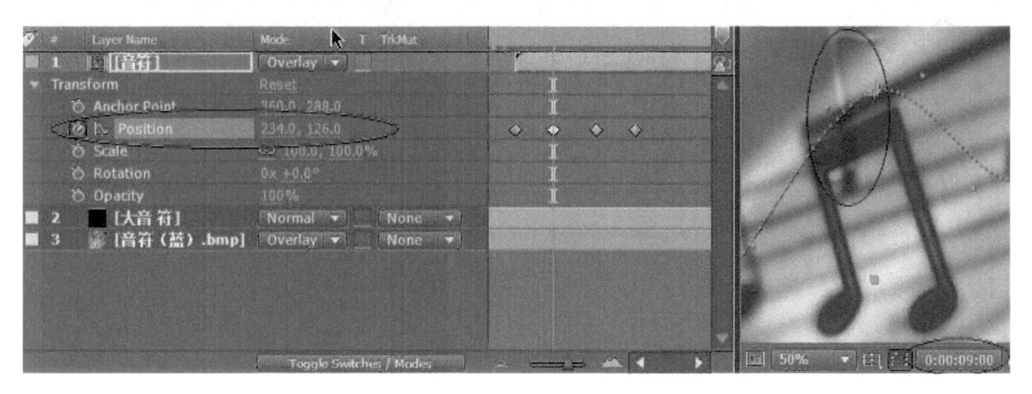

图 4-67　在“0:00:09:00”处设置位置的参数值

22）在“0:00:10:00”处设置参数“Position”的值为“462”“262”，如图 4-68 所示。

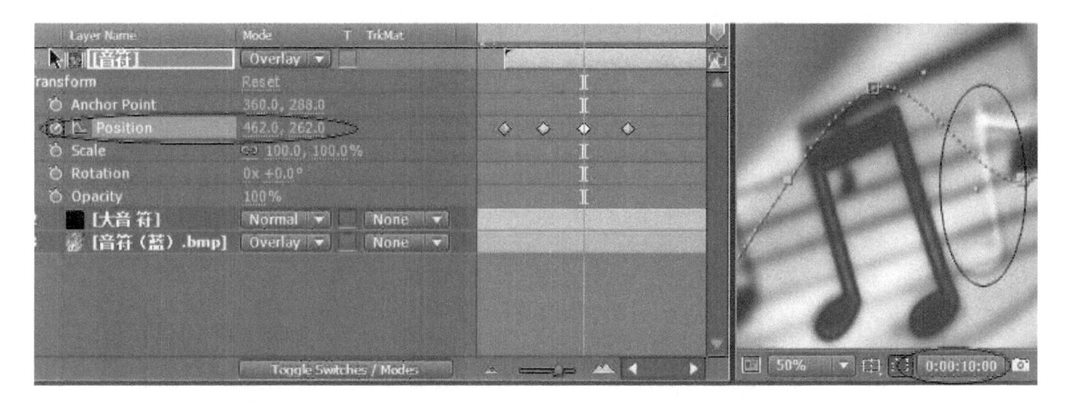

图 4-68　在“0:00:10:00”处设置位置的参数值

23）在“0:00:11:00”处设置参数“Position”的值为“680”“50”，如图 4-69 所示。

图 4-69 在“0:00:11:00”处设置位置的参数值

24）制作设置完特效的合成“音符”副本两份，依次拖动到时间线轨道的“0:00:09:00”处和“0:00:10:00”处，渲染背景，如图 4-70 所示。

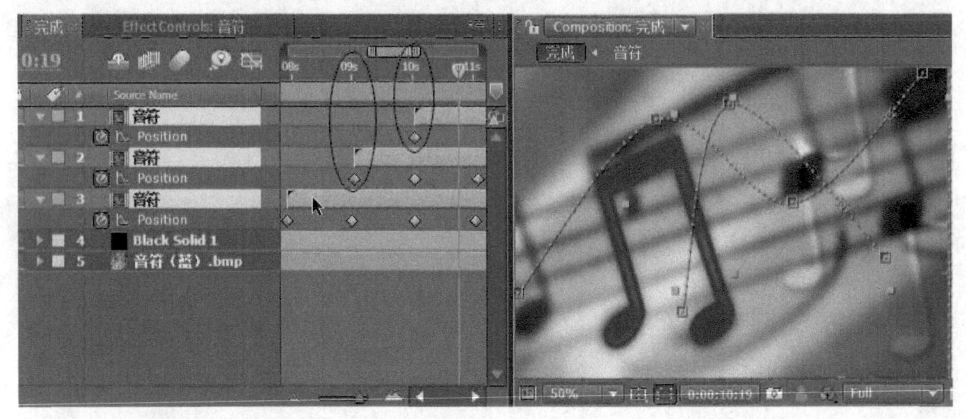

图 4-70 制作层“音符”的副本并排列

小提示

由于是通过副本来制作的，因此所有合成“音符”的叠加模式均为“Overlay”。

25）拖动合成“动作标题”到时间线的“0:00:11:00”处，如图 4-71 所示。

图 4-71 拖入合成“动作标题”并排列

26）使用“钢笔工具”绘制四边形遮罩，在“0:00:11:00”处使标题不可见，设置“Mask

Feather”（遮罩羽化值）为“92”，具体遮罩参数如图 4-72 所示。

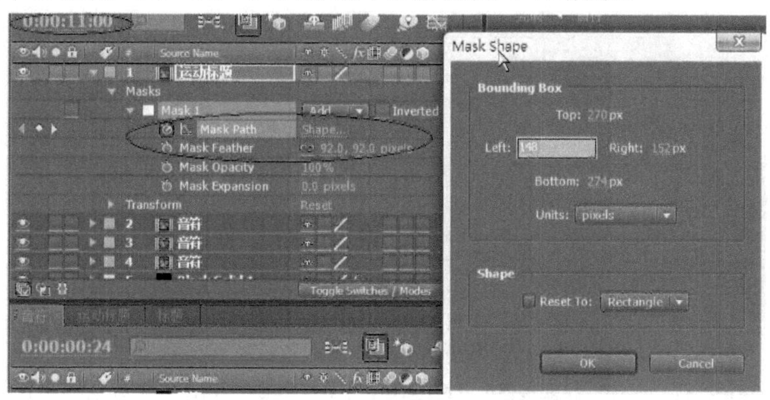

图 4-72　在“0:00:11:00”处设置遮罩的形状

27）在“0:00:14:20”处修改遮罩节点，使标题可见，具体参数为 Top=20，Left=122，Right=634，Bottom=426，如图 4-73 所示。

图 4-73　在“0:00:14:20”处设置遮罩的形状

小提示

在实际做片过程中，只需拉动遮罩到节点来控制遮罩范围，一般不用精确地指明参数，如果需要知道详细的参数，如控制绝对水平位移等，可单击“Shape”按钮。

28）再拖动一次合成“音符”到时间线轨道的“0:00:10:00”处，注意这里到叠加模式为正常模式“Normal”，打开参数“Position”前的关键帧触发按钮，设置值为“236”“-148”，如图 4-74 所示。

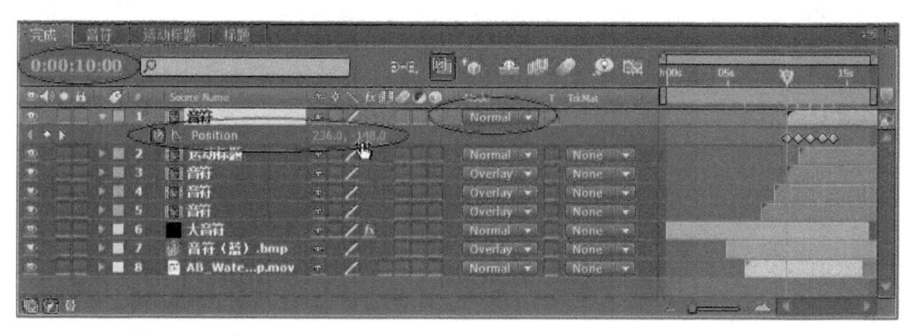

图 4-74　拖入合成“音符”并设置“0:00:10:00”处位置参数

29）在“0:00:10:23”处设置参数“Position”的值为“234”“260”，如图 4-75 所示。

图 4-75　在“0:00:10:23”处设置位置的参数值

30）在“0:00:11:23”处设置参数“Position”的值为“320”“154”，如图 4-76 所示。

图 4-76　在“0:00:11:23”处设置位置的参数值

31）在“0:00:12:23”处设置参数“Position”的值为“394”“328”，如图 4-77 所示。

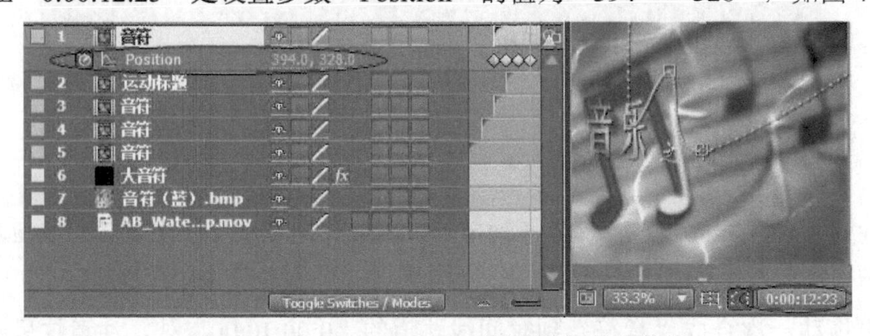

图 4-77　在“0:00:12:23”处设置位置的参数值

32）在“0:00:13:23”处设置参数“Position”的值为“838”“88”，如图 4-78 所示。

图 4-78　在“0:00:13:23”处设置位置的参数值

33）最后把视频素材“AB-Water.mov”拖动到时间线轨道的最下方“0:00:06:11”处，设置图片层“音符蓝 .bmp”的叠加模式为“Overlay”，完成本例的制作，如图 4-79 所示。

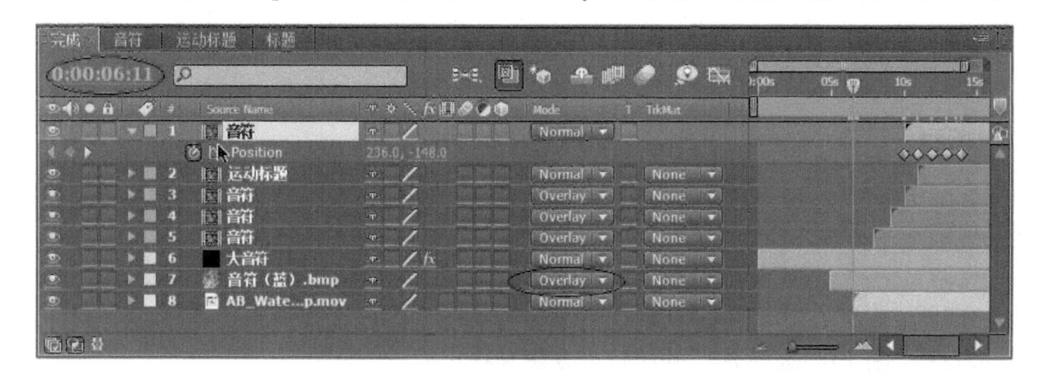

图 4-79　完成影片制作

我来归纳

本节通过“艺术活动记录”片头的制作，主要学习了 After Effects CS4 的综合运用。通过本片头的制作可以看出，在实际做片过程中，通过一个固定的元素来贯穿全片再辅以合适的特效可以起到很好的效果。

课后习题

以“理查德 • 克莱德曼—— 忧郁的钢琴王子”为题，制作一部钢琴新年演奏会的宣传片。

4.3　通用婚庆片头

任务描述

结婚就要办婚礼，这不仅是一对新人一生最美好的回忆，也是中国传统家庭所必要的一个仪式和过程。特别是现在的新人对婚礼的要求越来越高，所以，婚庆行业近几年来得到了蓬勃的发展，而婚礼记录片头是其中的重头戏。一部好的夺人眼球的婚庆片头可以为婚礼影音记录锦上添花。

任务分析

既然是婚礼的记录片，是喜庆的事情，所以就以红色为主基调色。在片中要融入爱情、结合、喜庆等诸多元素，通过浪漫的红心飞舞、对联式祝福话语的呈现，表现出一种中国风格，相信会得到新人的喜爱。

相关知识点

1. 掌握 After Effects 图层叠加模式的使用方法和技巧
2. 掌握 After Effects 文字工具的使用方法和技巧
3. 掌握 After Effects 球体特效的使用方法和技巧
4. 掌握 After Effects 投影特效的使用方法和技巧
5. 掌握 After Effects 遮罩工具的使用方法和技巧
6. 综合运用 After Effects 各类操作技能完成影视片头的制作

操作步骤

1）打开 After Effects 软件，新建合成“背景”，设置“Preset”为“PAL D1/DV”，持续时间为 15s，如图 4-80 所示；导入文件夹“婚庆片头素材”待用，如图 4-81 所示。

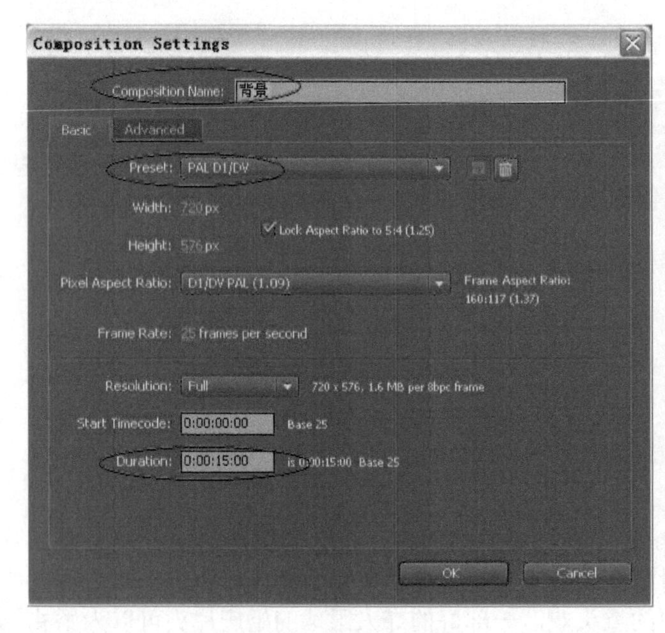

图 4-80　新建合成“背景”

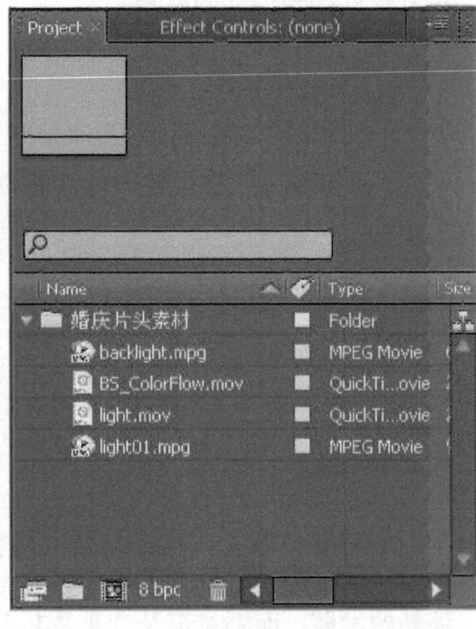

图 4-81　导入素材文件夹到库

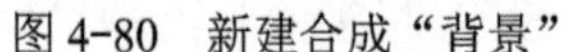

2）依次拖动视频素材“BS_ColorFlow.mov”“light.mov”“light01.mpg”到时间线轨道，修改“BS_ColorFlow.mov”的比例为“247”“241”；“light.mov”的比例为“114.5”“100”；“light01.mpg”的比例为“218.8”“201.4”；把“light.mov”“light01.mpg”的持续时间放慢一倍；设置“light01.mpg”拖动到“00:00:04:06”，如图 4-82 所示。

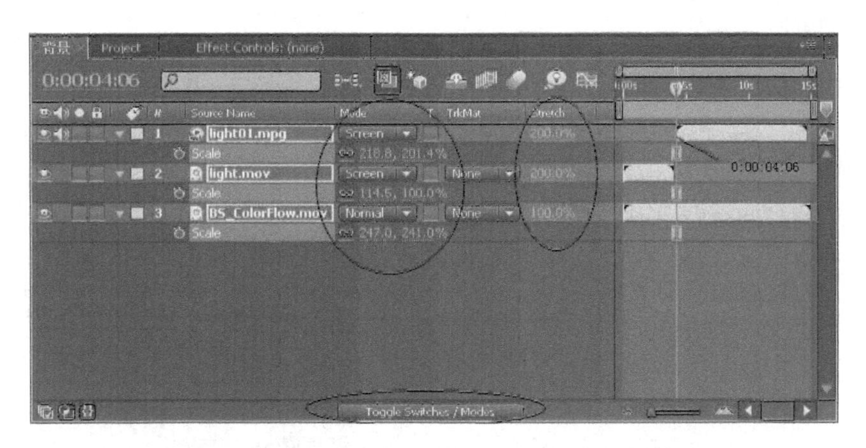

图 4-82　拖入素材到时间线并分别设置比例和播放时间

修改素材持续时间的"Stretch"可以在时间线栏上右击，在菜单里选择"Stretch"，然后修改播放比例或者持续时间来实现。

3）新建合成"囍"，设置宽度为"3000px"，高度为"2400px"，持续时间为 15s，如图 4-83 所示。

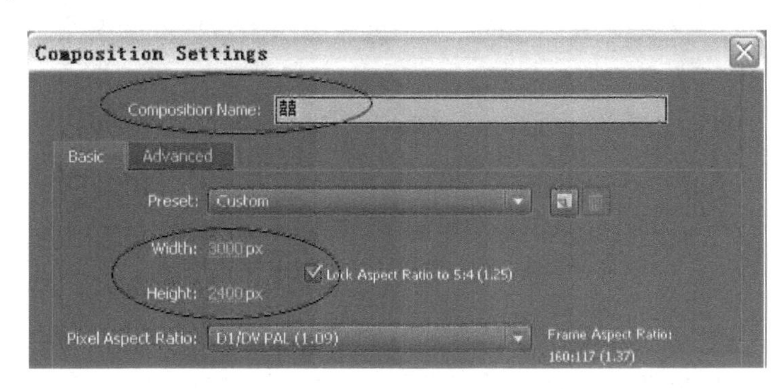

图 4-83　新建合成"囍"并设置参数

4）使用"文字工具"输入文字"喜"，设置字体为"微软简综艺"，字号为"100"，颜色为"红色"（R=255、G=0、B=0），如图 4-84 所示。

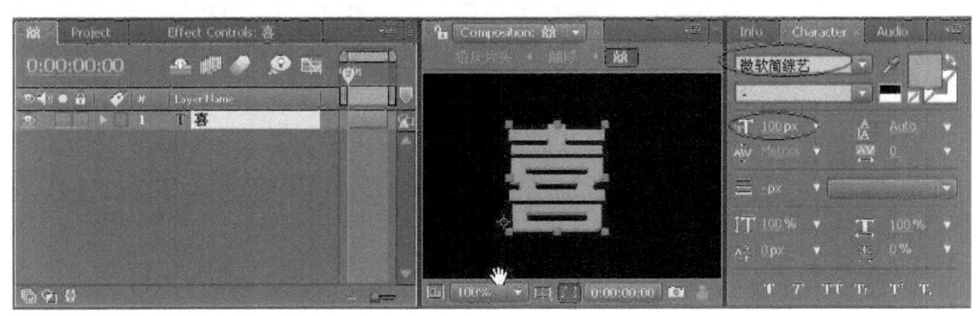

图 4-84　输入文字"喜"并设置属性

5）复制多个文字层“喜”，排列位置铺满整个窗口，注意“囍”间的行间距要稍小些，列间距稍大些，如图 4-85 所示。

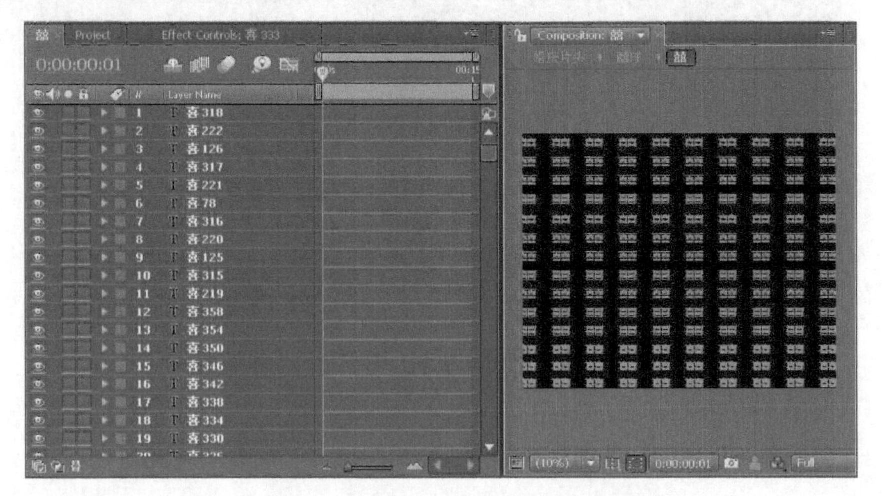

图 4-85　创建多个“喜”层副本并排列

6）新建合成“囍球”，设置宽度为“3000px”，高度为“2400px”，持续时间为 15s，如图 4-86 所示。

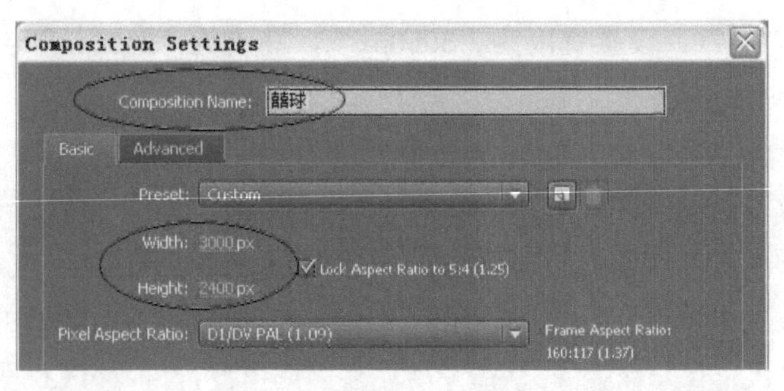

图 4-86　新建合成“囍球”

7）拖动合成“囍”到时间线轨道，添加“CC Sphere”特效，设置参数“Radius”（半径）为“450”，在“0:00:00:00”处打开参数“Rotation Y”前的关键帧触发按钮，设置值为“0”×“0°”，如图 4-87 所示。

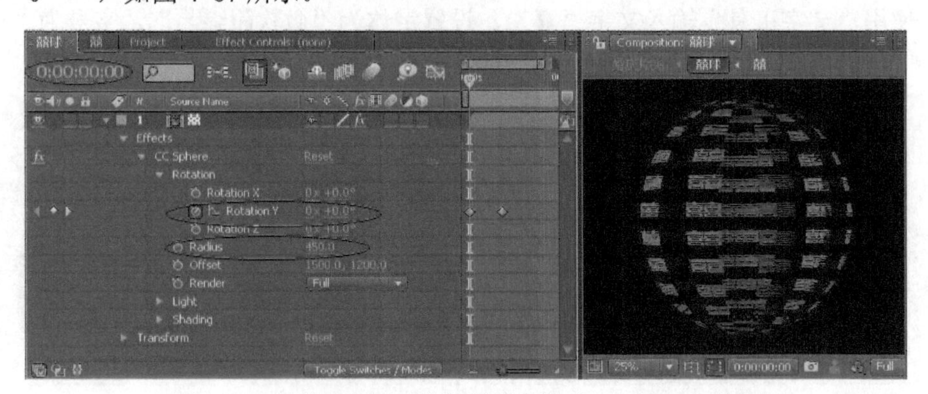

图 4-87　在“0:00:00:00”处设置参数“Rotation Y”的值

8）在“0:00:05:00”处修改参数“Rotation Y”的值为“2”×“0°”，让囍球在 5s 的时间里绕 Y 轴旋转两圈，如图 4-88 所示。

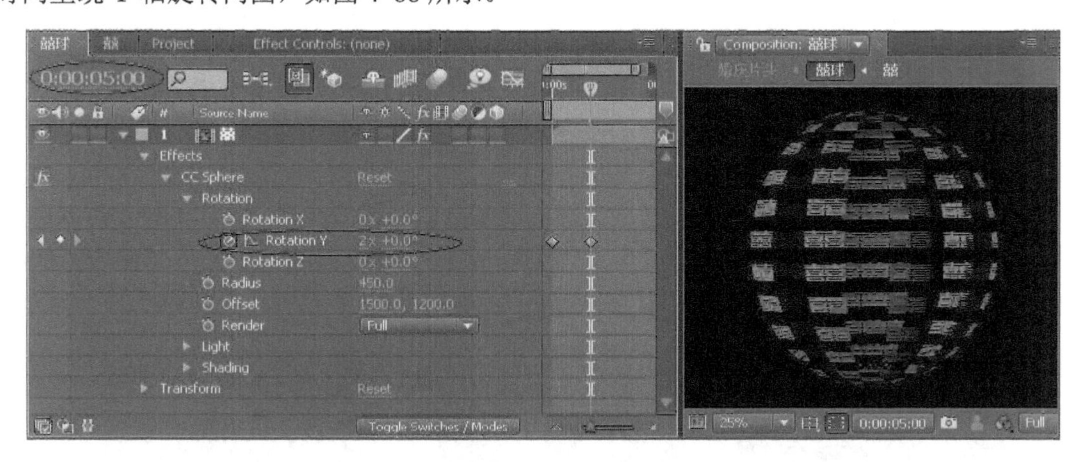

图 4-88　在“0:00:05:00”处设置参数“Rotation Y”的值

9）新建合成“红心”，设置“Preset”为“PAL D1/DV”，持续时间为 15s，如图 4-89 所示。

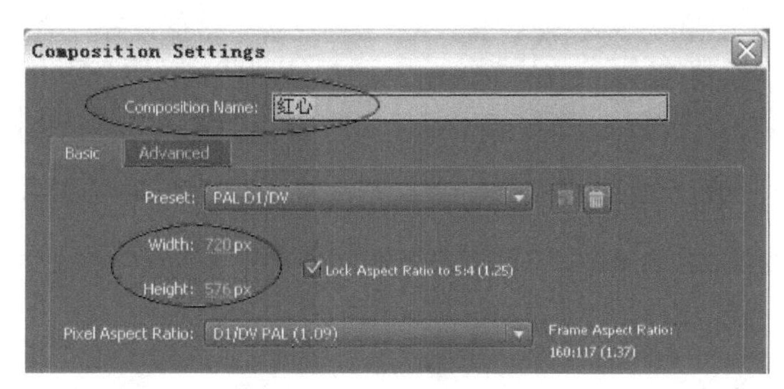

图 4-89　新建合成“红心”

10）新建固态层，尺寸同合成大小，使用“钢笔工具”绘制心形封闭路径，如图 4-90 所示。

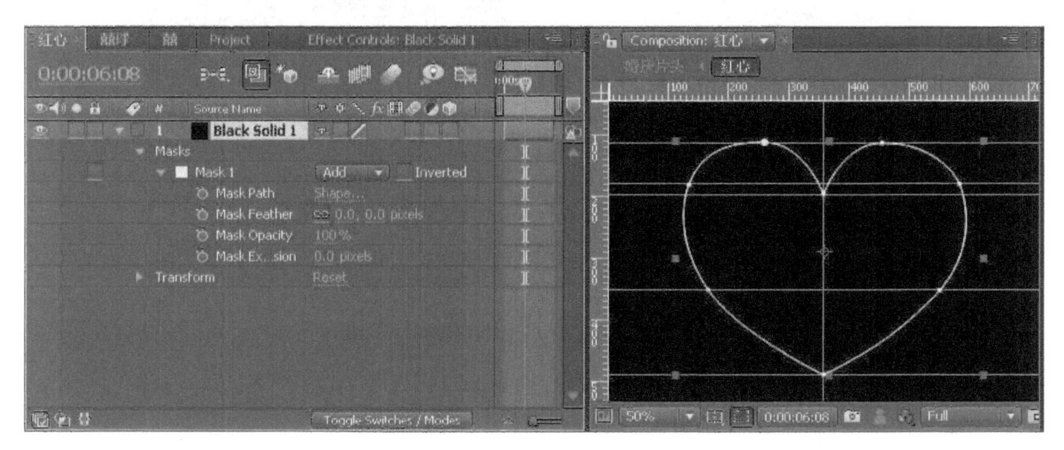

图 4-90　绘制心形路径

小提示

在用“钢笔工具”绘制形状路径时，要充分利用标尺和参考线的作用来定位。可以通过菜单“视图”→“标尺”，也可以直接按<Ctrl +R>快捷键，参考线可以在标尺上直接用鼠标拖动。

11）为固态层添加“3D Stroke”特效，设置“Color”为“红色”（R=255、G=0、B=0），“Thickness”为“10”，在“0:00:00:00”处打开参数“End”前的关键帧触发按钮，设置值为“0”，如图 4-91 所示；在“0:00:02:00”处设置值为“100”，如图 4-92 所示。

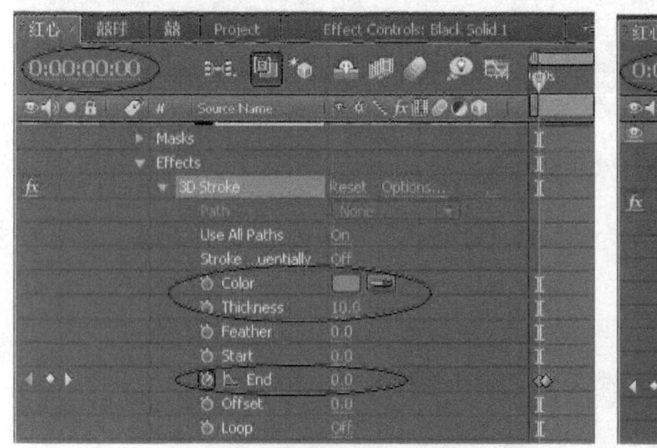

图 4-91　在“0:00:00:00”处设置参数“End”的值

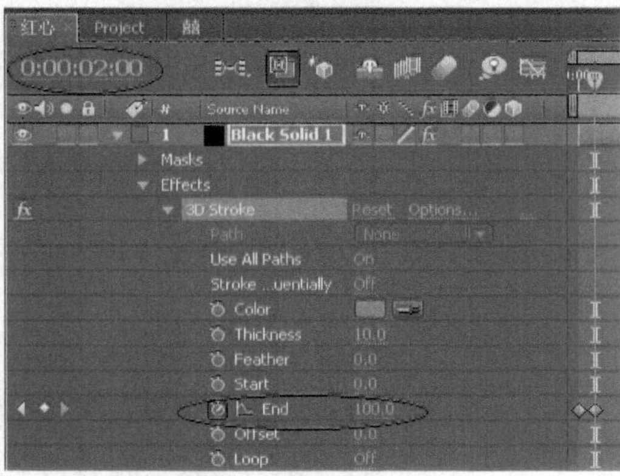

图 4-92　在“0:00:02:00”处设置参数“End”的值

12）打开文件夹“Repeater”（重复）参数文件夹，设置参数如图 4-93 所示，制作霓虹灯红心的效果。

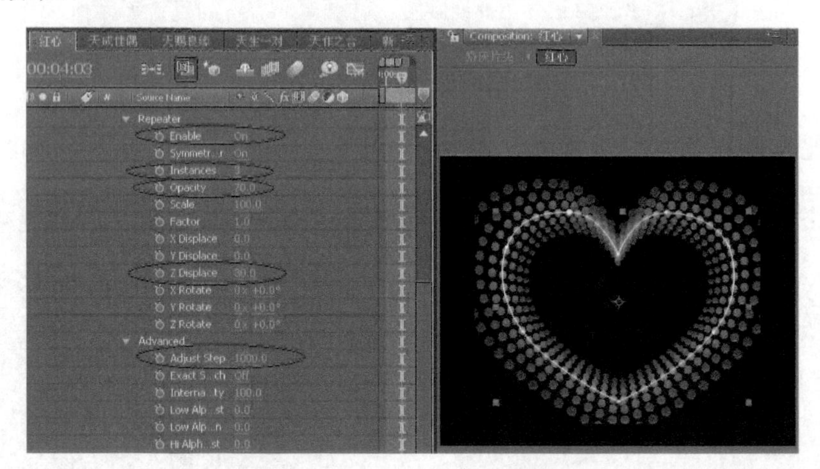

图 4-93　设置参数“Repeater”的值

13）新建合成“天成佳偶”，设置“Preset”为“PAL D1/DV”，持续时间为 15s；用“竖排文字工具”输入文字“天成佳偶”，设置字体为“微软简综艺”，字号为“90”，字符间距为“100”，颜色为“红色”（R=255、G=0、B=0），如图 4-94 所示。

图 4-94　输入文字“天成佳偶”并设置属性

14）打开文字层右边的动画菜单“Animate”，选择比例动画“Scale”，为文字添加比例动画，修改参数“Scale”为“800”，在“0:00:00:00”处打开参数“Offset”前的关键帧触发按钮，设置值为“0”，如图 4-95 所示。

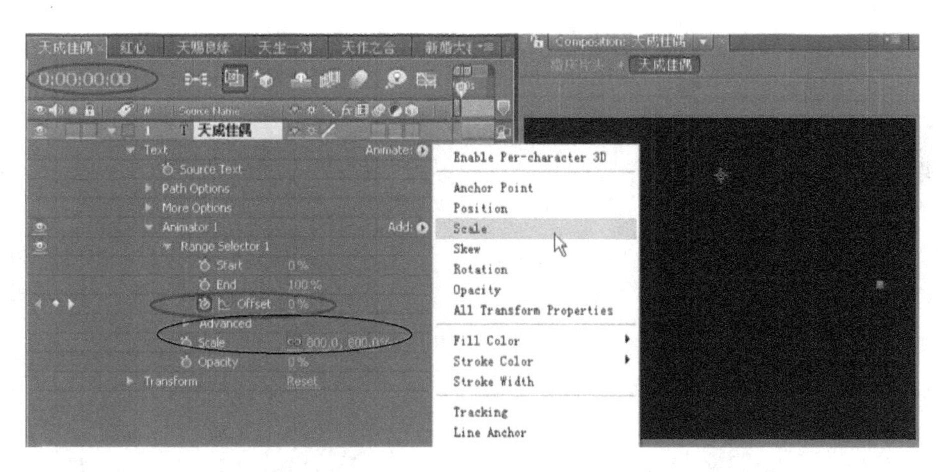

图 4-95　在“0:00:00:00”处设置参数“Offset”的值

15）在“0:00:02:00”处设置参数“Offset”的值为“100”，如图 4-96 所示。

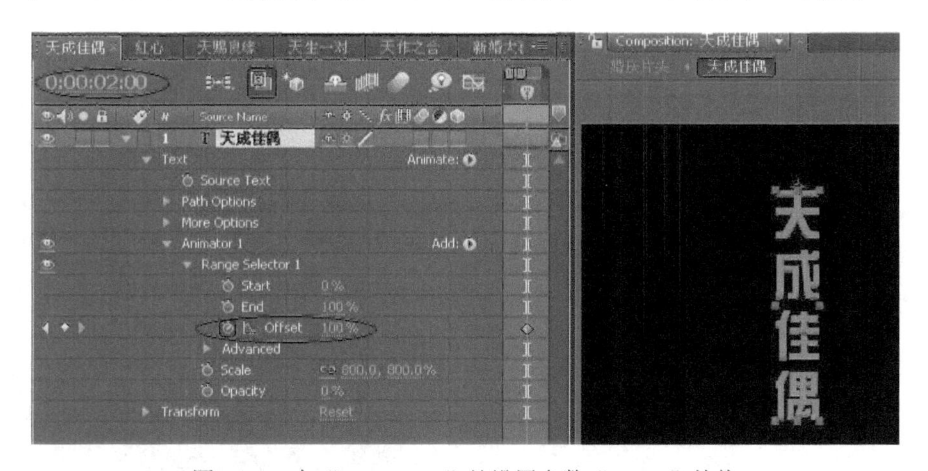

图 4-96　在“0:00:02:00”处设置参数“Offset”的值

16）利用合成“天成佳偶”的副本制作出合成“天作之合”，修改文字即可，如图 4-97 所示。

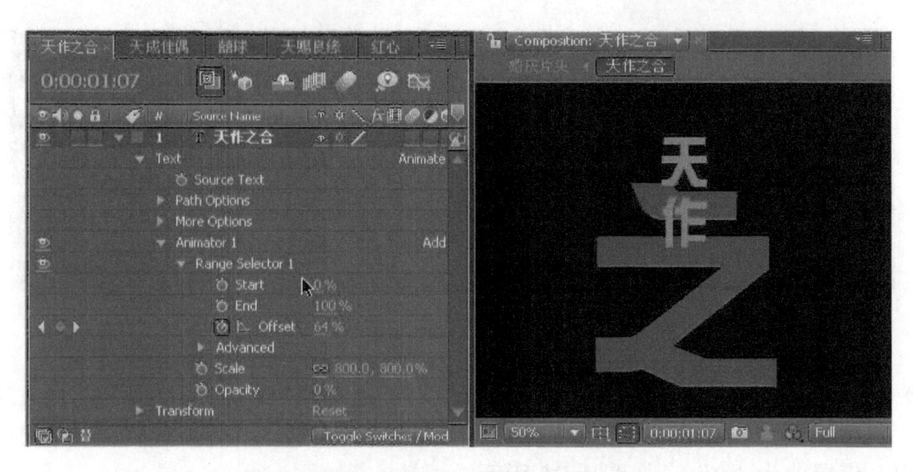

图 4-97　利用副本完成合成“天作之合”

17）利用合成“天成佳偶”的副本制作出合成“天赐良缘”，修改文字即可，如图4-98所示。

图 4-98　利用副本完成合成“天赐良缘”

18）利用合成“天成佳偶”的副本制作出合成“天生一对”，修改文字即可，如图4-99所示。

图 4-99　利用副本完成合成“天生一对”

19）新建合成“新婚大喜”，设置“Preset”为“PAL D1/DV”，持续时间为 15s，如图 4-100 所示；新建固态层，尺寸同合成大小，颜色为“黄色”（R=255、G=255、B=0），如图 4-101 所示。

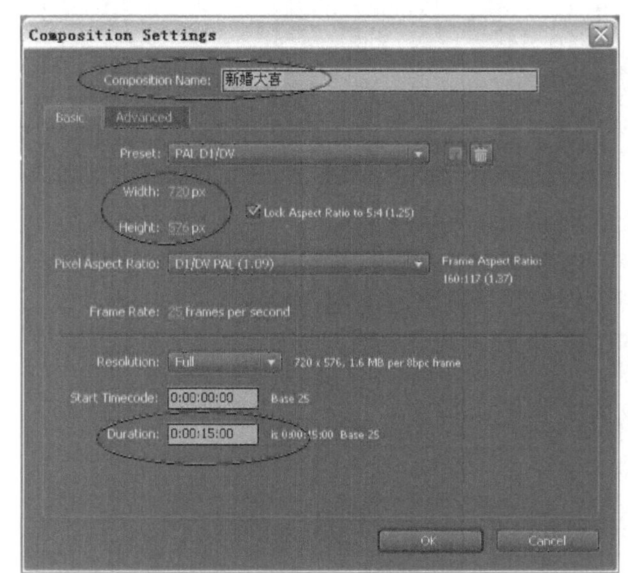

图 4-100　新建合成“新婚大喜”

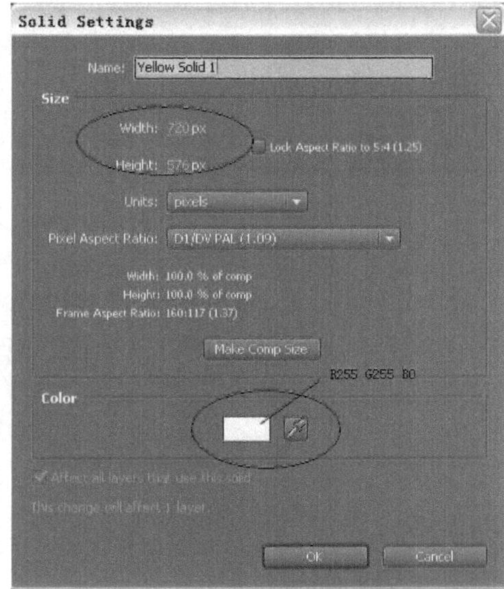

图 4-101　新建黄色固态层

20）使用“矩形工具”在固态层上绘制长方形，添加“Bevel Alpha”特效，设置参数“Edge Thickness”为“10”，“Light Color”光线颜色为“白色”，如图 4-102 所示。

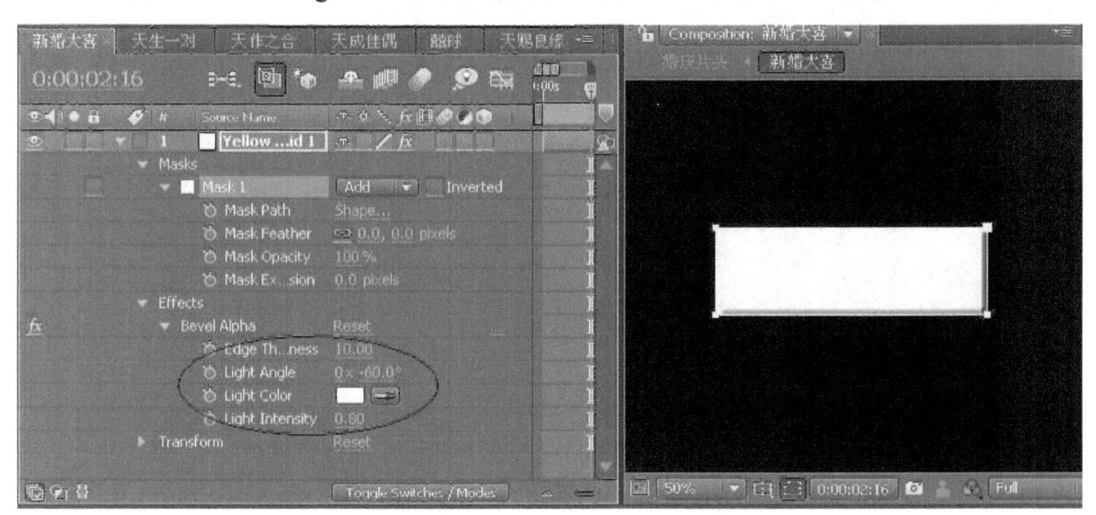

图 4-102　设置“Bevel Alpha”特效的参数值

21）使用“文字工具”输入文字“新婚大喜”，字体为“微软简综艺”，字号为“90”，字符间距为“100”，颜色为“红色”（R=255、G=0、B=0），放置在黄色矩形遮罩的上方，如图 4-103 所示。

22）新建合成“婚庆片头”，设置“Preset”为“PAL D1/DV”，持续时间为 15s，如图 4-104 所示。

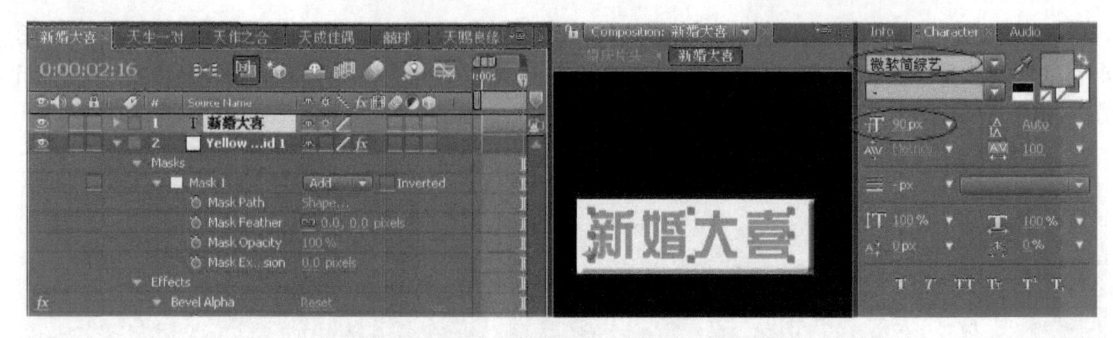

图 4-103　输入文字“新婚大喜”并设置属性

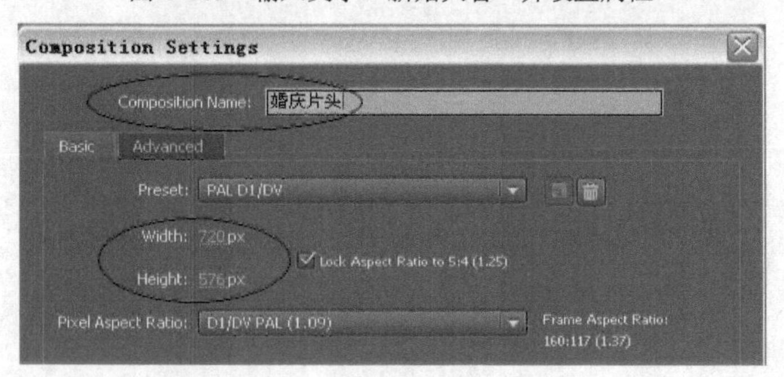

图 4-104　新建合成“婚庆片头”

23）依次拖动合成“背景”和“囍球”到时间线轨道，设置合成“囍球”的叠加模式为“Vivid Light”，修改比例“Scale”为“55%”，在“0:00:05:00”处打开参数“Position”前的关键帧触发按钮，设置值为“360”“288”“0”，如图 4-105 所示。

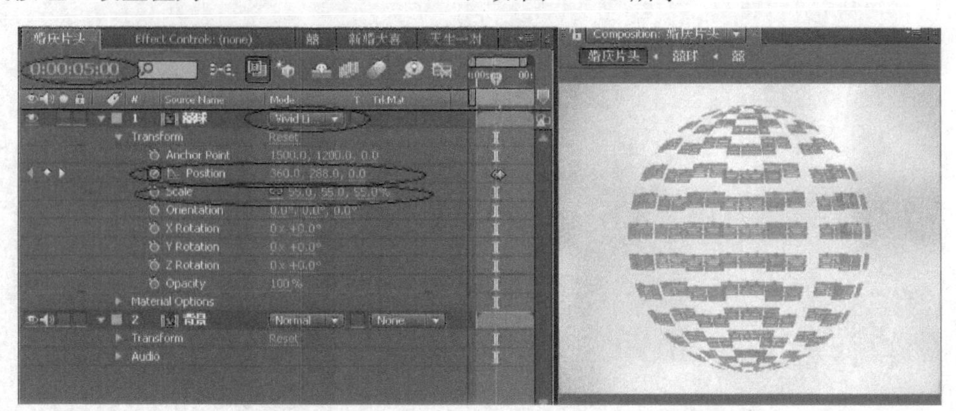

图 4-105　在“0:00:05:00”处设置“Position”的参数值

24）在“0:00:06:00”处设置参数“Position”（位置）的值为“360”“288”“-1098”，如图 4-106 所示。

25）依次拖动合成“天赐良缘”“天生一对”“天成佳偶”“天作之合”，分别设置各合成的位置如图 4-107 所示，每个合成出现的时间间隔为 2s。

26）继续拖动合成“红心”到时间线的“0:00:10:00”处，继续拖动“新婚大喜”到时间线，修改位置为“360”“120”，如图 4-108 所示。

27）拖动合成“新婚大喜”到时间线“0:00:12:00”处，完成通用婚庆片头的制作，如图 4-109 所示。

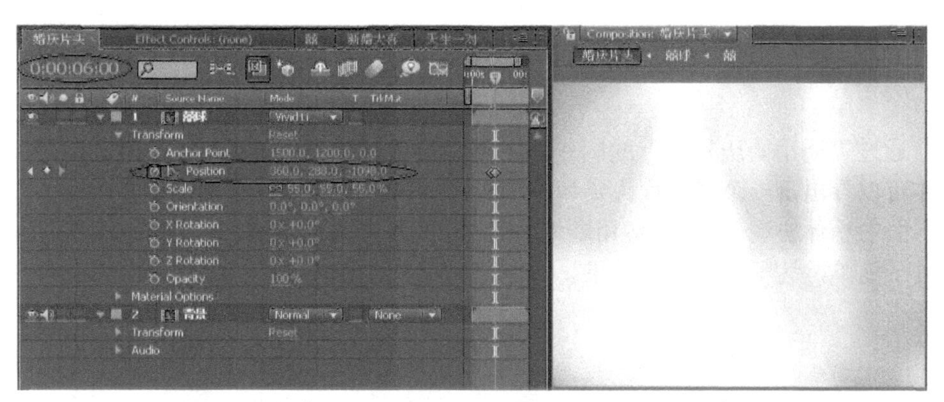

图 4-106　在“0:00:06:00”处设置“Position”的参数值

图 4-107　拖入合成并排列

图 4-108　修改合成“新婚大喜”的位置

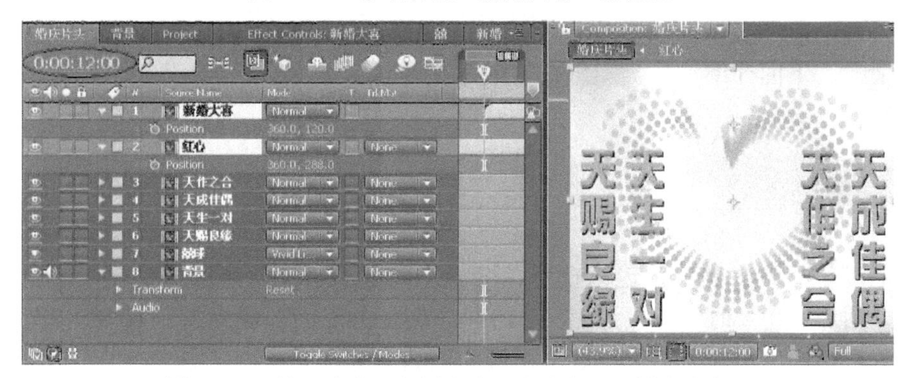

图 4-109　拖入合成“新婚大喜”完成合成“婚庆片头”

我来归纳

本节通过“通用婚庆片头”的制作，主要学习了 After Effects CS4 的综合运用。通过本片的制作可以看出，一个好的片头要和整个影片的风格相协调，这种协调是色彩、节奏、构图等多方面的总体协调。特效的运用要恰到好处，既不能太过花哨，让人眼花缭乱、心生厌烦，也不能过于简单，达不到渲染的效果。

课后习题

以“婚礼通用片花”为题，制作几个婚礼段落的片花。

4.4 青年活动记录的片头

相关知识点

1. 掌握 After Effects 文字工具输入文字的方法和技巧
2. 掌握 After Effects 遮罩工具的方法和技巧
3. 掌握 After Effects 描边特效的方法和技巧
4. 掌握 After Effects 发光特效的方法和技巧
5. 掌握 After Effects 倒放工具的方法和技巧
6. 综合运用 After Effects 各类操作技能完成影视片的制作

任务描述

学校是一个朝气蓬勃、青春洋溢的地方，在学校里，同学们日常的学习、活动常常需要留影音记录。下面介绍这一类型影视片的片头设计。

任务分析

青年活动记录，自然要体现出青春、活力、向上的情绪，所以这里我们设计为快节奏的表现力。图片的切换时间一般为 10 ～ 15 帧，转场的时间一般为 5 ～ 10 帧，以简明的黑、白、红三色来烘托出年轻人追求美好、积极向上的态度。

操作步骤

1．在 Photoshop 中准备好所有的素材（见图 4-110）

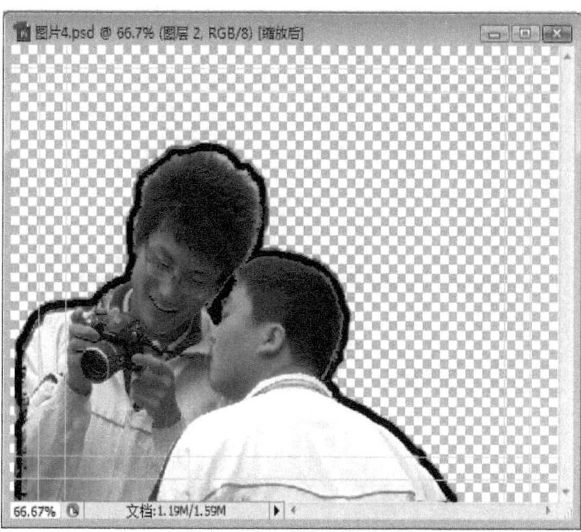

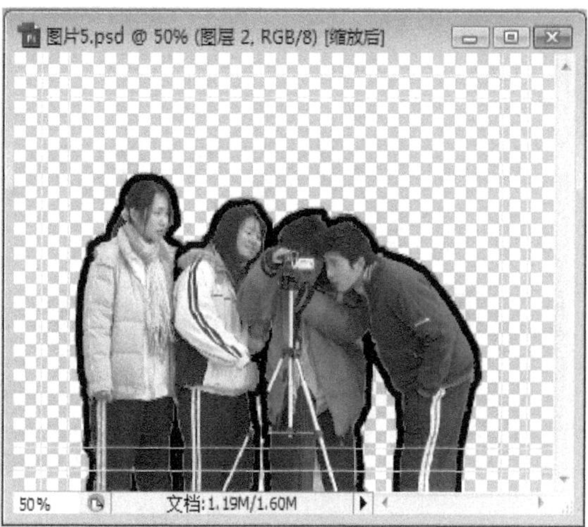

图 4-110　图片素材

2．打开软件 After Effects CS4

1）新建合成“背景”，设置“Preset”为“PAL D1/DV”格式，“Duration”（持续时间）为 25s，如图 4-111 所示；新建固态层“白层”，设置与合成大小相同的尺寸，颜色为“白色”（R=255、G=255、B=255），如图 4-112 所示。

2）另外再新建出“红层”和“黑层”，设置与合成大小相同的尺寸，颜色分别为“红色”（R=255、G=0、B=0）和“黑色”（R=0、B=0、G=0），设置“白层”“红层”和“黑层”的位置分别为“360”“650”，“360”“480”，“360”“288”，完成背景的制作，如图 4-113 所示。

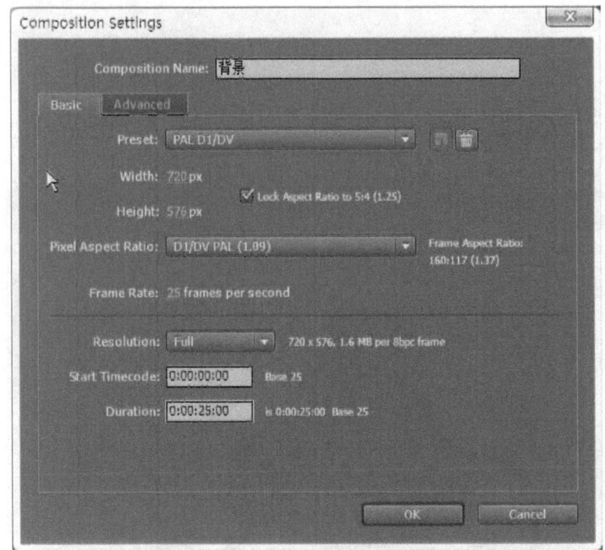

图 4-111　新建合成“背景”

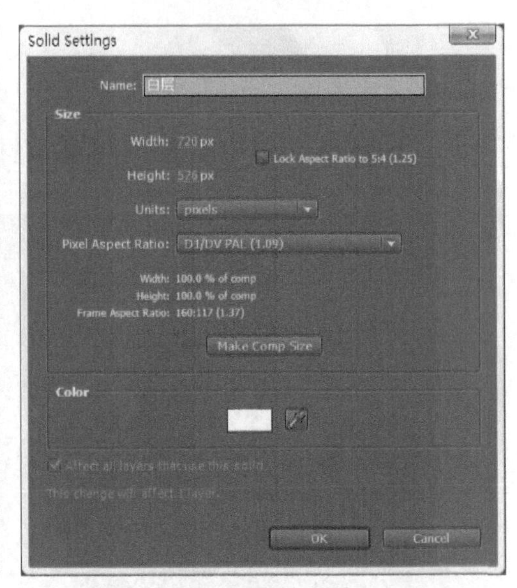

图 4-112　新建固态层“白层”

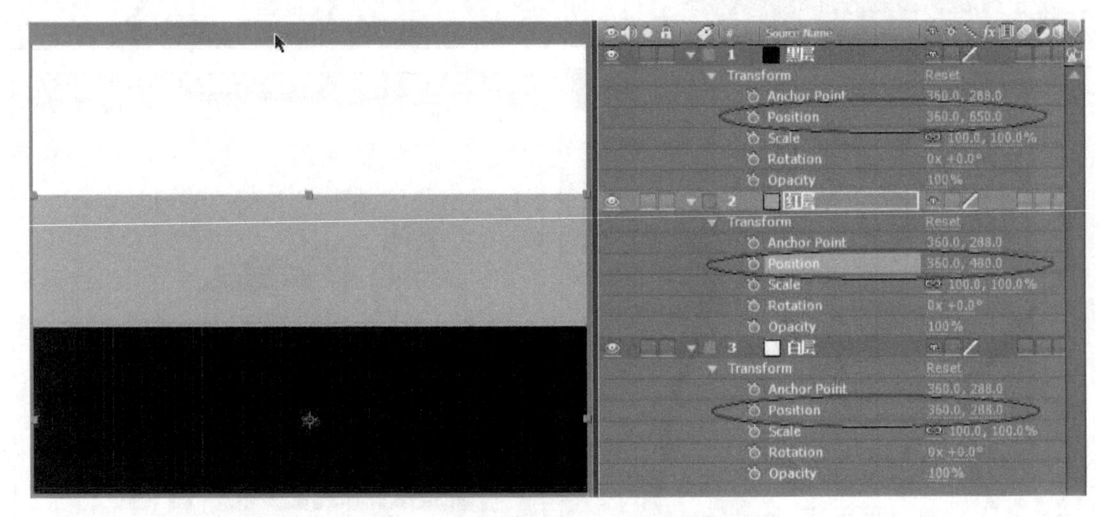

图 4-113　新建固态层并分别设置位置参数

小提示

注意，3 个固态层位置的 X 值均为 360 不变，这是为了保证 3 个固态层都保持水平，3 个固态层之间的间距应上紧下松，体现构图的稳重感。

3）新建合成“P”，设置“Preset”为“PAL D1/DV”格式，“Duration”为 25s；用“文本工具”输入大写字母“P”，设置字体为“Arial”，字号为“400”，颜色为“白色”（R=255、G=255、B=255），放置在画面正中间，如图 4-114 所示。

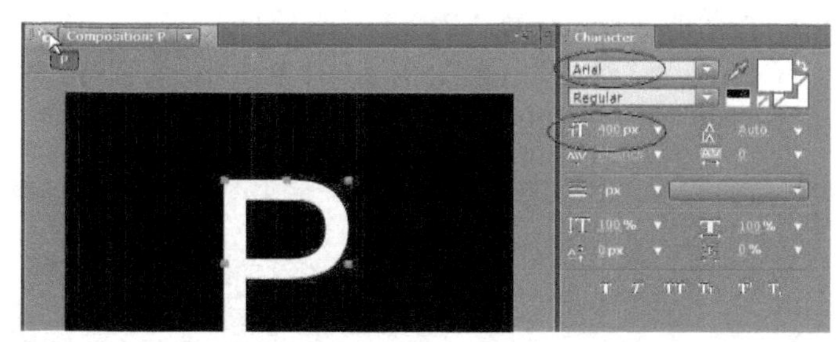

图 4-114　输入字符“P”并设置属性

4）新建黑色固态层，尺寸同合成大小，拖动到时间线轨道，放置在文字层的上方，取消固态层的可视，如图 4-115 所示。

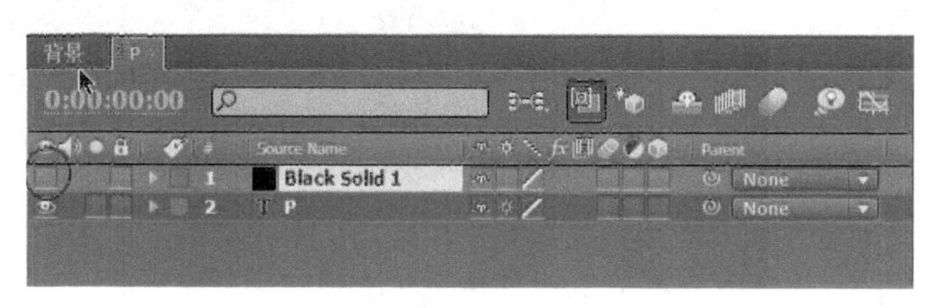

图 4-115　新建固态层并取消可视

5）选择“钢笔工具”，以字符层的文字为参照，在固态层上勾勒字母笔画路径，注意是开放式路径，如图 4-116 所示。

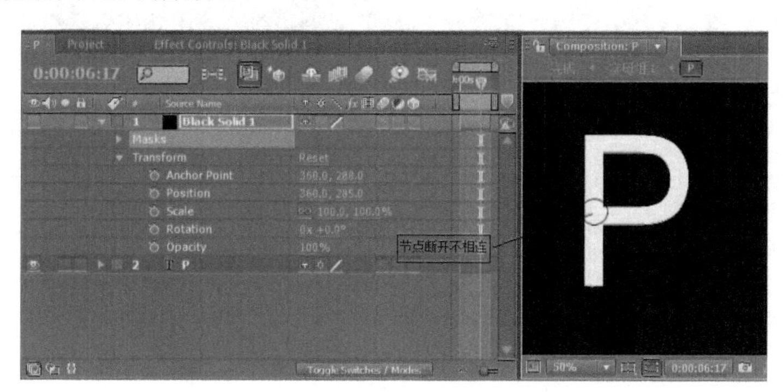

图 4-116　用“钢笔工具”勾勒字母轮廓路径

6）取消字符层“P”的可视，打开固态层的可视，在特效面板搜索栏输入“stroke”，快速找到描边特效，添加到固态层上，如图 4-117 所示。

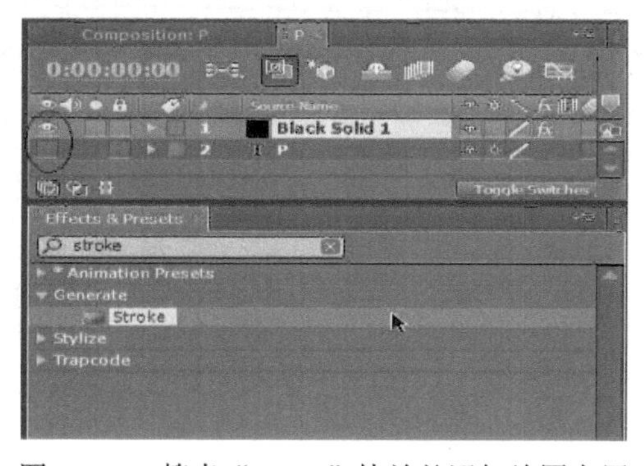

图 4-117　搜索“stroke”特效并添加给固态层

7）设置“Stroke”特效的参数，设置“Path”（路径）为“Mask1”，“Brush Size”（笔刷大小）为“30”，“Color”为“红色”（R=255、G=0、B=0），为字符“P”添加红色的描边；在“0:00:00:00”处打开参数“End”前的关键帧触发按钮，设置值为“0”，如图 4-118 所示。

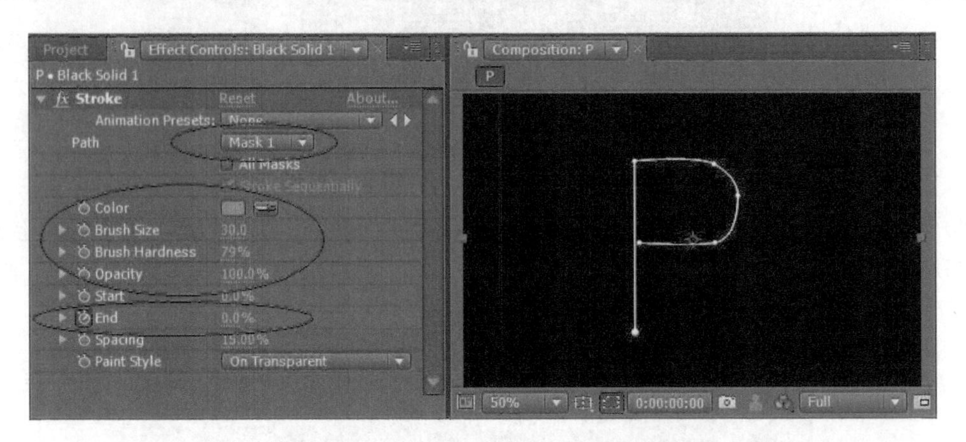

图 4-118 设置“Stroke”特效的属性

8）在“0:00:01:00”处设置参数“End”的值为“100”，完成字符的描边，如图 4-119 所示。

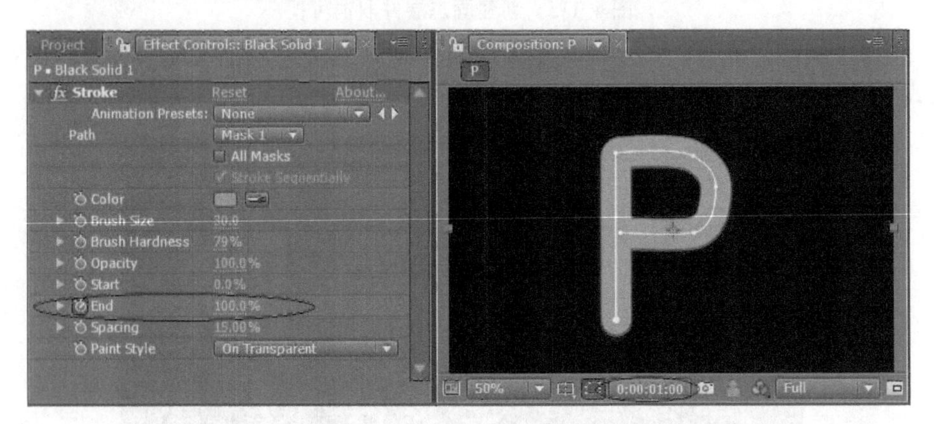

图 4-119 在“0:00:01:00”处设置参数“End”的值

9）为固态层添加“Bevel Alpha”特效，设置参数“Edge Thickness”为“12.7”，“Light Intensity”为“0.5”，为文字添加立体效果，完成字符“P”的制作，如图 4-120 所示。

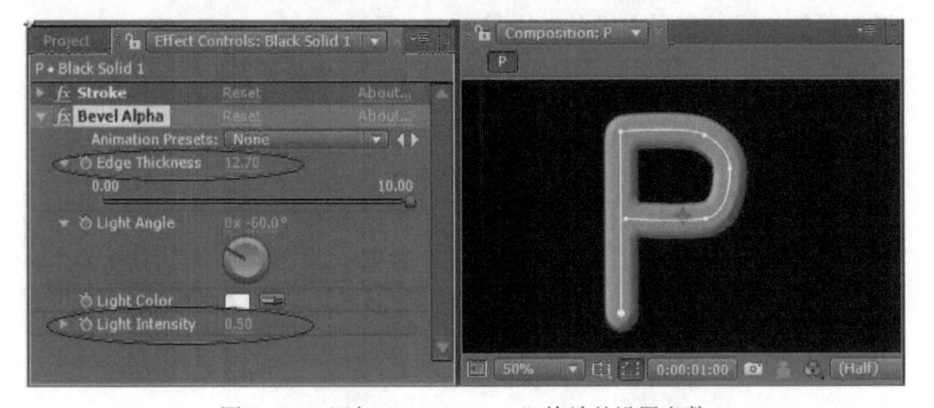

图 4-120 添加“Bevel Alpha”特效并设置参数

10）新建合成“o”，设置“Preset”为“PAL D1/DV”格式，“Duration”为 25s；选择菜单“View”（视图）→“Show Grid”（显示网络），以便于绘制路径，如图 4-121 所示。

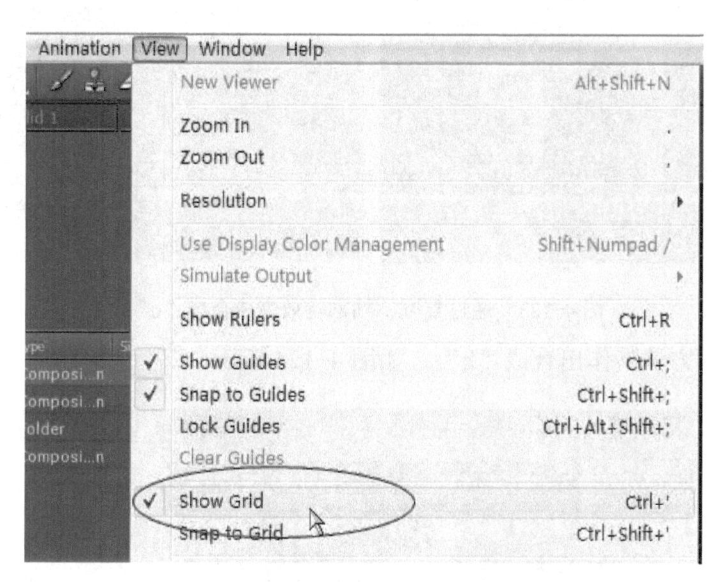

图 4-121　利用菜单打开“显示网络”命令

11）用“文本工具”输入小写字母“o”，设置字体为“Arial”，字号为“400”，颜色为“白色”（R=255、G=255、B=255），放置在画面正中间；新建黑色固态层，尺寸同合成大小，拖动到时间线轨道，放置在文字层的上方，取消固态层的可视；选择“钢笔工具”，以字符层的文字为参照，在固态层上勾勒字母笔画路径，注意是开放式路径，如图 4-122 所示。

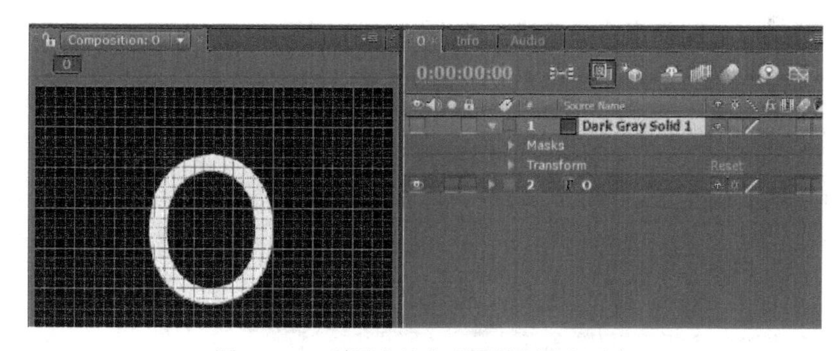

图 4-122　利用字符参照层绘制字母路径

小提示

在绘制对称路径时借助网络和参考线可以轻松简单地完成任务，同学们要充分利用。

12）复制合成“P”的所有特效，粘贴给合成“o”的固态层，完成合成“o”的制作，如图 4-123 所示。

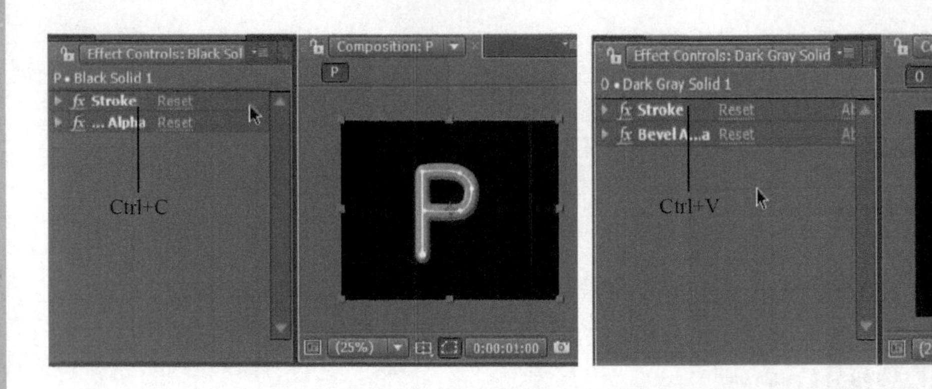

图 4-123　通过复制、粘贴特效完成合成“o”

13）用同样的方法制作出合成“h”，如图 4-124 所示。

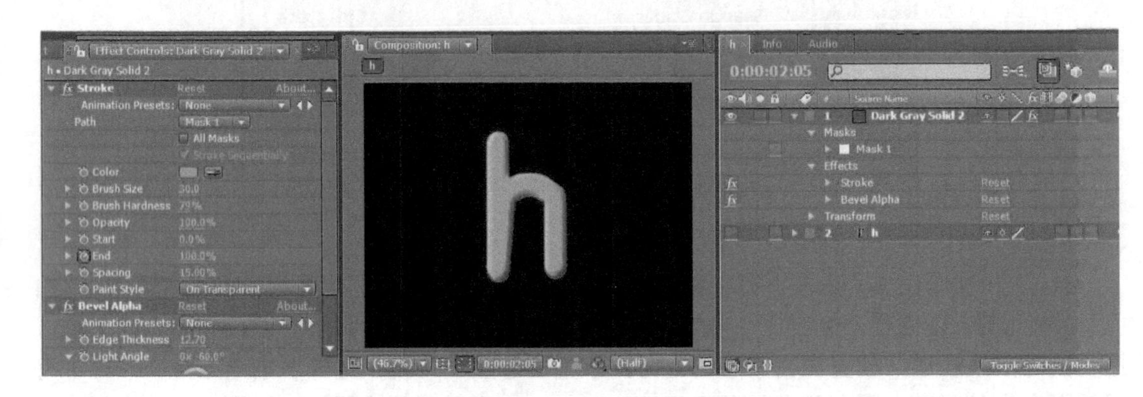

图 4-124　通过复制、粘贴特效完成合成“h”

14）用同样的方法制作出合成“t”，如图 4-125 所示。

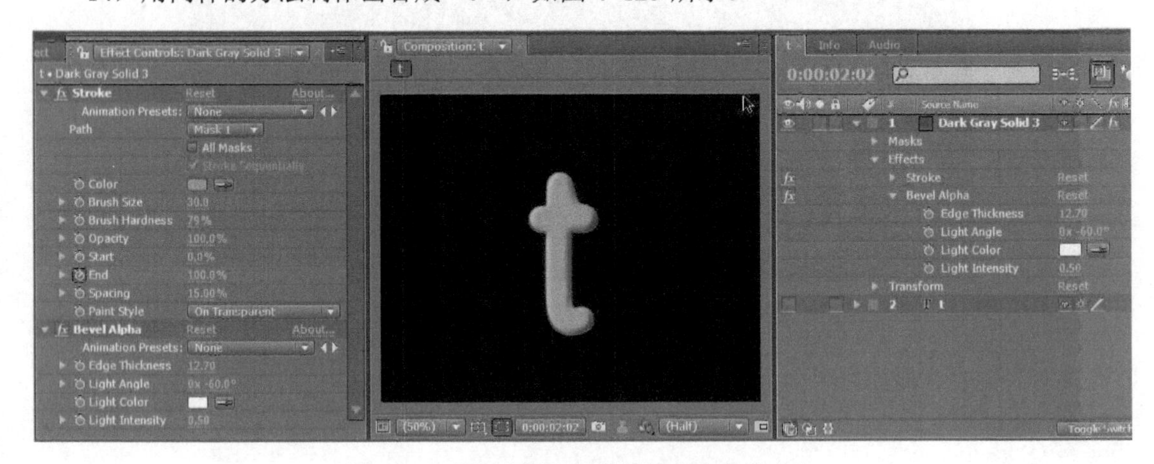

图 4-125　通过复制、粘贴特效完成合成“t”

15）新建合成“字母组 1”，设置“Preset”为“PAL D1/DV”格式，“Duration”为 10s，如图 4-126 所示。

16）依次拖动合成“P”、合成“h”、合成“o”、合成“t”、合成“o”到时间线轨道，分别修改位置如图 4-127 所示。

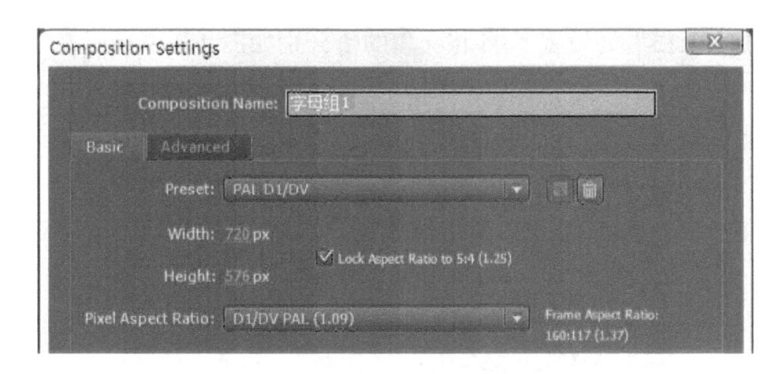

图 4-126　新建合成“字母组 1”

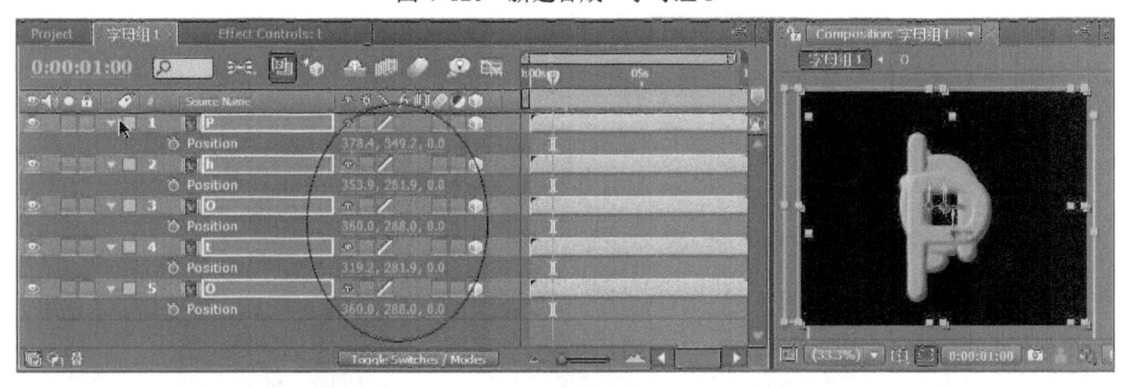

图 4-127　依次拖入合成字母并分别修改位置

17）选中所有图层按 <P> 键，这时会显示出所有选中层的位置属性“Position”，在“00:00:01:00”处打开位置前的关键帧触发按钮，分别设置值如图 4-128 所示。

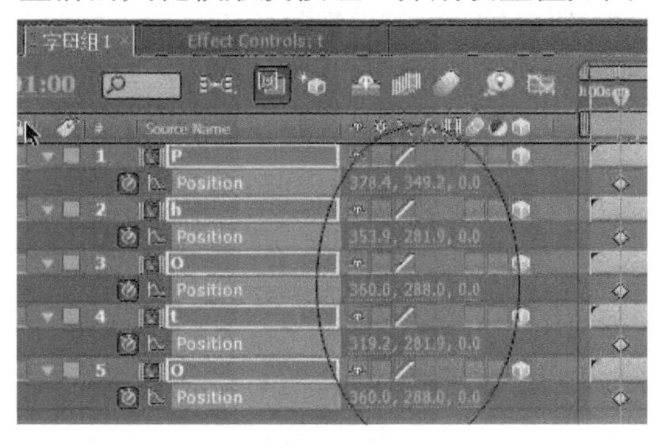

图 4-128　在“00:00:01:00”处打开所有层的关键帧触发按钮

小提示

选中图层，在英文输入状态下，按 <P> 键会显示位置属性“Position”，按 <S> 键会显示比例属性“Scale”，按 <R> 键会显示旋转属性“Rotation”，按 <T> 键会显示透明度属性“Opacity”。

18）在“00:00:01:15”处设置“Position”的值分别如图 4-129 所示。

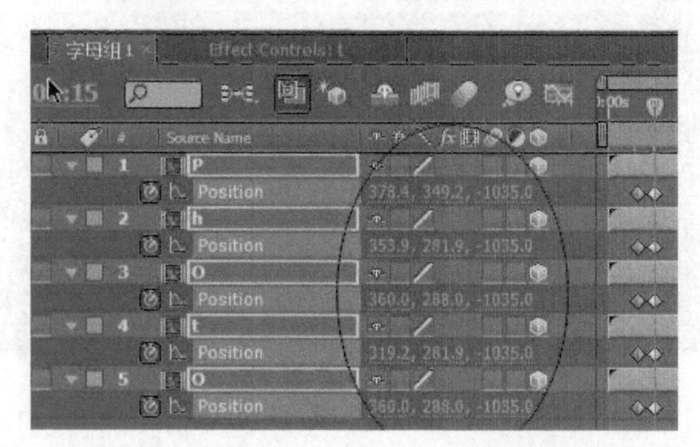

图 4-129　在“00:00:01:15”处分别设置各层的关键帧值

19）排列各层的位置关键帧如图 4-130 所示，实现文字逐个运动的效果，详见源文件。

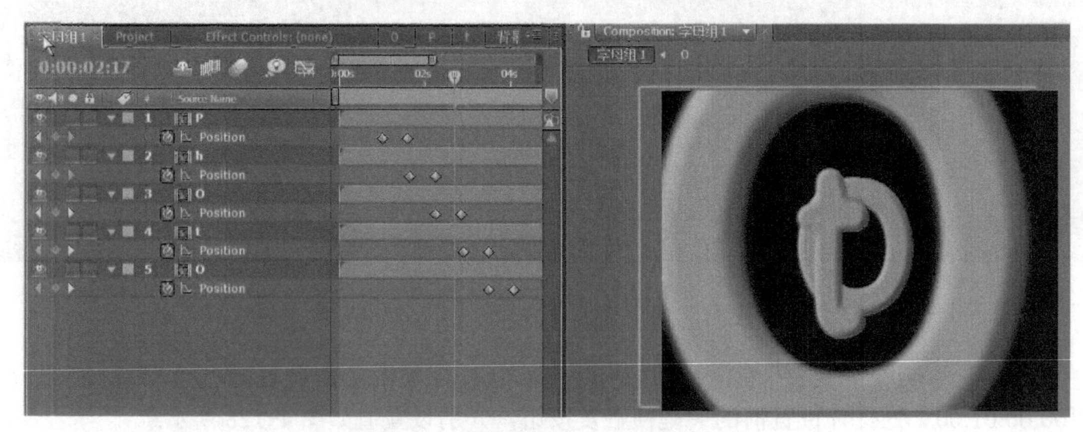

图 4-130　分别排列各层关键帧的位置

20）新建合成“字母组 2”，依次拖动合成“P”、合成“h”、合成“o”、合成“t”、合成“o”到时间线轨道，在“0:00:01:00”处打开层“P”的位置参数前的关键帧触发按钮，设置其值为“378.4”“349.2”“0”；打开“Z Rotation”前的关键帧触发按钮，设置其值为“0”×“0°”，如图 4-131 所示。

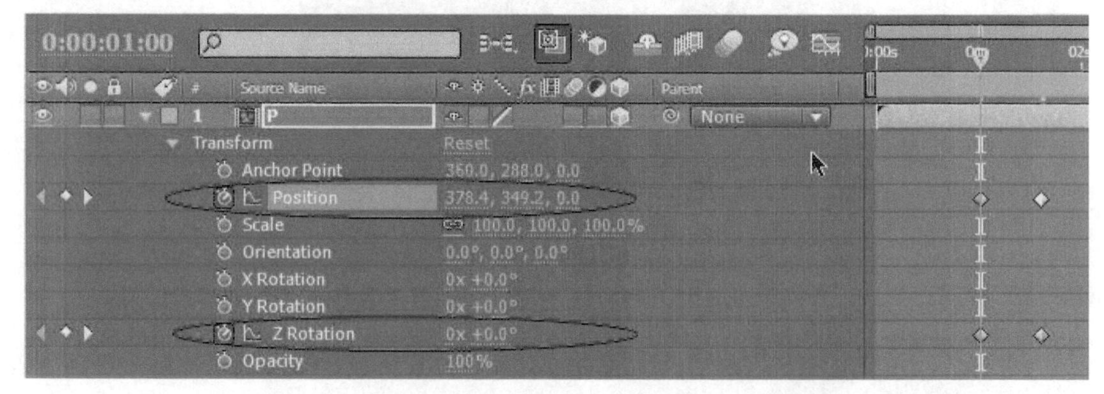

图 4-131　在“0:00:01:00 处设置“P”的位置和 Z 轴旋转关键帧值

21）在“0:00:01:15”处设置位置的关键帧值为“338.4”“349.2”“-1035”；设置“Z

Rotation”的关键帧值为“0”×“60°”，如图 4-132 所示。

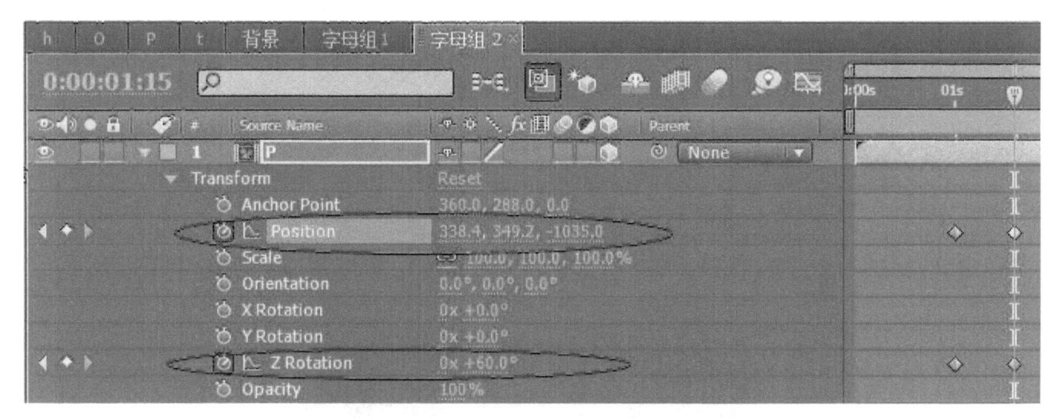

图 4-132　在“0:00:01:15”处设置“P”的位置和 Z 轴旋转关键帧值

22）复制合成“P”的所有属性到其他合成字母，把关键帧依次往后拖动，使上一个层的第二个关键帧和下一个层的第一个关键帧在同一位置，实现字母依次旋转放大的效果，如图 4-133 所示。

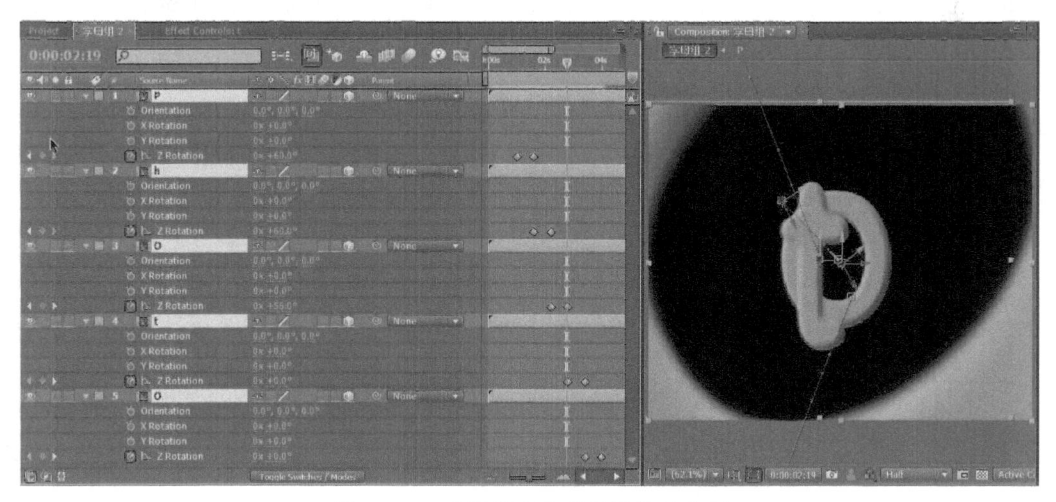

图 4-133　分别排列各层关键帧的位置

23）新建合成“字母组 3”，设置“Preset”为“PAL D1/DV”格式，“Duration”为 10s，如图 4-134 所示；拖动合成“字母组 2”到时间线轨道。

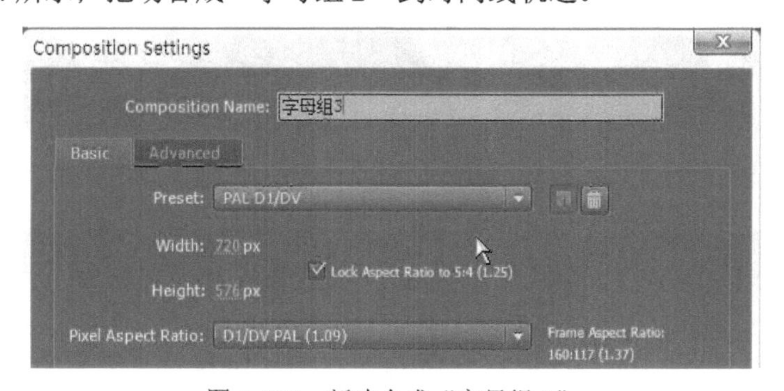

图 4-134　新建合成“字母组 3”

24）打开控制素材播放速度的选项“Stretch”，如图 4-135 所示。

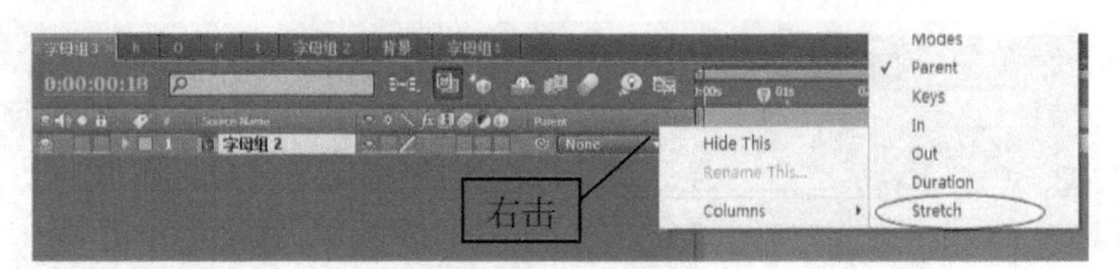

图 4-135　打开控制素材播放速度的选项“Stretch”

25）在弹出的菜单中设置播放为“-100”，也就是让素材倒放，如图 4-136 所示。

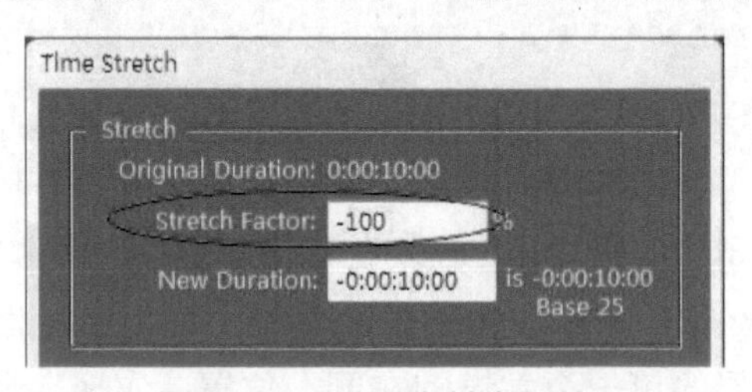

图 4-136　设置素材为倒放

26）现在可以看到，合成“字母组 2”成了红色，同时“字母组 2”实现了倒放，把合成“字母组 2”往后拖动，使结束处位于 4s，如图 4-137 所示。

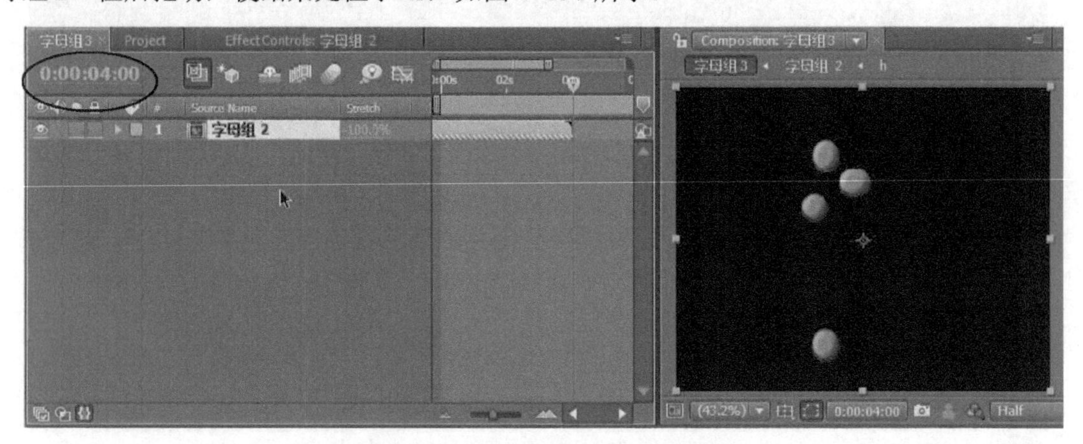

图 4-137　移动倒放素材的位置

27）在“0:00:00:00”处打开参数“Opacity”前的关键帧触发按钮，设置值为“100%”；在“0:00:04:00”处设置值为“0%”，实现合成的消失，如图 4-138 所示。

图 4-138　设置“字母组 2”的淡出效果

28）新建合成“字母组 4”，设置“Preset”为“PAL D1/DV”格式，“Duration”为 10s；依次拖动合成“P”、合成“h”、合成“o”、合成“t”、合成“o”到时间线轨道，如图 4-139 所示。

29）选中所有图层，按 <S> 键打开所有图层的比例属性，设置值为“50%”，如图 4-140 所示。

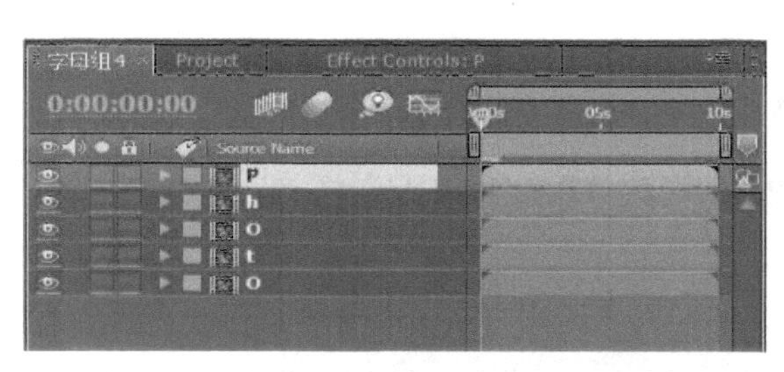

图 4-139　新建合成“字母组 4”并排列素材

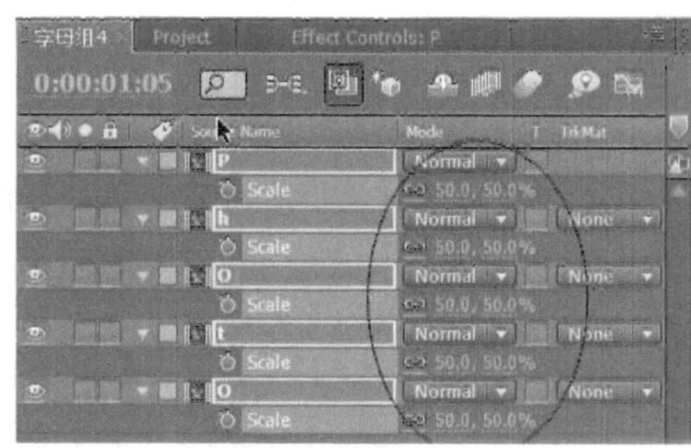

图 4-140　设置所有层的比例参数值为“50%”

30）按 <P> 键打开所有图层的位置属性，在“0:00:00:00”处打开位置前的关键帧触发按钮，分别设置其值如图 4-141 所示，注意每层的 X 轴值均相差 100。

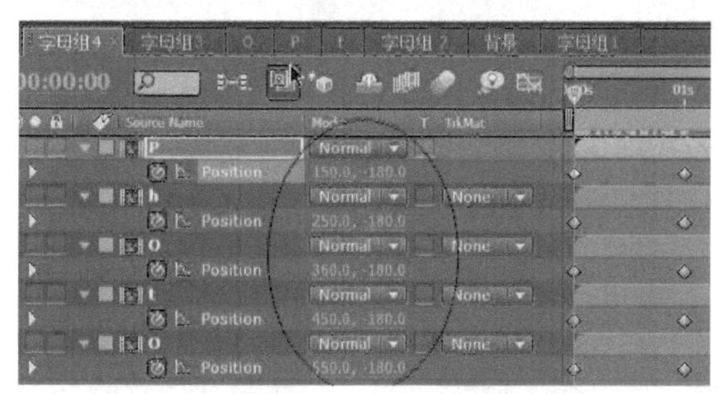

图 4-141　在“0:00:00:00”处分别设置各层的位置关键帧值

31）在“0:00:01:00”处分别设置位置参数的值如图 4-142 所示。

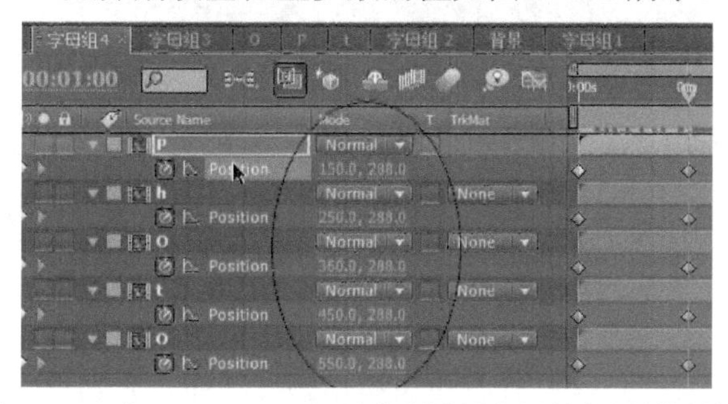

图 4-142　在“0:00:01:00”处分别设置各层的位置关键帧值

32）下面分别把各层的关键帧值依次往后拖动，使上一个层的第二个关键帧和下一个层的第一个关键帧在同一位置，实现字母的依次下落，如图 4-143 所示。

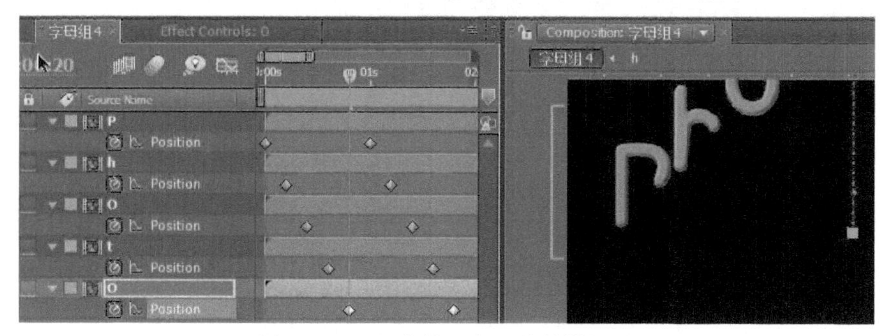

图 4-143　依次排列各层关键帧位置

小提示

在本例中，多次使用了关键帧复制后移的方法，这样可以节约做片时间，提高效率。

33）新建合成“图片组 1”，设置“Preset”为“PAL D1/DV”格式，“Duration”为 10s，如图 4-144 所示。

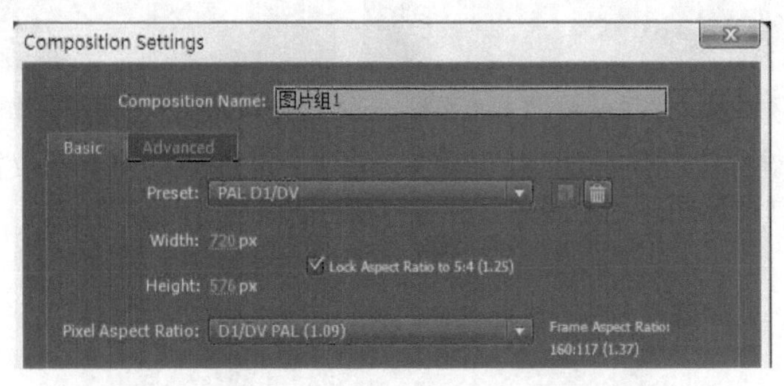

图 4-144　新建合成“图片组 1”

34）依次拖动图片“图片 1.psd”和“图片 2.psd”到时间线轨道，把它们的比例修改为“90%”，如图 4-145 所示。

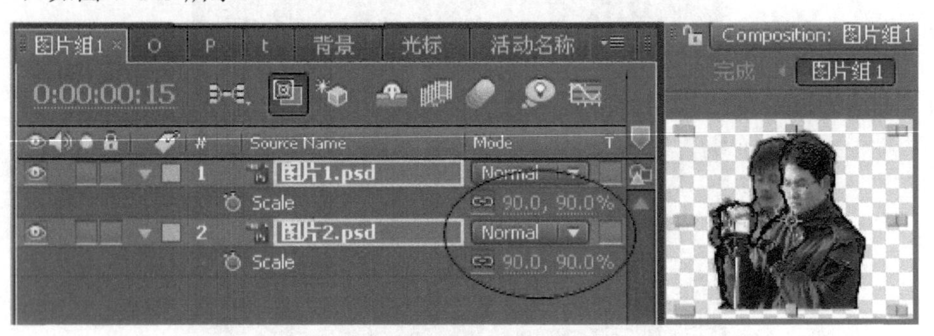

图 4-145　修改图片的比例为“90%”

35）在“0:00:00:00”处打开位置前的关键帧触发按钮，分别设置其值如图 4-146 所示，使图片分别在画面左右两侧的外边。

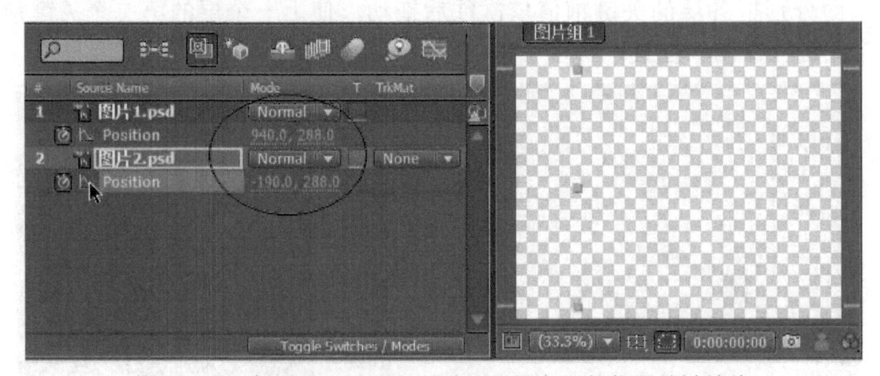

图 4-146　在“0:00:00:00”处分别设置各层的位置关键帧值

36）在“0:00:00:15”处设置各层的位置关键帧值分别如图 4-147 所示，实现图片水平移动到画面中间定格的效果。

图 4-147　在“0:00:00:15”处分别设置各层的位置关键帧值

37）新建合成“图片组 2”，设置“Preset”为“PAL D1/DV”格式，“Duration”为 10s；依次拖动图片“图片 3.psd”和“图片 4.psd”到时间线轨道，把它们的比例修改为“90%”，如图 4-148 所示。

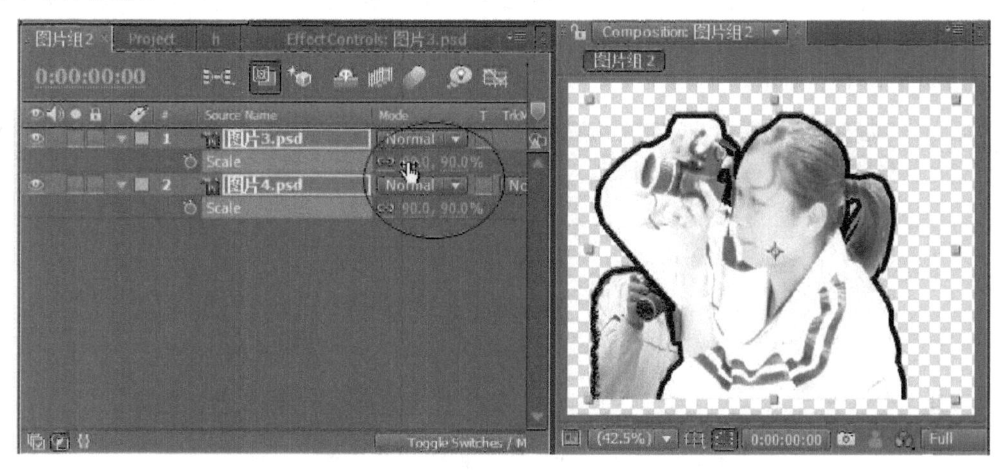

图 4-148　修改图片的比例为“90%”

38）在“0:00:00:00”处打开位置前的关键帧触发按钮，分别设置其值如图 4-149 所示，使图片分别在画面左右两侧的外边。

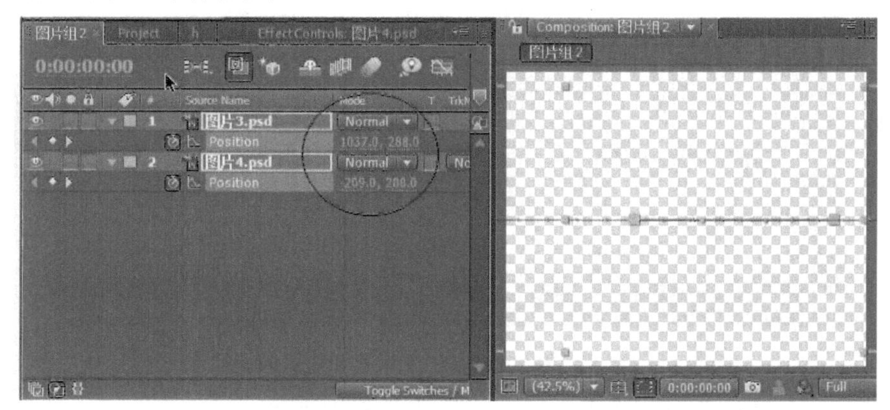

图 4-149　在“0:00:00:00”处分别设置各层的位置关键帧值

39）在“0:00:00:15”处设置各层的位置关键帧值分别如图 4-150 所示，实现图片水平移动到画面中间定格的效果。

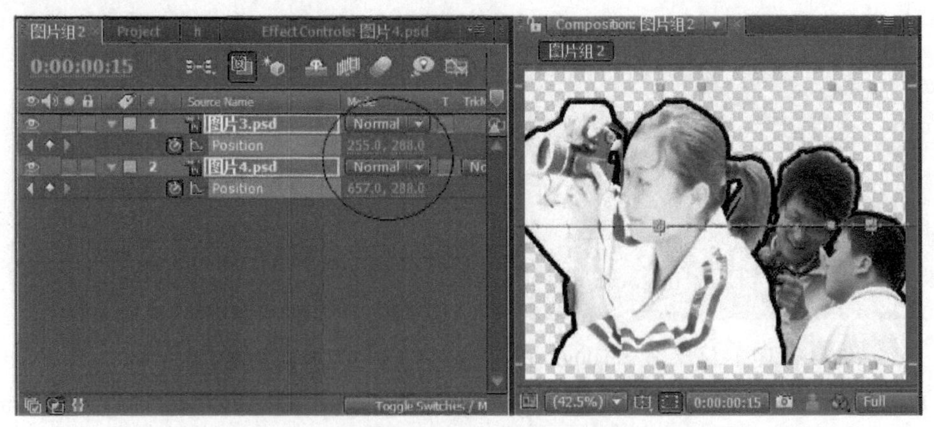

图 4-150　在“0:00:00:15”处分别设置各层的位置关键帧值

40）新建合成“图片组 3”，设置“Preset”为“PAL D1/DV”格式，“Duration”为 10s；拖动图片“图片 5.psd”到时间线轨道，修改位置到“360”“-288”，使图片位于画面上方，如图 4-151 所示。

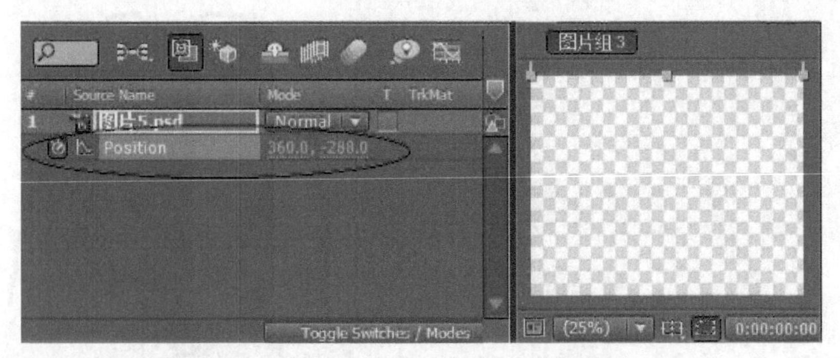

图 4-151　新建合成“图片组 3”并修改素材比例

41）在“0:00:00:00”处打开参数“Opacity”前的关键帧触发按钮，设置值为“0%”，让图片从透明开始呈现，如图 4-152 所示。

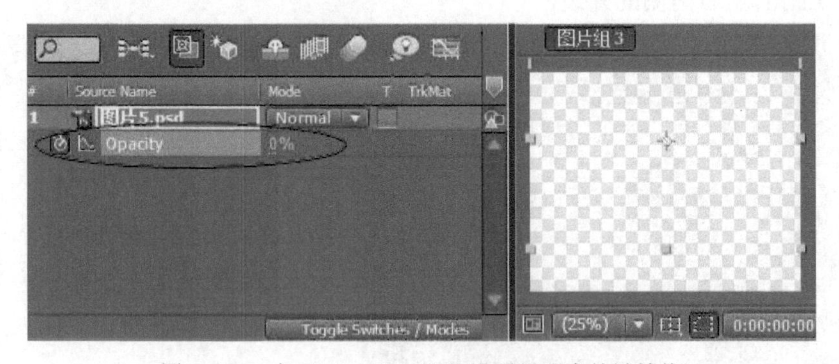

图 4-152　在“0:00:00:00”处设置透明度关键帧值

42）在“0:00:01:00”处设置参数“Opacity”的值为“100%”，如图 4-153 所示。

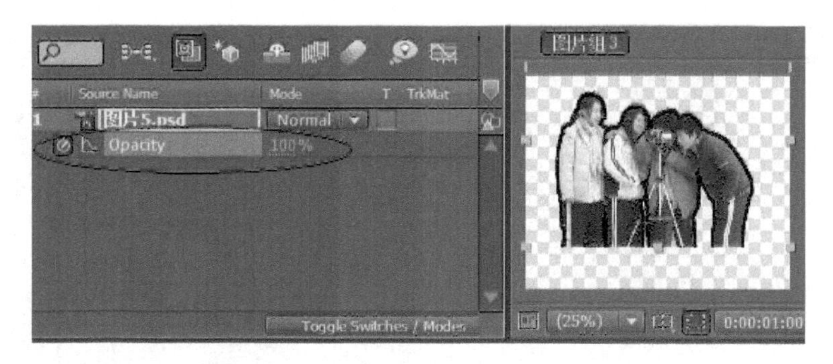

图4-153　在“0:00:01:00”处设置透明度关键帧值

43）新建合成“光标”，设置“Preset”为“PAL D1/DV”格式，“Duration”为10s，如图4-154所示；新建固态层“光标”，设置与合成大小相同的尺寸，颜色为“白色”（R=255、G=255、B=255），如图4-155所示。

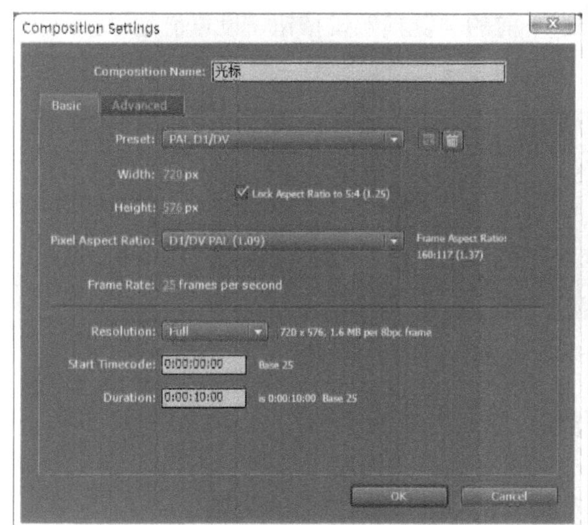

图4-154　新建合成“光标”

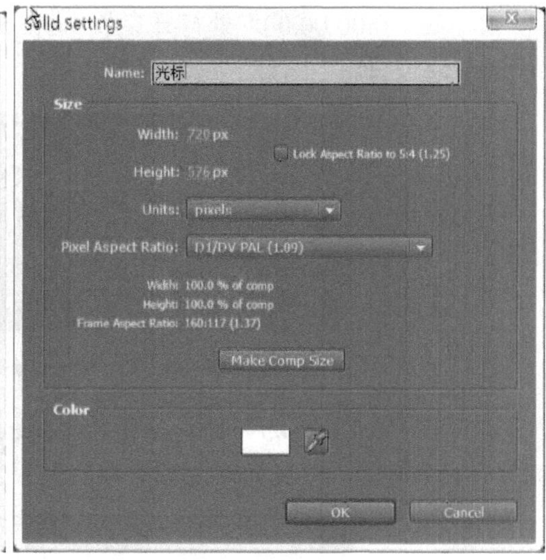

图4-155　新建固态层“光标”

44）用“矩形遮罩工具”在固态层上绘制矩形，制作出光标形状，如图4-156所示。

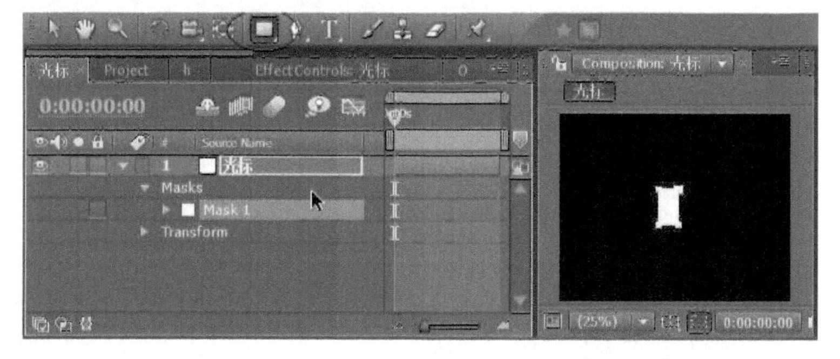

图4-156　用“矩形遮罩工具”绘制光标形状

45）为固态层添加“Glow”（发光）特效，设置参数“Glow Radius”（发光半径）为“20”，其余参数保持默认，如图4-157所示。

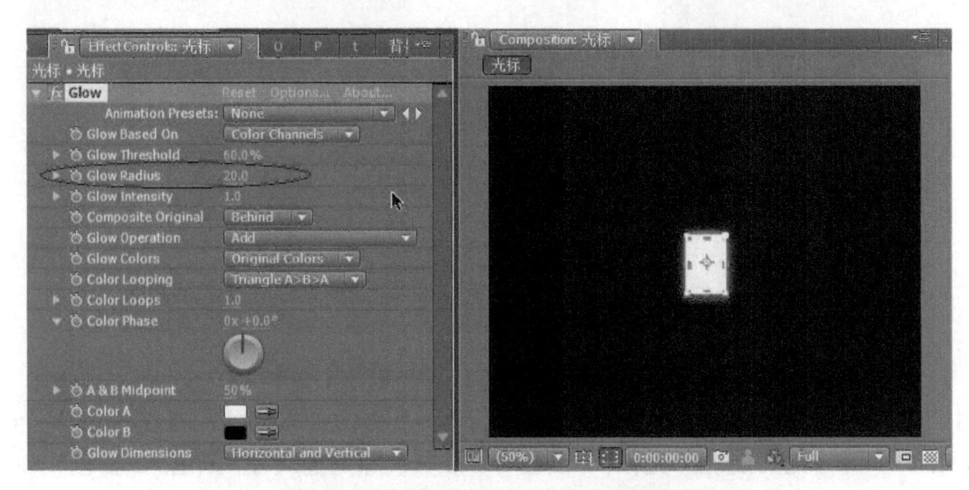

图 4-157　添加“Glow”特效并设置参数

46）在“0:00:00:00”处打开参数“Opacity”前的关键帧触发按钮，设置值为“100%”，如图 4-158 所示。

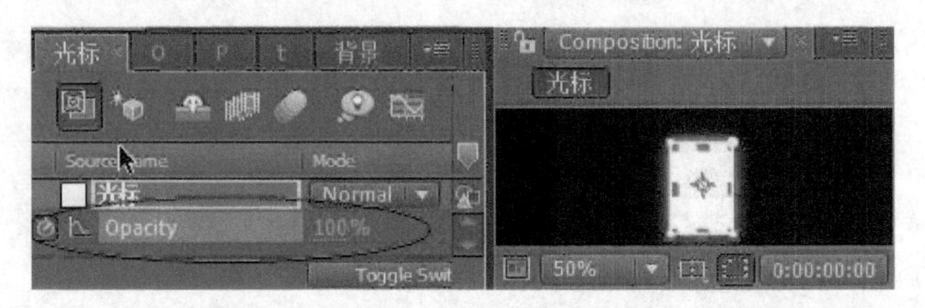

图 4-158　在“0:00:00:00”处设置透明度关键帧值

47）在“0:00:00:05”处打开参数“Opacity”前的关键帧触发按钮，设置值为“0%”，如图 4-159 所示，实现光标闪烁 5 帧的效果。

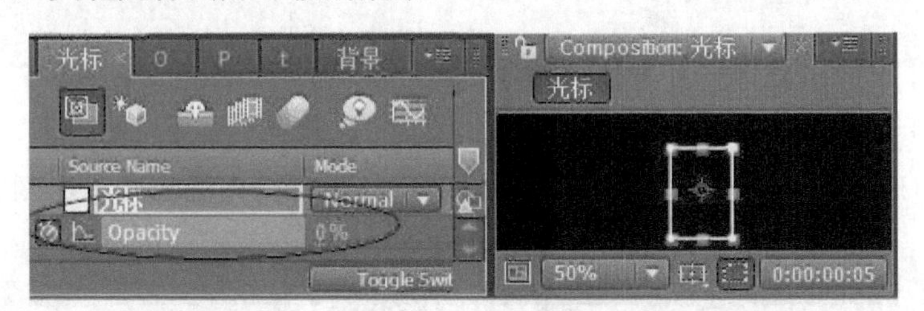

图 4-159　在“0:00:00:05”处设置透明度关键帧值

48）复制完成的两个关键帧进行粘贴，制作出多个关键帧，一直到“0:00:05:00”处，实现光标持续闪烁 5s 的效果，如图 4-160 所示。

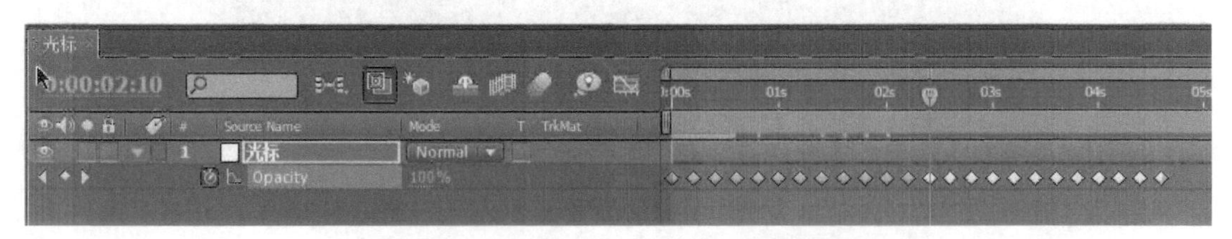

图 4-160　复制多个关键帧模拟光标闪烁效果

49）新建合成“活动名称”，设置“Preset”为“PAL D1/DV”格式，“Duration”为10s，如图 4-161 所示；新建固态层，添加“Path Text”（路径文字）特效，输入文字“摄影课程活动记录”，设置字体为“SimHei”，如图 4-162 所示。

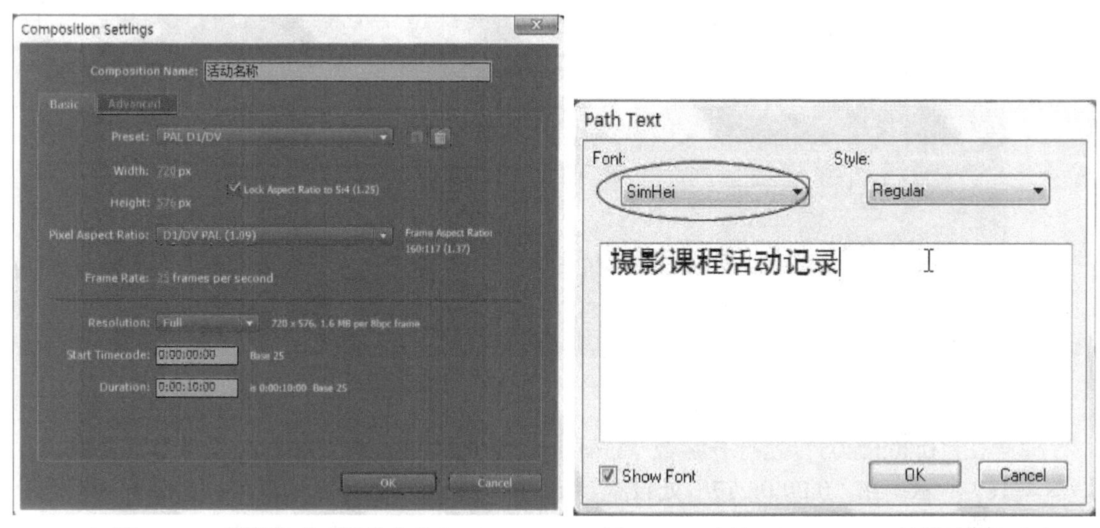

图 4-161　新建合成“活动名称”　　　　图 4-162　添加“Path Text”特效并输入文字

50）设置“Path Text”特效的参数“Shape Type”（形状类型）为“Line”（线性），“Fill Color”（填充色）为“白色”（R=255、G=255、B=255），如图 4-163 所示。

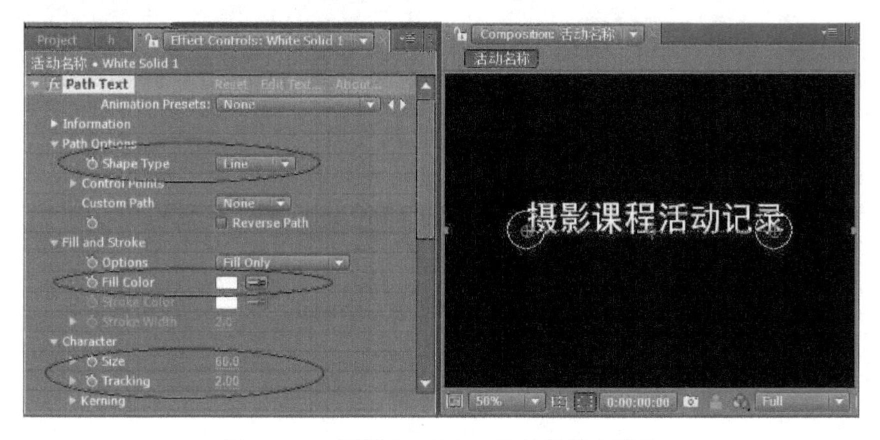

图 4-163　设置“Path Text”特效的参数值

51）在“0:00:00:00”处打开参数“Visible Characters”（可视字符）前的关键帧按钮，设置值为“0”，如图 4-164 所示；在“0:00:02:00”处设置参数“Visible Characters”的关值为“8”，使文字完全显示，如图 4-165 所示。

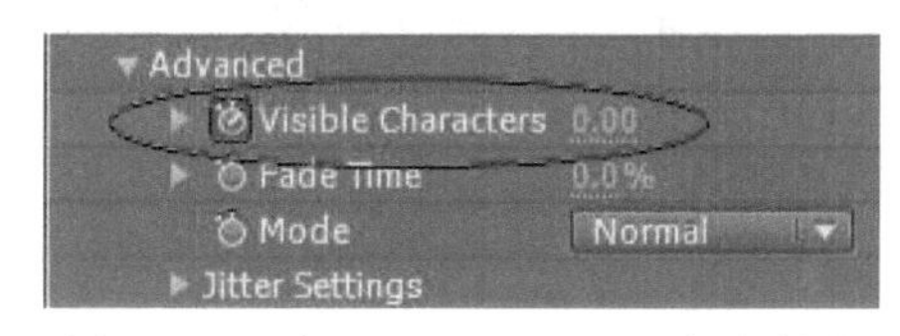

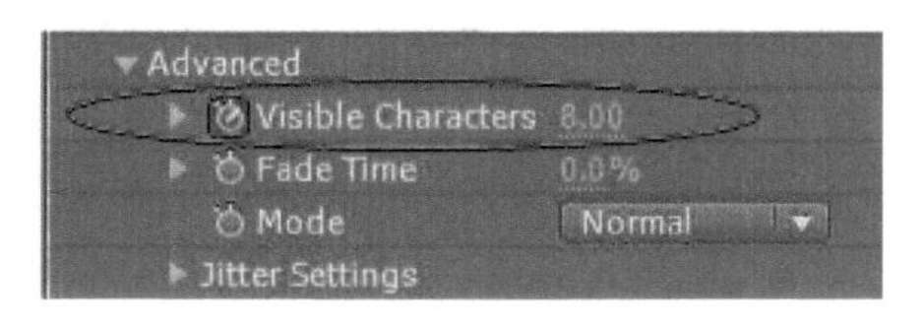

图 4-164　在“0:00:00:00”处的参数值　　　图 4-165　在“0:00:02:00”处的参数值

52）新建合成“完成”，设置“Preset”为“PAL D1/DV”格式，“Duration”为25s；依次拖动合成“背景”“字母组1”“图片组1”到时间线轨道，其中合成“图片组1”拖动到“0:00:04:02”处，如图4-166所示。

图4-166　新建合成“完成”并排列素材

53）在“0:00:05:05”处打开参数“Opacity”前的关键帧触发按钮，设置值为“0%”，如图4-167所示；在“0:00:05:17”处设置参数“Opacity”的值为“0%”，如图4-168所示。

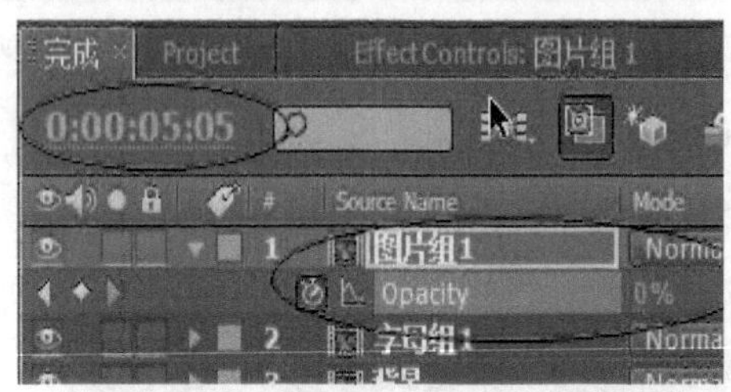

图4-167　在“0:00:05:05”处的参数值

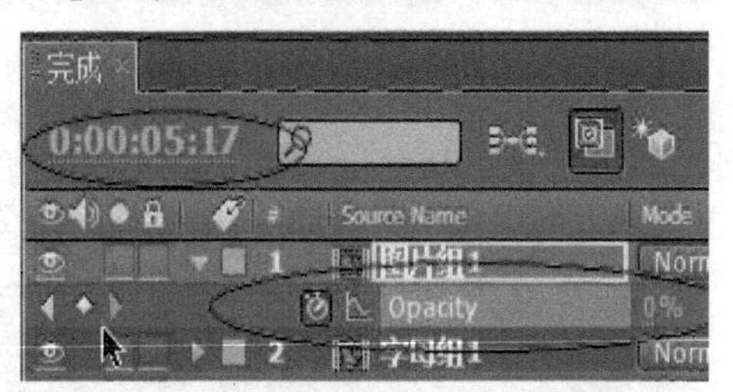

图4-168　在“0:00:05:17”处的参数值

54）将合成“字母组2”拖动到“0:00:05:02”处，如图4-169所示。

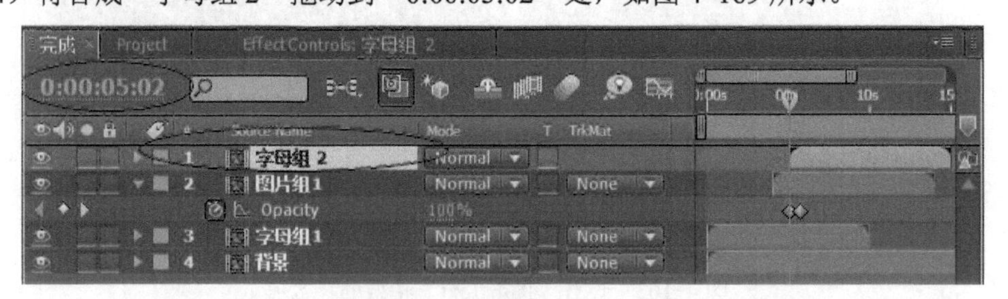

图4-169　拖动合成“字母组2”到“0:00:05:02”处

55）将合成“图片组2”拖动到“0:00:09:05”处，如图4-170所示。

图4-170　拖动合成“图片组2”到“0:00:09:05”处

56）在“0:00:10:05”处打开参数“Opacity”前的关键帧触发按钮，设置值为“100%”，如图4-171所示。

图4-171 在“0:00:10:05”处设置“图片组2”的透明度值

57）在“0:00:10:20”处设置参数“Opacity”的值为“0%”，如图4-172所示。

图4-172 在“0:00:10:20”处设置“图片组2”的透明度值

58）将合成“字母组3”拖动到“0:00:10:05”处，如图4-173所示。

图4-173 拖动合成“字母组3”到“0:00:10:05”处

59）将合成“图片组3”拖动到“0:00:12:10”处，如图4-174所示。

图4-174 拖动合成“图片组3”到“0:00:12:10”处

60）将合成“字母组4”拖动到“0:00:13:20”处，如图4-175所示。

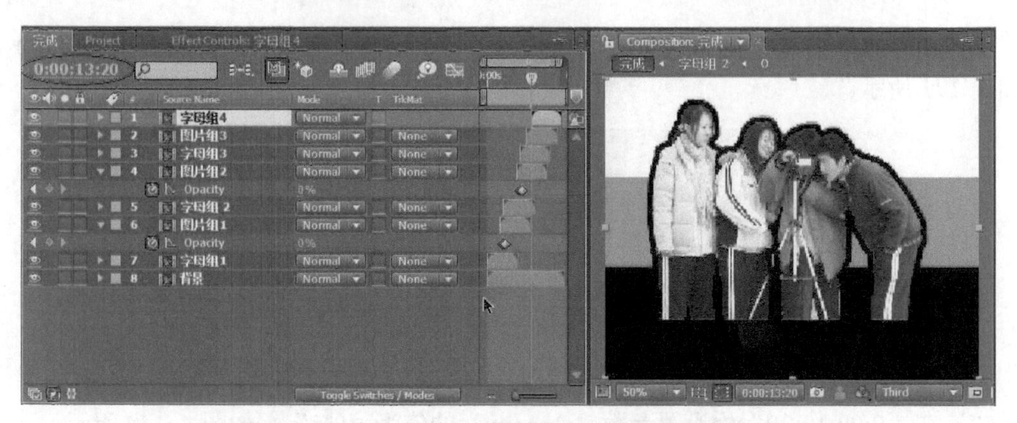

图 4-175　拖动合成“字母组 4”到“0:00:13:20”处

61）将合成“光标”拖动到“0:00:15:16”处，设置其位置为“110.0”“450”，如图 4-176 所示。

图 4-176　拖动合成“光标”到“0:00:15:16”处并设置位置

62）再拖动一次合成“光标”到“0:00:16:16”处，如图 4-177 所示。

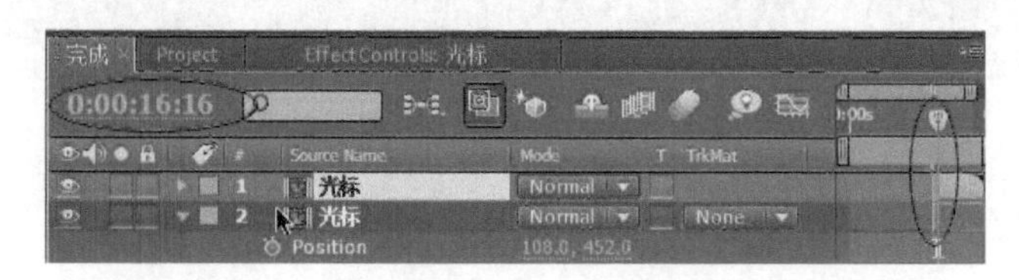

图 4-177　拖动合成“光标”到“0:00:16:16”处

63）将合成“活动名称”拖动到“0:00:16:16”处，设置其位置为“360”“496”，如图 4-178 所示。

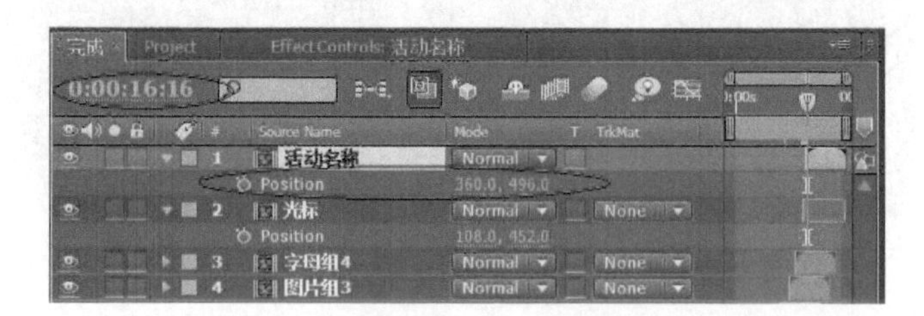

图 4-178　拖动合成“活动名称”到“0:00:16:16”处并设置位置

64）最后，把工作区域栏拖动到 20s 12 帧处合成影片，完成制作，如图 4-179 所示。

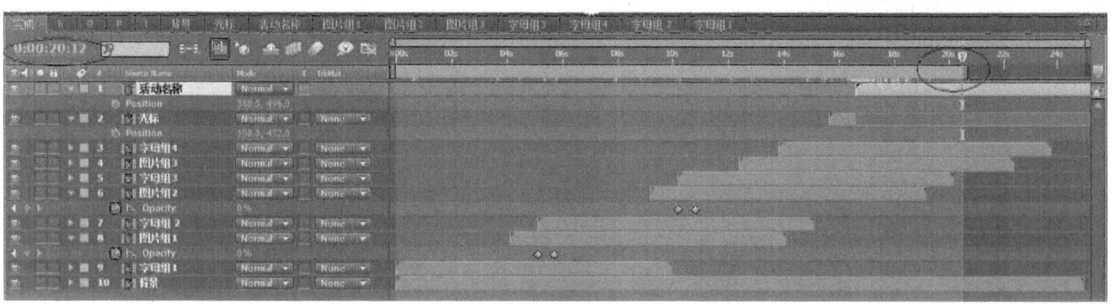

图 4-179　拖动工作区域栏拖动到 20s 12 帧处

我来归纳

本节通过“青年活动记录”片头的制作，主要学习了 After Effects CS4 的综合运用。通过本片头的制作可以看出，影片的风格要根据其内容进行适时的调整，表现积极向上、朝气蓬勃的影片，可以通过线条、色块等形式来烘托，同时要考虑到影片的节奏。

课后习题

以“青年文明号进社区活动”为题，制作一部表现青年文明号活动的宣传片。

4.5　新闻片主持人背景

任务描述

一部完整的影视片，仅有夺人眼球的片头还不够，还要有贯穿始终的协调统一的风格，包括背景、片花和片尾。本节中我们就要为新闻片设计用于安排主持人播报新闻的背景。

任务分析

新闻片要表现出大气的风范。作为主持人的背景，首先不能过于花哨，既然是背景，就要起到烘托主体的作用。这里，我们设计一个橙色基调的背景，表现出积极向上的精神；

通过一个网络球体的旋转，表现出新闻片涵盖内容的丰富；在画面的上角显示栏目名称，起到与整片首尾呼应的作用。

相关知识点

1. 掌握 After Effects 文字工具输入文字的方法和技巧
2. 掌握 After Effects 遮罩工具的方法和技巧
3. 掌握 After Effects 球体特效的方法和技巧
4. 掌握 After Effects 发光特效的方法和技巧
5. 掌握 After Effects 阴影特效的方法和技巧
6. 掌握 After Effects 纸牌飞舞特效的方法和技巧
7. 综合运用 After Effects 各类操作技能完成影视片的制作

操作步骤

1）打开软件 After Effects CS4，新建合成“网络”，设置“Prese”为“PAL D1/DV”格式，“Duration”为 5s，如图 4-180 所示；新建固态层“网络”，设置与合成大小相同的尺寸，如图 4-181 所示。

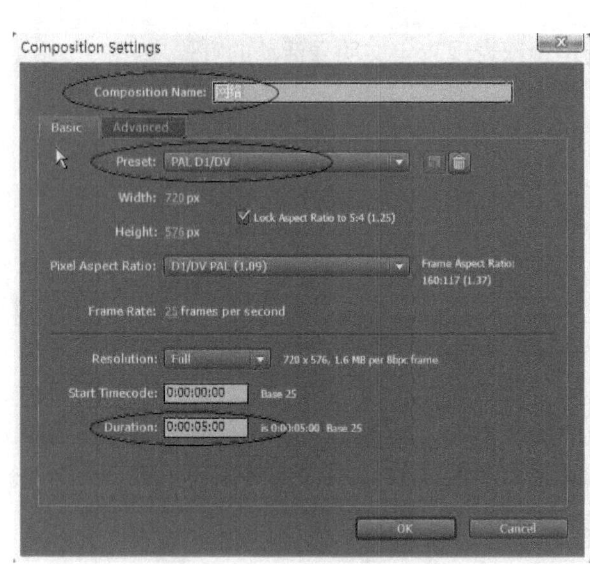

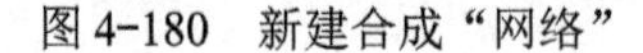

图 4-180　新建合成“网络”

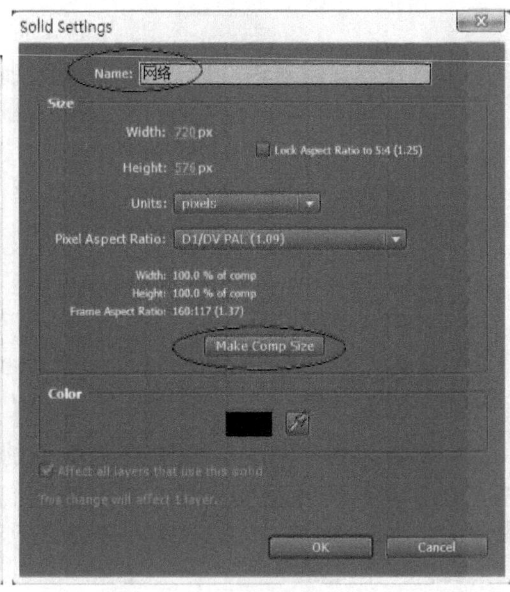

图 4-181　新建固态层“网络”

2）为固态层“网络”添加“Grid”特效，设置“Size From”参数为“Width & Height”，“Width”为“80”，“Height”为“80”，“Border”为“2”，“Color”为“白色”，如图 4-182 所示。

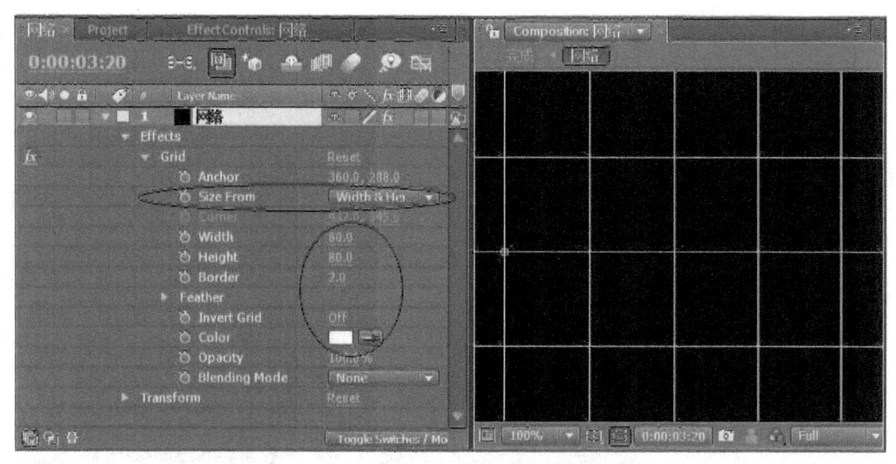

图 4-182　设置“Grid”特效的参数值

3）为固态层“网络”添加“Glow”特效，设置参数如图 4-183 所示。

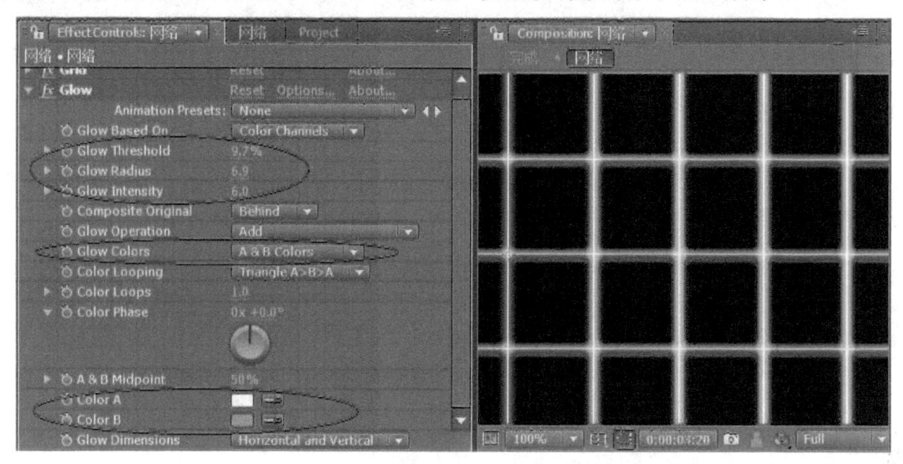

图 4-183　设置“Glow”特效的参数值

4）为固态层“网络”添加“CC Sphere”（球体）特效，设置“Radius”为“250”，在“0:00:00:00”处打开参数“Rotation Y”的值为“0°”，如图 4-184 所示。

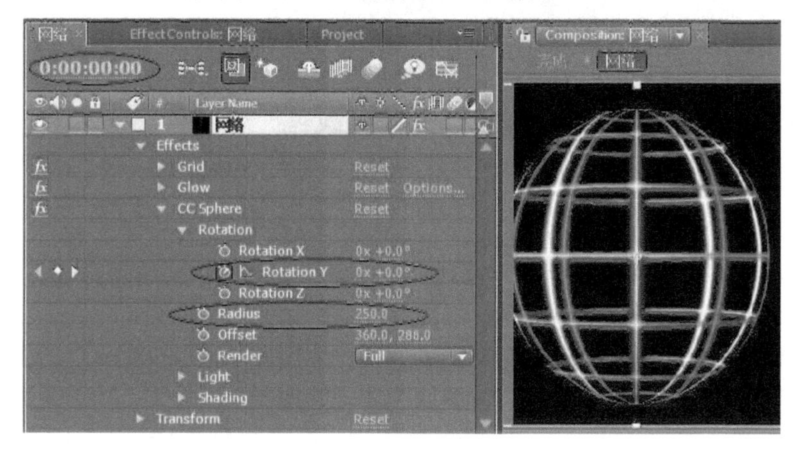

图 4-184　在“0:00:00:00”处设置“CC Sphere”特效的参数值

5）在“0:00:04:24”处设置参数“Rotation Y”参数的值为“1”×“180°”，制作出球体的形状，如图 4-185 所示。

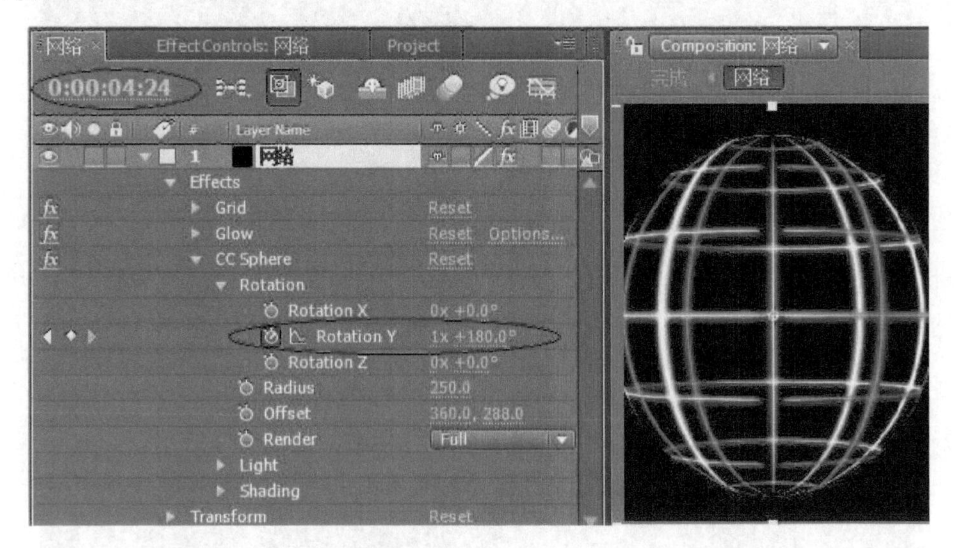

图 4-185　在“0:00:04:24”处设置“CC Sphere”特效的参数值

6）为固态层“网络”添加“Drop Shadow”特效，设置如图 4-186 所示的参数设置，为球体添加阴影效果。

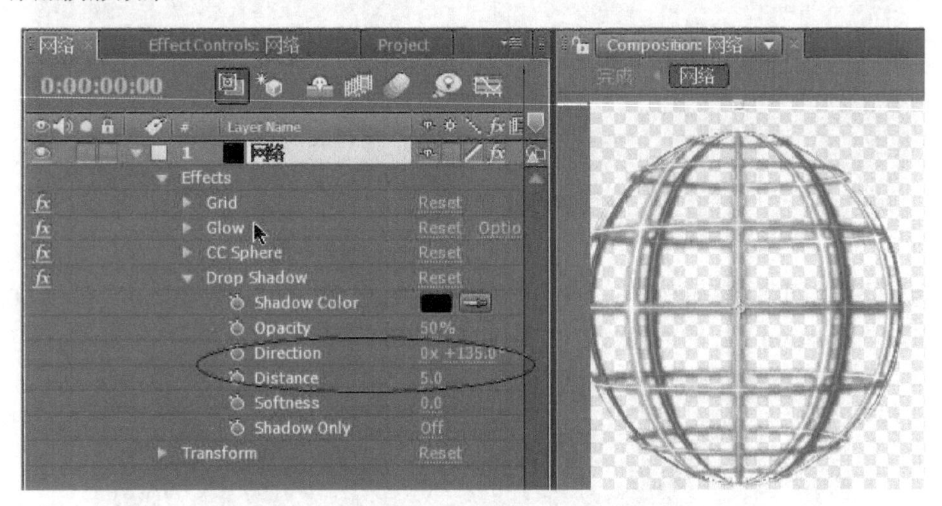

图 4-186　设置“Drop Shadow”特效的参数值

7）新建合成“遮挡”，设置“Preset”（预置）为“PAL D1/DV”格式，“Duration”为 5s，如图 4-187 所示；新建固态层“遮挡”，设置与合成大小相同的尺寸，颜色为“橙色”（R=255、G=144、B=0），如图 4-188 所示。

8）使用“矩形遮罩工具”绘制两个矩形遮罩，如图 4-189 所示。

9）利用两个遮罩矩形制作遮挡，效果如图 4-190 所示。

10）为“遮挡”层添加“Drop Shadow”特效，设置如图 4-191 所示的参数设置，为遮挡添加阴影效果。

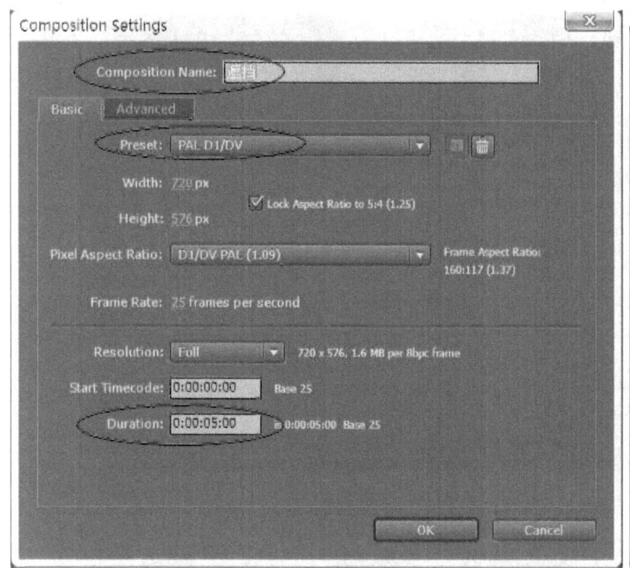

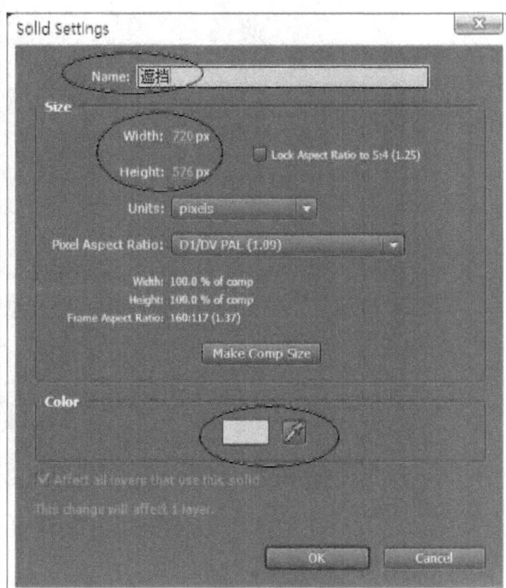

图 4-187　新建合成“遮挡”　　　　图 4-188　新建固态层“遮挡”

图 4-189　绘制矩形遮罩

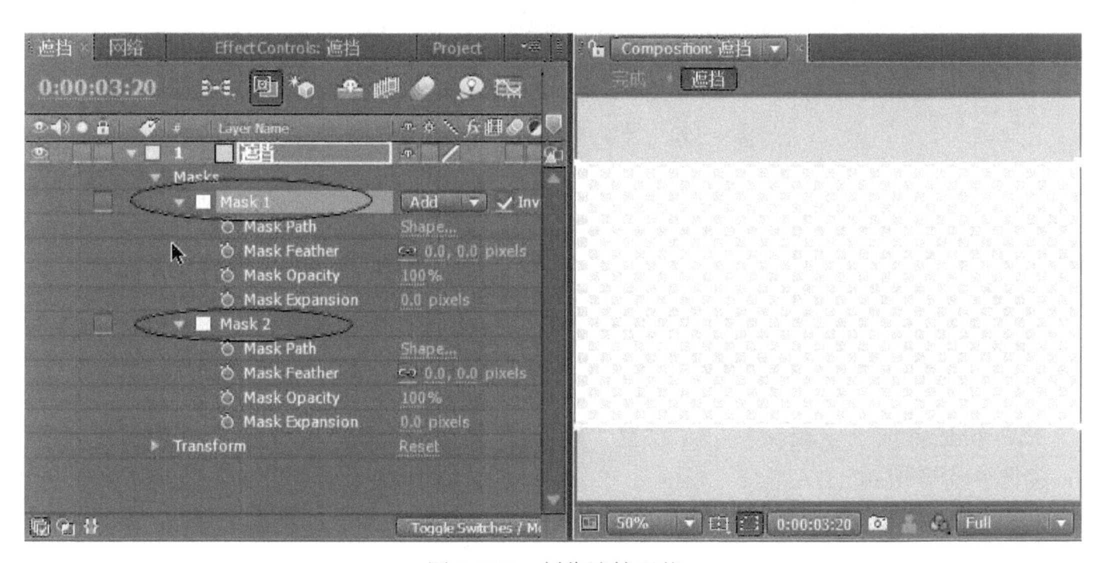

图 4-190　制作遮挡形状

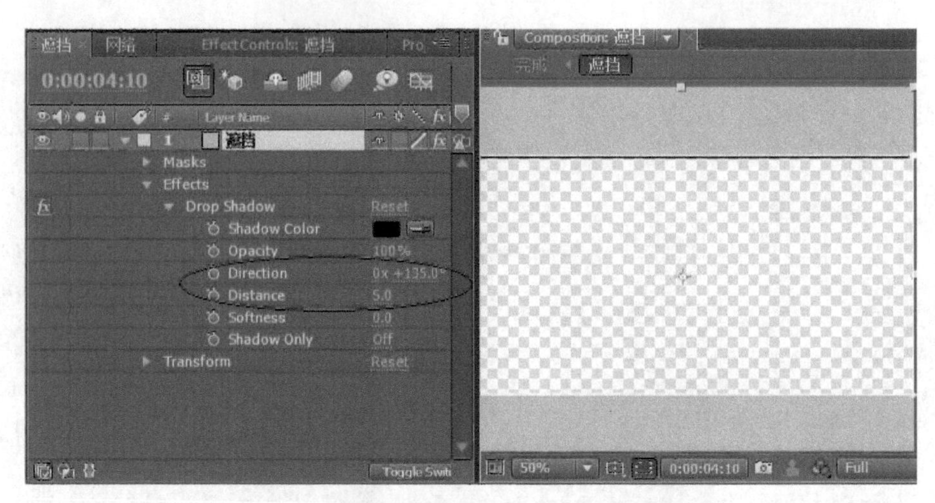

图 4-191　设置“Drop Shadow”特效的参数值

11）为“遮挡”层添加“Stroke”特效，设置“Path”参数为“Mask2”，描边颜色为“黑色”，笔刷大小为“2”，笔刷硬度为“79%”，为遮挡添加阴影效果，如图 4-192 所示。

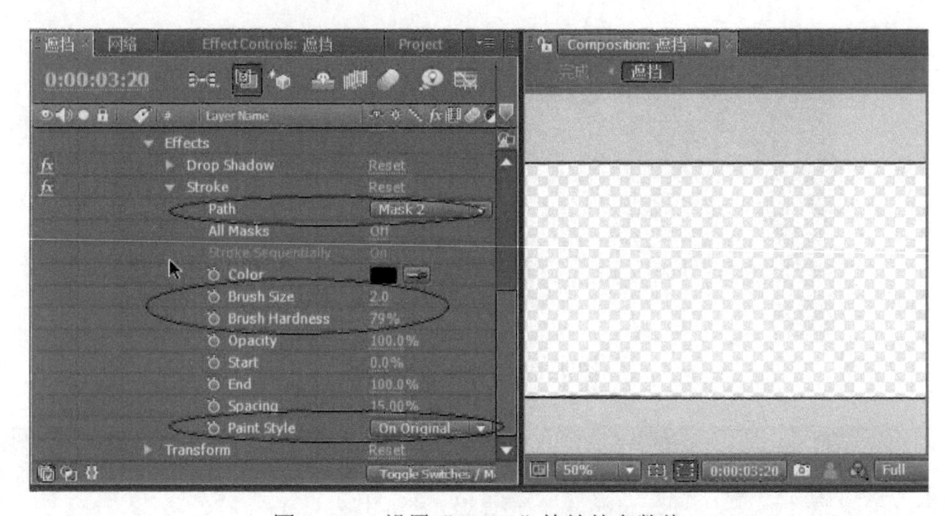

图 4-192　设置“Stroke”特效的参数值

小提示

为了制作出下面遮挡长条的黑色边框效果，这里使用的是描边特效，其实还有其他的方法实现，比如再加一个投影特效，设置投影的角度为向上，同学们不妨试试。

12）新建合成“学校文字”，设置“Preset”为“PAL D1/DV”格式，“Duration”为 5s，如图 4-193 所示。

13）使用“文字输入工具”输入文字“金陵职业教育中心”，设置字体为“LiSu”（宋体），字号为“72”，字距为“100”，如图 4-194 所示。

14）为文字层添加比例动画（“Animate”→“Scale”），如图 4-195 所示。

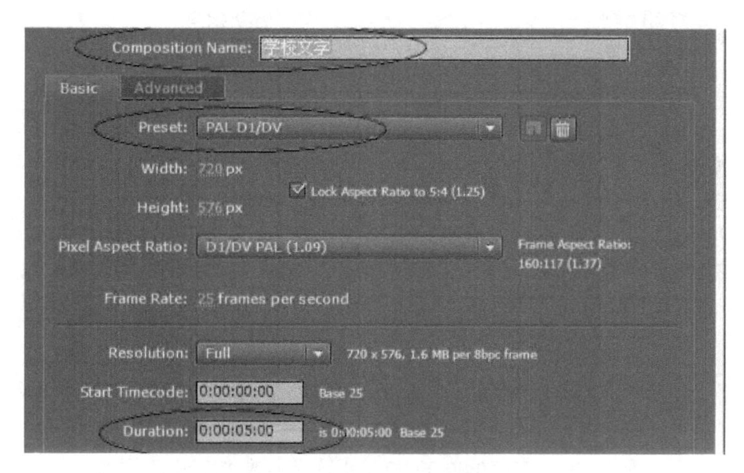

图 4-193 新建合成“学校文字”

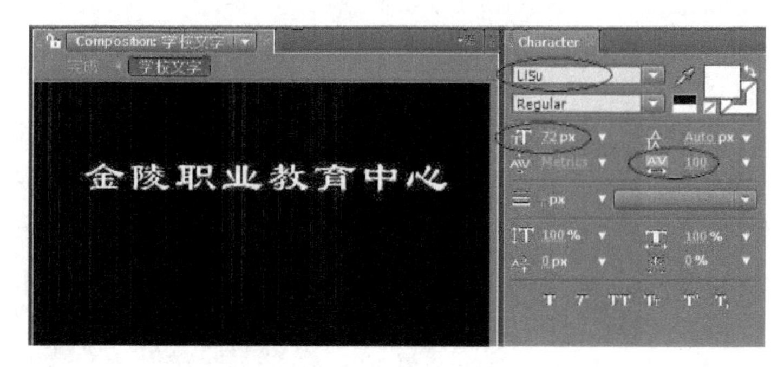

图 4-194 输入文字“金陵职业教育中心”

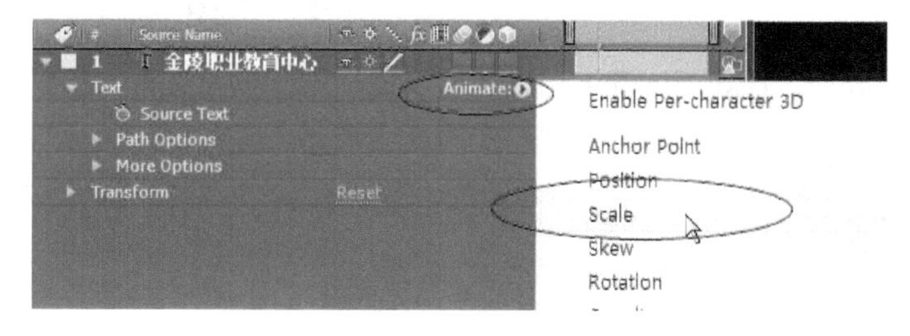

图 4-195 为文字添加比例动画

如果想制作文字的动画效果，就需使用“文字输入工具”，而不能使用基本文字的特效。如果在时间线轨道没有看到动画菜单“Animate”，可以按 <F4> 键切换。

15）设置参数“Scale”的值为“0%”，在“0:00:00:00”处设置参数“Offset”的值为“0%”，这时文字是不可见的，如图 4-196 所示。

16）在“0:00:02:00”处设置参数“Offset”的值为“100%”，这时文字已经显示完毕，如图 4-197 所示。

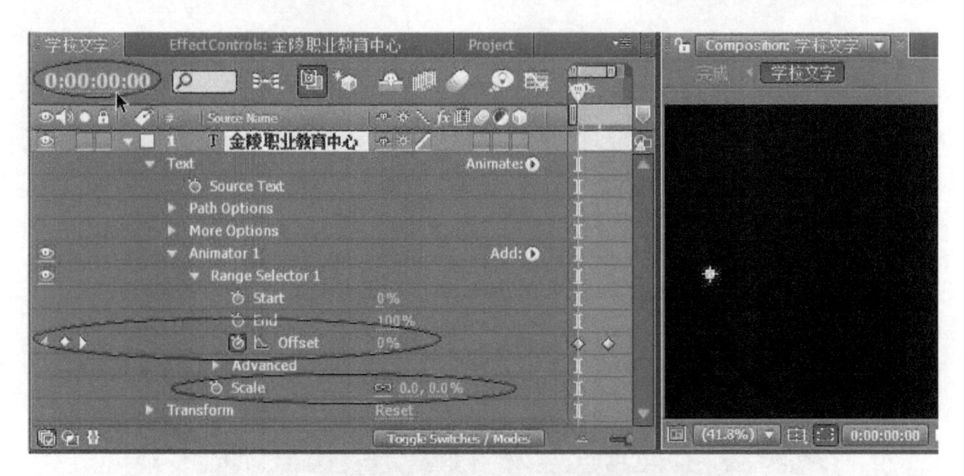

图 4-196　在“0:00:00:00”处设置参数“Offset”的值

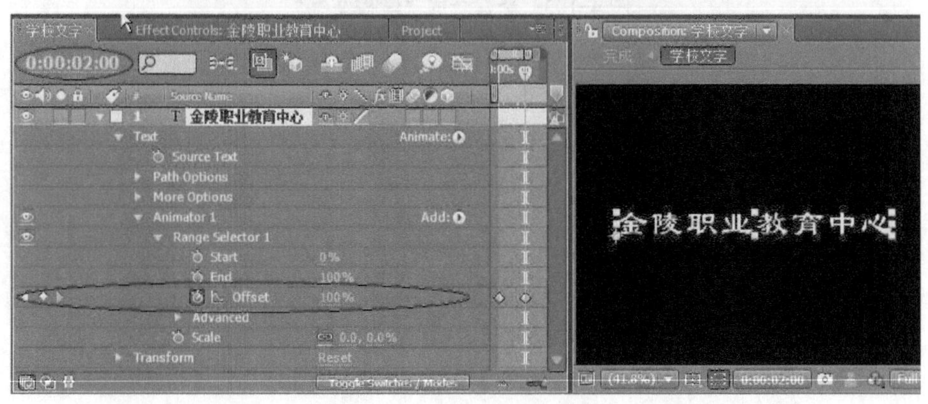

图 4-197　在“0:00:02:00”处设置参数“Offset”的值

17）为文字层添加“Drop Shadow”特效，设置“Direction”为“135°”，“Distance”（距离）为“5”，为文字添加投影效果，如图 4-198 所示。

图 4-198　设置“Drop Shadow”特效的参数值

18）新建合成“栏目文字”，设置“Preset”为“PAL D1/DV”格式，“Duration”为 5s，如图 4-199 所示；新建固态层“亮片”，设置与合成大小相同的尺寸，颜色为“黄色”，如图 4-200 所示。

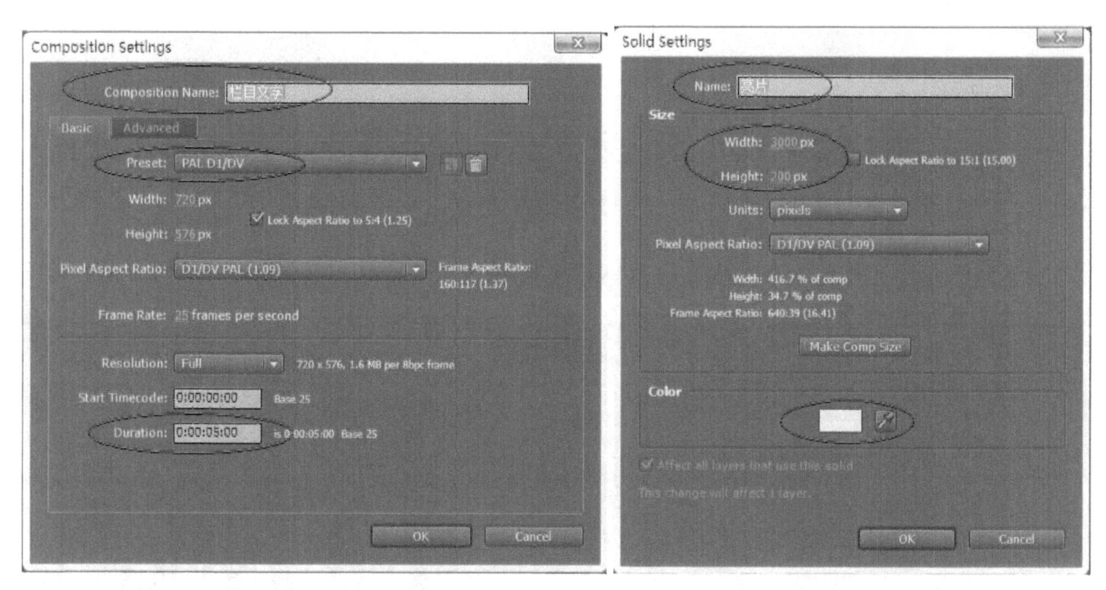

图 4-199　新建合成“栏目文字”　　　　图 4-200　新建固态层“亮片”

19）在“0:00:01:11”处打开参数“Opacity”前的关键帧触发按钮，设置值为“100%”，如图 4-201 所示。

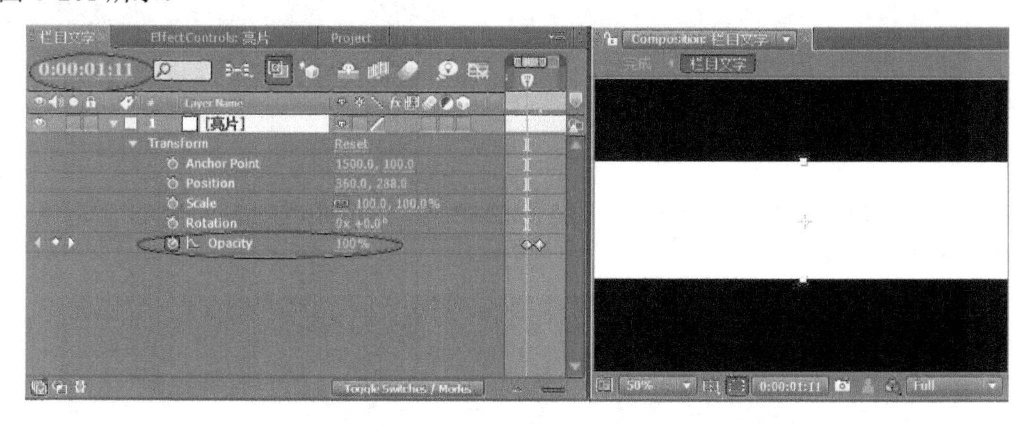

图 4-201　在“0:00:01:11”处设置参数“Opacity”的值

20）在“0:00:02:00”处设置参数“Opacity”的关键帧值为“60%”，如图 4-202 所示。

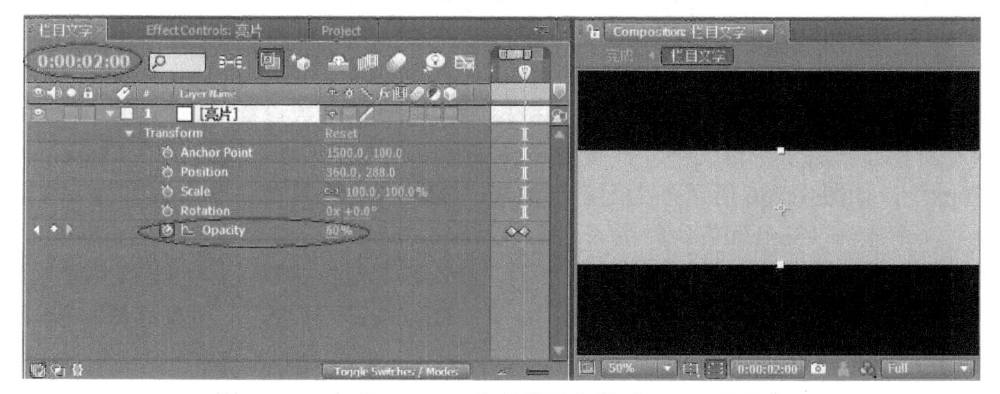

图 4-202　在“0:00:02:00”处设置参数“Opacity”的值

小提示

这里设置半透明效果是为了在栏目展示的后半段突出栏目名称。在做片时要时刻注意，再花哨的特效都是为了突出主体而设计，决不能喧宾夺主、本末倒置。

21）为固态层“亮片”添加“Card Wipe”（纸牌擦除）特效，设置参数如图 4-203 所示。

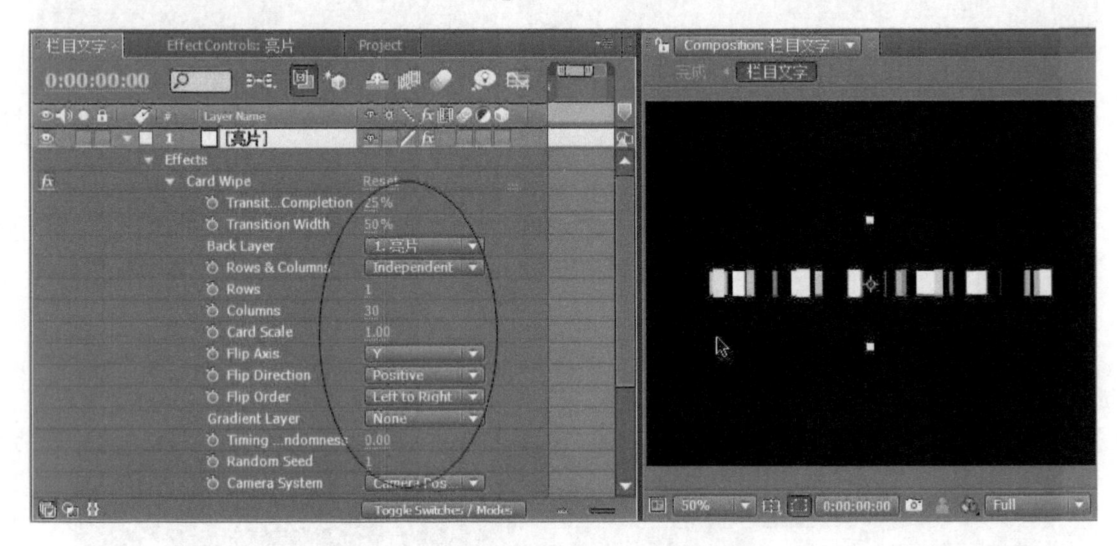

图 4-203 设置“Card Wipe”特效的值

22）设置参数类“Position Jitter”（位置跳动）和“Rotation Jitter”（旋转跳动）的参数值如图 4-204 所示。

Position Jitter		Rotation Jitter	
X Jitter Amount	5.00	X Rot J... Amount	0.00
X Jitter Speed	1.00	X Rot J...r Speed	1.00
Y Jitter Amount	0.00	Y Rot J... Amount	300.00
Y Jitter Speed	1.00	Y Rot J...r Speed	1.00
Z Jitter Amount	10.00	Z Rot J... Amount	0.00
Z Jitter Speed	1.00	Z Rot J...r Speed	1.00

图 4-204 设置参数类“Position Jitter”和“Rotation Jitter”的值

23）为固态层“亮片”添加“Glow”特效，保持默认的参数设置，如图 4-205 所示。

24）新建固态层“栏目文字”，设置与合成大小相同的尺寸，宽度为“720px”，高度为“576px”，如图 4-206 所示；为固态层添加“Basic Text”特效，输入文字为“校园新闻零距离”，字体为“SimHei”，如图 4-207 所示。

25）设置基本文字特效的参数“Size”为“80”，其他保持默认；为固态层添加“Drop Shadow”特效，设置“Direction”为“135°”，“Distance”为“5”，为文字添加投影效果，如图 4-208 所示。

26）为固态层“栏目文字”添加“Card Wipe”特效，设置参数如图 4-209 所示。

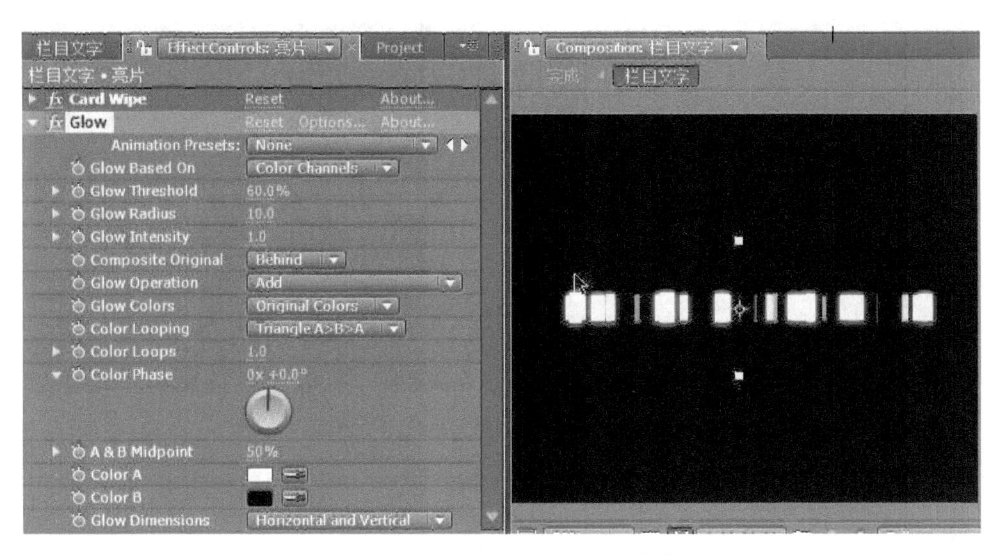

图 4-205　设置“Glow”特效的值

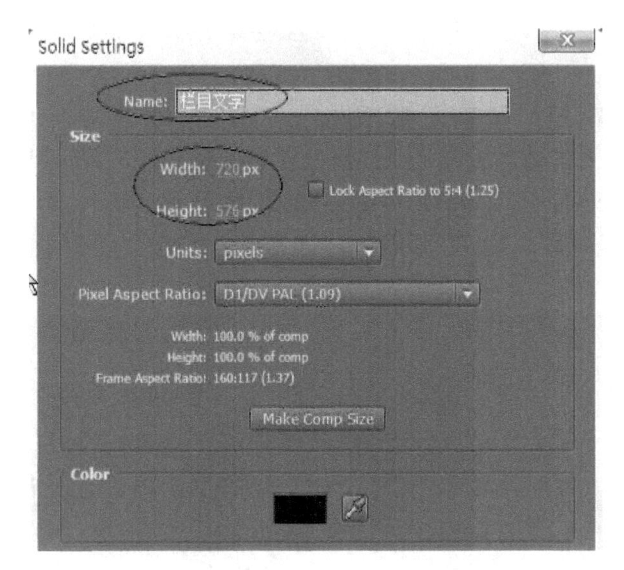

图 4-206　新建固态层“栏目文字”

图 4-207　设置“Basic Text”特效的参数值

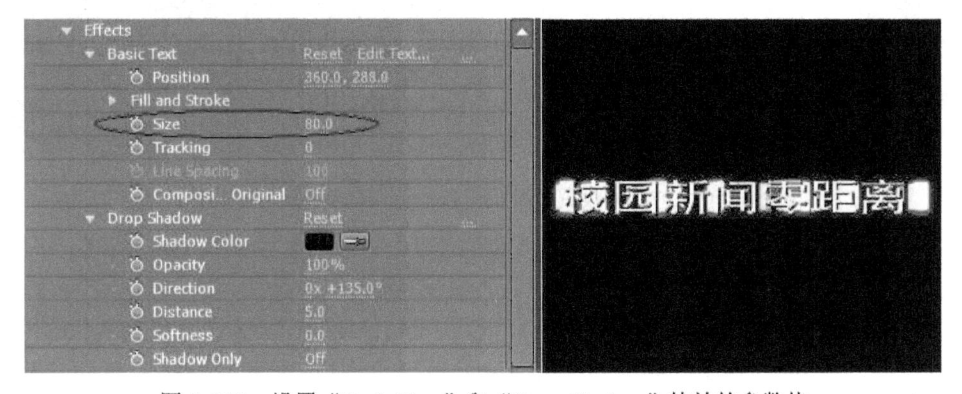

图 4-208　设置“Basic Text”和“Drop Shadow”特效的参数值

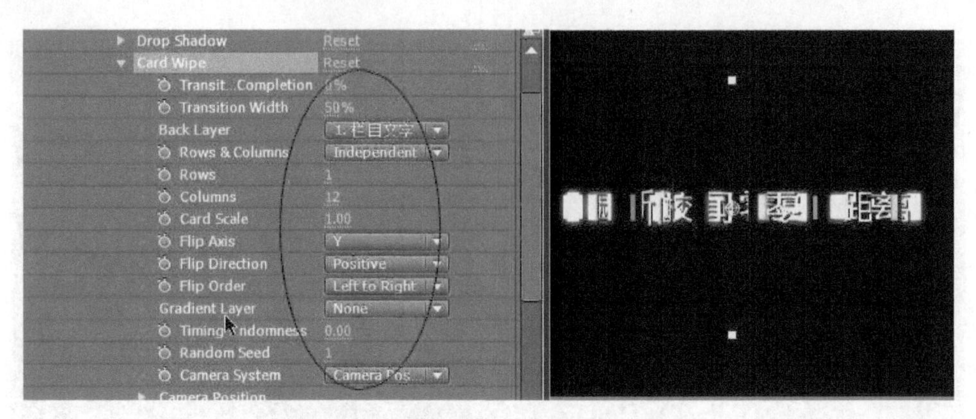

图 4-209　设置“Card Wipe”的参数值

小提示

这里为文字添加“Card Wipe”特效完全可以通过复制“亮片”的特效实现，只需修改个别参数即可。

27）打开“Position Jitter”（位置跳动）类别，在“0:00:01:07”处打开参数“X Jitter Amount”和“Z Jitter Amount”前的关键帧触发按钮，分别设置参数值为“5”和“1”；打开“Rotation Jitter”（旋转跳动）类别，在“0:00:01:07”处打开参数“Y Rotation Amount”前的关键帧触发按钮，分别设置参数值为“100”，如图 4-210 所示，完成文字的反转效果。

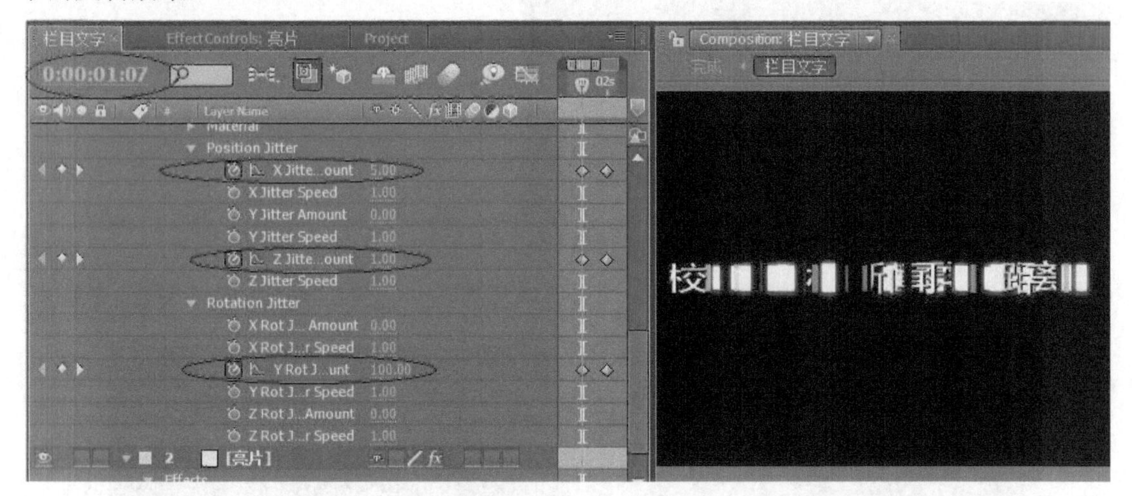

图 4-210　在“0:00:01:07”处设置参数类“Position Jitter”和“Rotation Jitter”的值

28）在“0:00:02:00”处分别设置 3 个参数的值为“0”，让文字停止跳动并归为原位，如图 4-211 所示。

29）新建合成“完成”，设置“Preset”为“PAL D1/DV”格式，“Duration”为 5s；拖动图片素材“2.bmp”，为图片添加“Hue/Saturation”（色相/饱和度）特效，设置参数“Colorize Hue”的值为“47° ”，完成背景的设置，如图 4-212 所示。

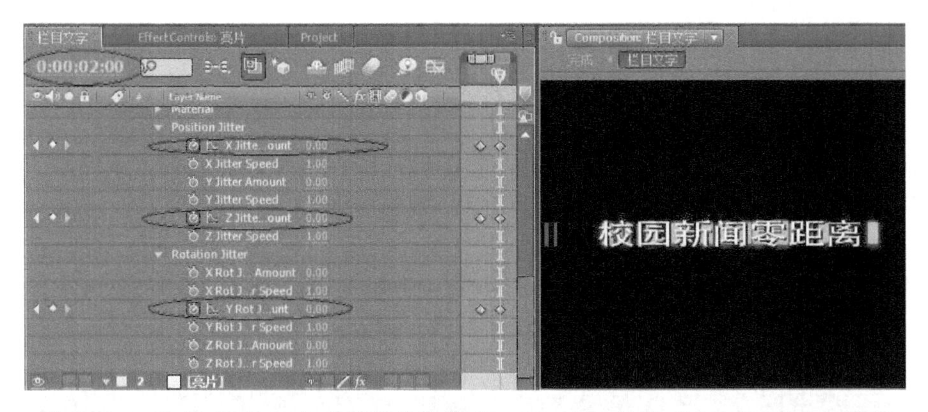
图 4-211 在“0:00:02:00”处设置参数类“Position Jitter”和“Rotation Jitter”的值

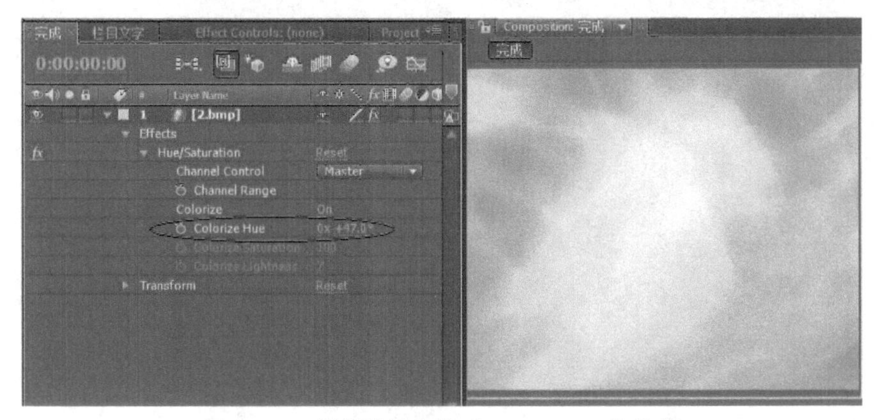
图 4-212 设置特效参数“Colorize Hue”的值

小提示

通过对现有素材调色以达到整体协调的目的是做片中常用的手法。新版本 After Effects 软件的调色功能在某些程度上已经可以和 Photoshop 相媲美。

30）在“0:00:00:00”处依次拖入合成“网络”“遮挡”“学校文字”；在“0:00:02:00”处拖入合成“栏目文字”，完成本例的制作，如图 4-213 所示。

图 4-213 拖入素材并排列

知识拓展

“Card Wipe”特效是一个变化繁多、在实际做片中经常用到的特效。本例中只运用了其中部分参数，下面我们就用一个实例来学习该特效的参数应用。

1）打开软件 After Effects，新建合成“文字 1”，设置“Preset”为“Web Video，320×240”格式，“Duration”为 5s，如图 4-214 所示；新建黄色（R=255、G=255、B=0）固态层，设置与合成大小相同的尺寸，如图 4-215 所示。

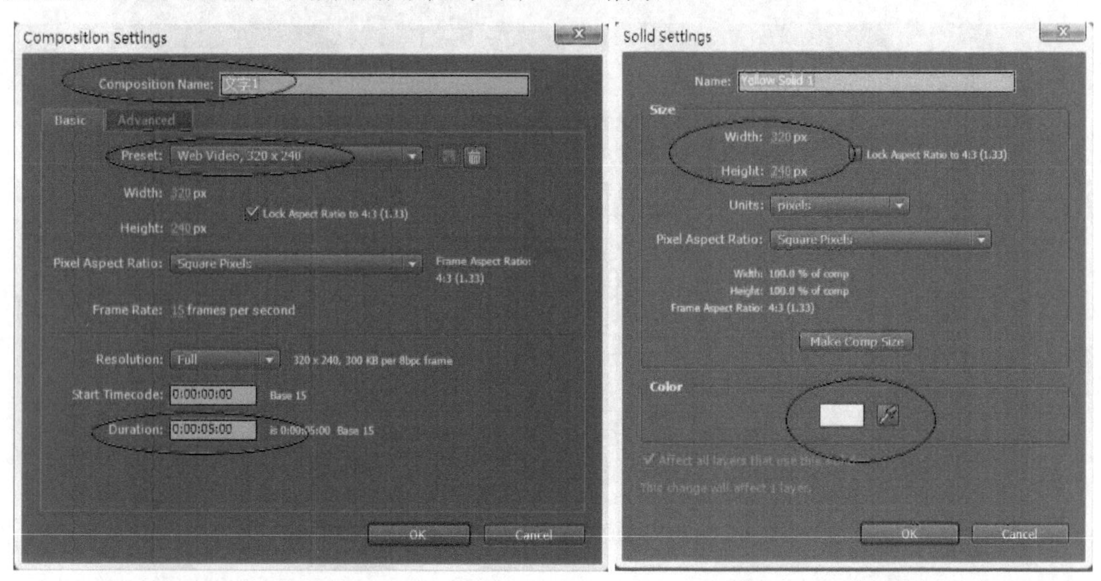

图 4-214　新建合成“文字 1”　　　　图 4-215　新建固态层

2）拖动黄色固态层到时间线，用“文字工具”输入文字“影音综合实训教程”，设置字体为“SimHei”，字号为“40”，字符间距为“11”，颜色为“墨绿色”（R=9、G=65、B=0），如图 4-216 所示。

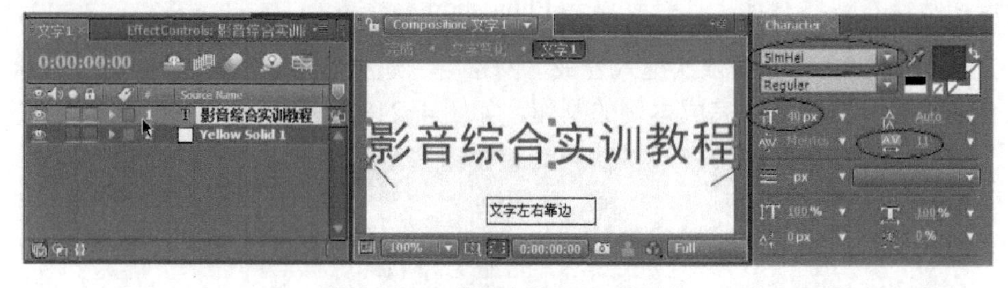

图 4-216　输入文字并设置属性

小提示

设置上述字号和字符间距的目的是让文字两头都靠边，为下面特效的添加做准备。

3）利用合成“文字 1”的副本制作合成“文字 2”，修改原黄色固态层为墨绿色（R=9、

G=65、B=0）固态层，修改文字为“Adobe PS+PR+AE”，颜色改为“黄色”（R=255、G=255、B=0），其余设置不变，如图 4-217 所示。

图 4-217　利用副本制作合成“文字 2”

小提示

修改固态层属性可以通过菜单“Layer”（图层）→“Solid Settings”（固态层设置），或者直接按 <Ctrl+Shift+Y> 快捷键。

4）新建合成“文字变化”，设置“Preset”为“Web Video，320×240”格式，“Duration”为 5s，拖动合成“文字 1”和“文字 2”到时间线，为合成“文字 1”添加“Card Wipe”特效，如图 4-218 所示。

图 4-218　拖入素材并排列

5）如图 4-219 所示，我们来学习一下该特效的参数设置。

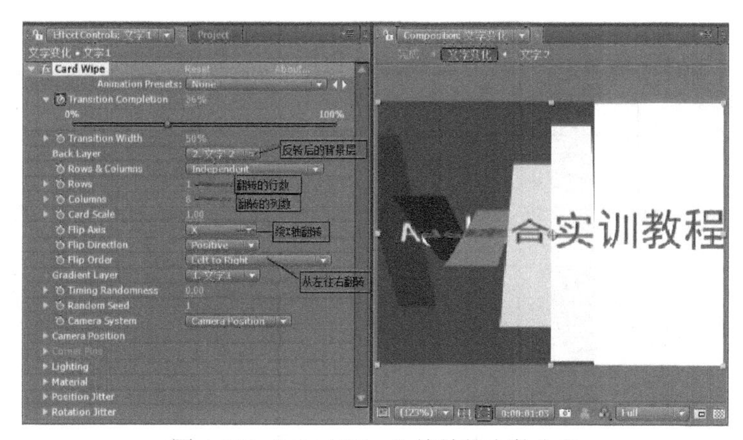

图 4-219 “Card Wipe”特效的参数含义

6）如图 4-220 所示是特效的位置跳动类和旋转跳动类参数含义。

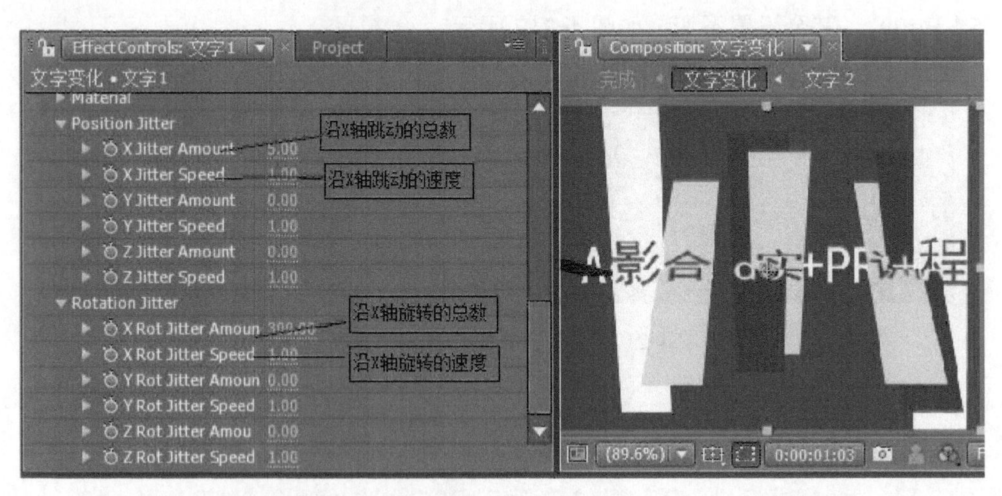

图 4-220 参数类“Position Jitter”和“Rotation Jitter”的各项含义

7）在“0:00:00:00”处设置参数“Transition Completion”（变化完成）的值为“0”，如图 4-221 所示；在“0:00:03:05”处设置为“100%”，如图 4-222 所示，实现让文字沿 X 轴的翻转效果。

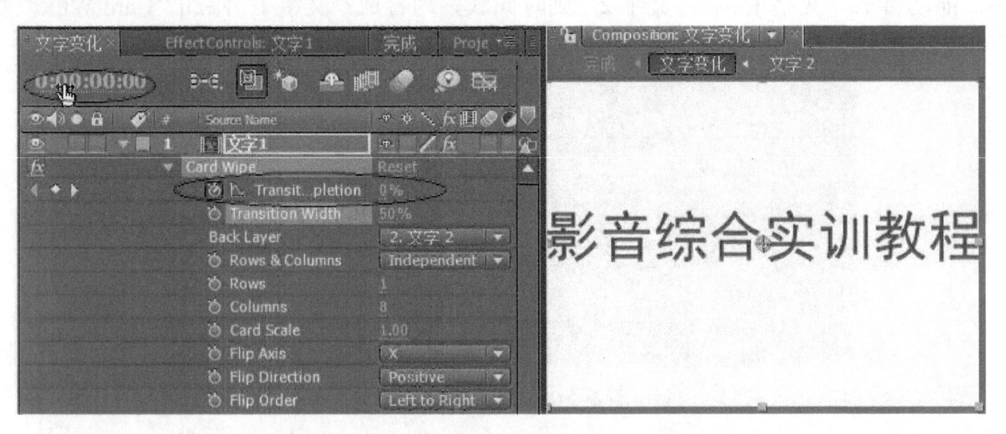

图 4-221 在“0:00:00:00”处设置特效的关键帧值

图 4-222 在“0:00:03:05”处设置特效的关键帧值

小提示

本例中有 8 个文字，所以设置列数为 8，这也是之前为何要让文字左右靠边的原因。

8）新建合成“完成”，设置“Preset”为“Web Video，320×240”格式，“Duration”为 5s；新建黄色（R=255、G=255、B=0）固态层“背景”，设置与合成大小相同的尺寸，拖动固态层和合成“文字变化”到时间线轨道，修改合成“文字变化”的比例为“80%”，完成本例的制作，如图 4-223 所示。

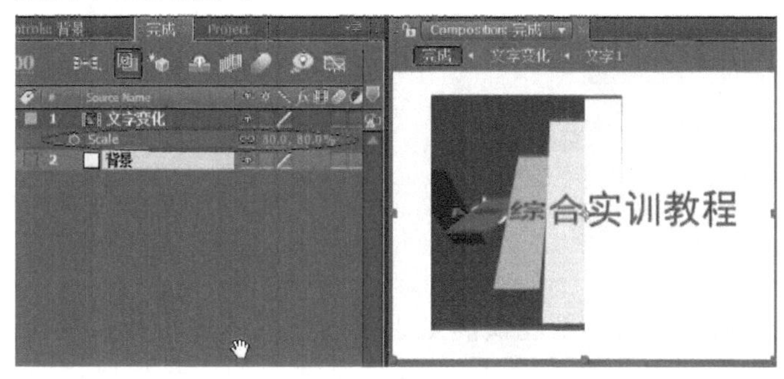

图 4-223　新建合成“完成”并排列素材

我来归纳

本节通过“新闻片主持人背景”的制作，主要学习了 After Effects CS4 的综合运用。通过本片的制作可以看出，作为背景和片花部分的画面，要和片头、片尾在色调、风格、表现形式上相协调，背景要起到烘托主题的作用，所以色彩不宜太过复杂，变化不宜过多，以免喧宾夺主。

课后习题

熟悉“Card Wipe”特效的各项参数设置。

操作提示

首先创建新文件，使用“文字工具”创建文字，使用固态层创建背景，添加“Card Wipe”特效，设置好合适的参数和关键帧。具体可参考源文件。

第 5 章　数字媒体综合实训

5.1　儿童电子相册

任务描述

作为专业的影视制作人员，不能仅满足于使用别人的电子相册模板，而要能开发出自己的模板。这里我们要开发一套适合 4 ～ 10 岁小女孩的电子相册模板，规格为放置相片 12 张，要求画面精美细腻，能体现较高的格调水平。

任务分析

4 ～ 10 岁的儿童正是对童话人物十分着迷的年龄，故可考虑通过与童话串接，以儿童为第一人称叙述故事的方式来表现。

相关知识点

1．综合运用 Premiere 各类操作技能完成影视片的制作
2．综合运用 After Effects 各类操作技能完成影视片的制作

操作步骤

1．创作电子相册的分镜头稿本（见表 5-1）

表 5-1　分镜头稿本

镜　号	画　面	解 说 词	音　乐
1	片头		春天花花幼儿园
2	在一片嫩绿的森林中，叠有儿童相片的树叶从森林远处飞来，叠画白雪公主与王子的图片	今天，我来到了白雪公主住过的森林	叮咚音乐

（续）

镜　　号	画　　面	解 说 词	音　　乐
3	森林与彩虹图片的叠画 叠有儿童相片的气球飞到了彩虹上面 彩虹由远及近，叠画睡美人图	彩虹的尽头有好漂亮的彩虹 我坐着气球飞到了彩虹上面 发现里面住着睡美人	梦幻音乐
4	穿过挂有儿童相片的长长的画廊，来到浪漫的童话谷，叠画睡美人与王子的图片 儿童相片顺着彩虹滑下	我指引着王子穿过长长的画廊，唤醒了睡美人 他们很感谢我，欢迎我以后再来玩	梦幻音乐
5	彩虹图片与大海叠画 小美人鱼图片与儿童相伴一起从海底升起，同时海面印出儿童相片的涟漪 儿童相片从大到小，从近飞远	我顺着彩虹滑到了大海 和小美人鱼一起跳舞	柔和音乐
6	儿童相片飞到一栋童话城堡 相册盖上封面	小美人鱼把我送回了家 并祝我做个好梦	柔和音乐

2．素材准备工作

1）新建“儿童电子相册”文件夹，在文件夹中再新建“儿童相片”“图片素材”“视频素材”“音频素材”文件夹，把事先准备好的素材放置到相应的文件夹中。

小提示

在正式开发相册模板之前，要先把各类素材准备好。这也就意味着，所开发模板使用的照片数量、照片形状和照片的尺寸大小都已经固定了，这里就使用点点小朋友的照片来进行开发，所以本模板基于 12 张照片，其中横照片 4 张、竖照片 8 张。

2）打开文件夹“E:\ 客户照片 \ 音视频后期处理人员 \ 客户：点点”，先根据相片的横竖情况分类，新建两个文件夹分别放置横照片和竖照片。

小提示

模板开发出来是为了让自己和别人使用的，所以要充分考虑到模板使用者的方便，这里包括替换照片的方便性，在开发的初始就要把照片的形状、名称和尺寸都进行统一。

3）用 Photoshop 软件来统一修改照片的尺寸和名称。修改横照片的尺寸为“720px×576px”，名称从“h01.jpg”～“h04.jpg”；修改竖照片的尺寸为“385px×576px”，名称从“s01.jpg”～“s08.jpg”。

3．开始工作

打开 AE（Adobe Effects）软件，在项目窗口的空白位置双击，打开“Import File”对话框，在“儿童电子相册”文件夹中单击“儿童相片”文件夹，单击“Import Folder”按钮，把“儿童相片”文件夹素材导入到项目素材库，用相同的方法把其余 3 个文件夹导入进来，如图 5-1 和图 5-2 所示。

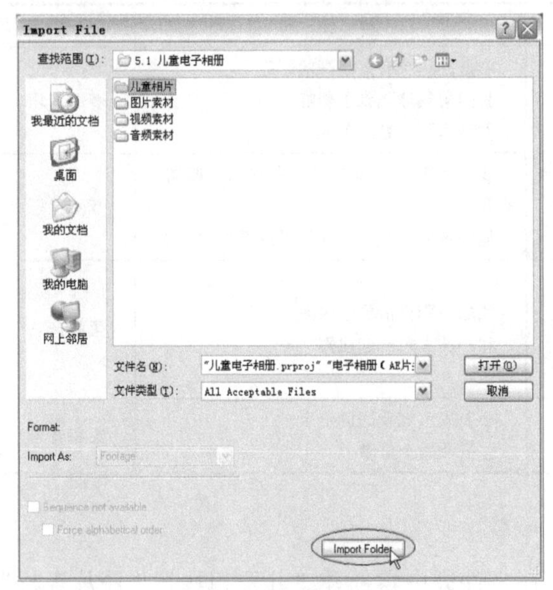

图 5-1　导入素材文件夹

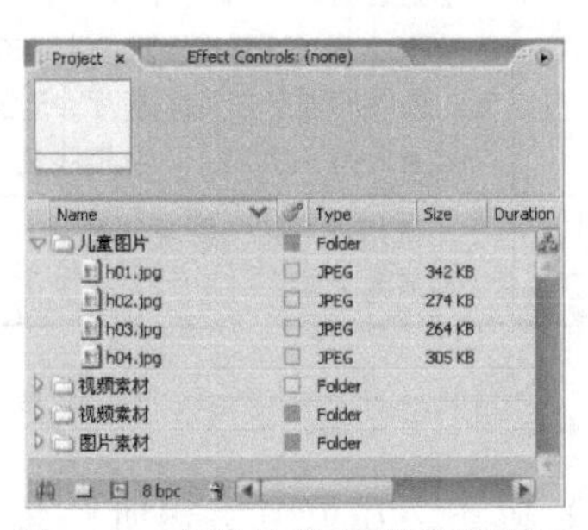

图 5-2　素材被导入到项目窗口

镜头一：片头（AE）

1）在项目素材库中新建“镜头一：片头”文件夹，单击下方“创建新合成”按钮，打开“合成设置”对话框。设置合成“背景”为“PAL D1/DV，720×576”格式，持续时间为 25s，其余设置保持默认，单击“OK”按钮。选择菜单“Layer”（图层）→“New”（新建）→“Solid”（固态层），创建一个固态层“渐变”，属性设置如图 5-3 和图 5-4 所示。

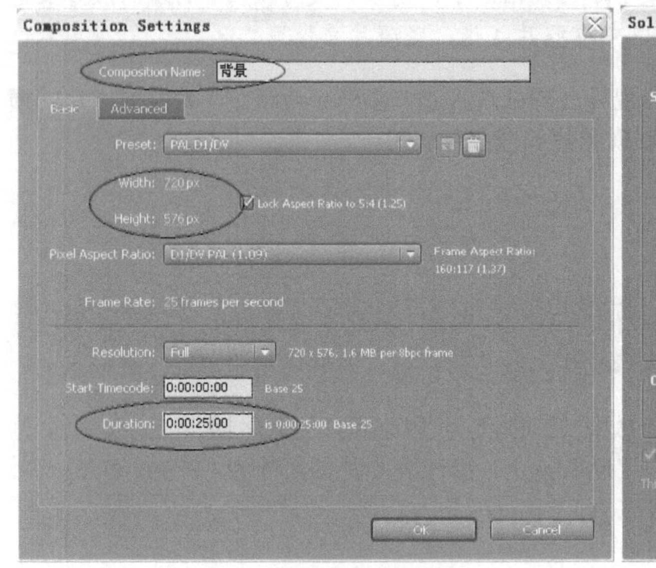

图 5-3　新建合成“背景”

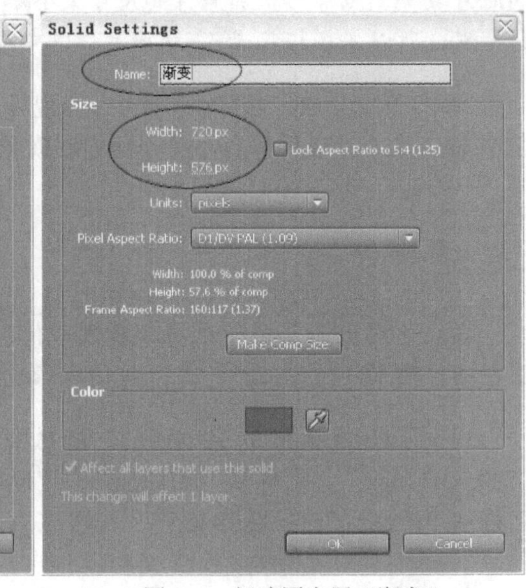

图 5-4　新建固态层“渐变”

2）在时间线中选中“渐变”固态层，右击弹出快捷菜单，选择“Effect”→“Generate”→“Ramp”，特效参数设置如图 5-5 和图 5-6 所示，给图层添加嫩绿到白色的线性渐变。

3）把项目素材库中“视频素材”文件夹中的背景文件拖到时间线，设置其“Scale”

属性为“220”“200%”。如图 5-7 所示。

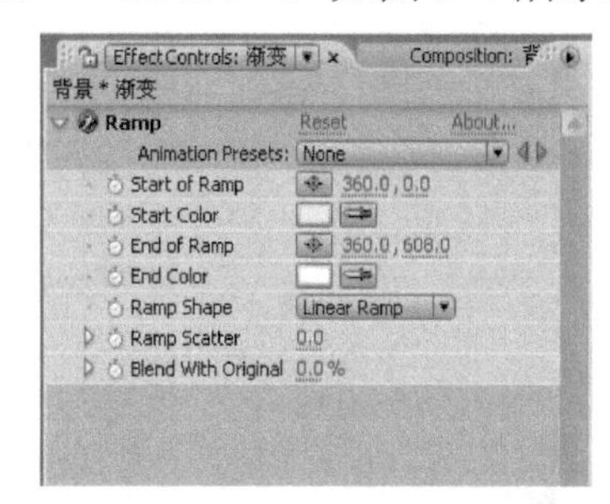

图 5-5　设置“渐变”特效属性

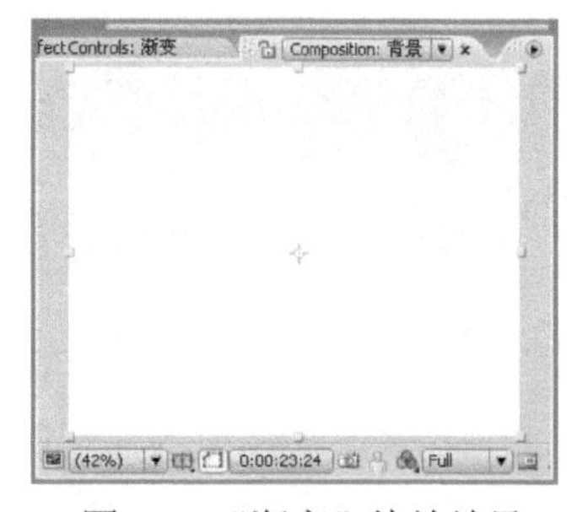

图 5-6　“渐变”特效效果

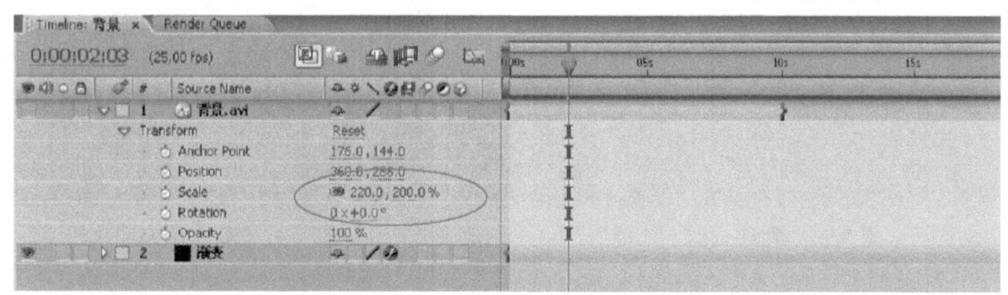

图 5-7　修改背景文件的比例

4）选中背景层，按 <Ctrl+D> 快捷键两次，复制出另外两层背景层，如图 5-8 所示排列。

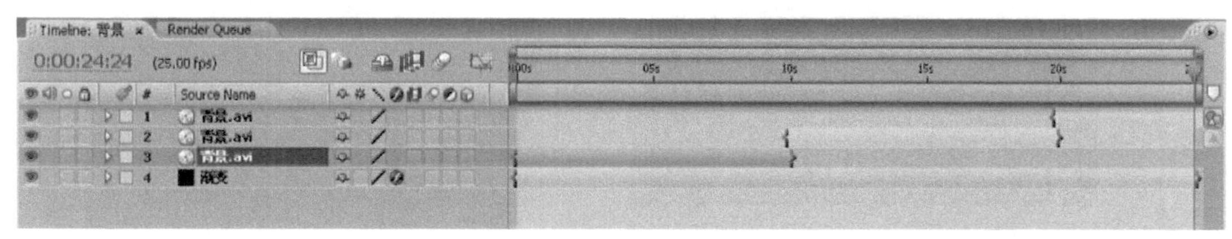

图 5-8　复制背景层并排列

5）设置 3 个背景层的叠加模式为“Overlay”，如果没有“Mode”按钮，则需单击时间线下方的按钮组，完成背景的制作，如图 5-9 和图 5-10 所示。

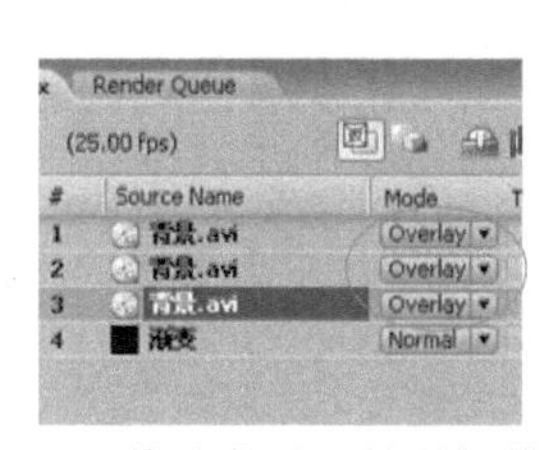

图 5-9　修改背景层的叠加模式

图 5-10　背景层的叠加效果

6）新建合成“轨道”，宽度为“3000”，高度为“576”，时间为 25s。新建白色固态层，与合成“轨道”的参数设置相同，如图 5-11 和图 5-12 所示。

7）选择工具栏的“矩形遮罩工具”，修改固态层形状为长条状。给固态层添加“Bevel Alpha”特效，参数设置如图 5-13 和图 5-14 所示。

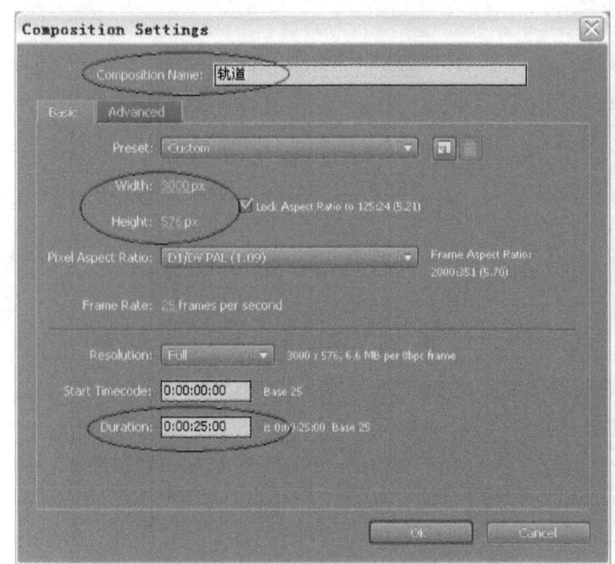

图 5-11　新建合成“轨道”

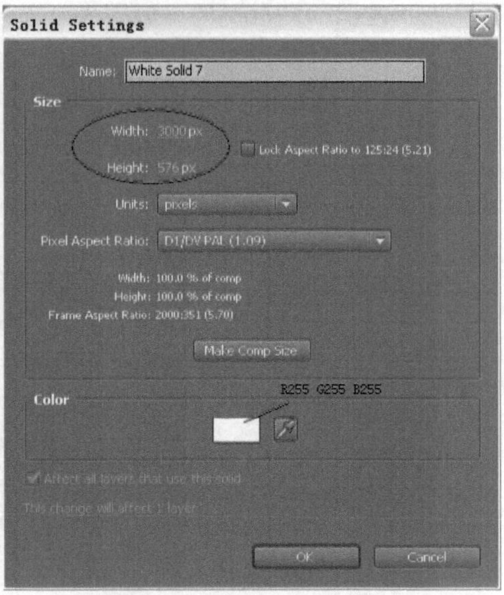

图 5-12　新建固态层“轨道”

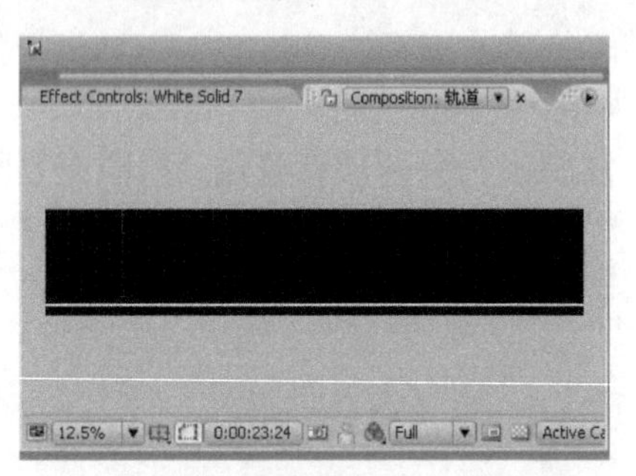

图 5-13　“矩形遮罩工具”绘制长条

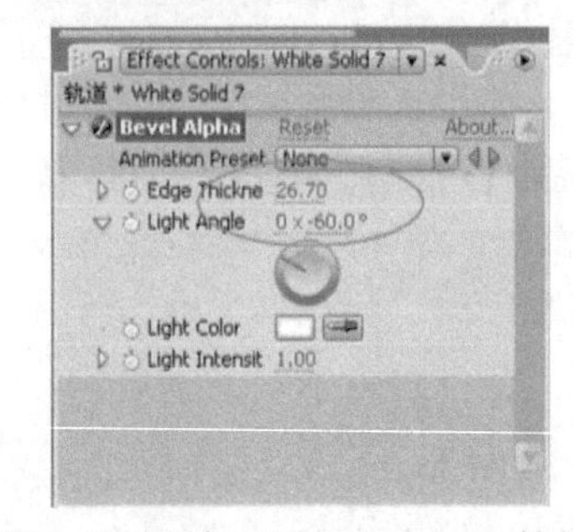

图 5-14　添加“Bevel Alpha”特效

8）选择时间线中的固态层，按 <Ctrl+D> 快捷键复制一份，排列成如图 5-15 所示。

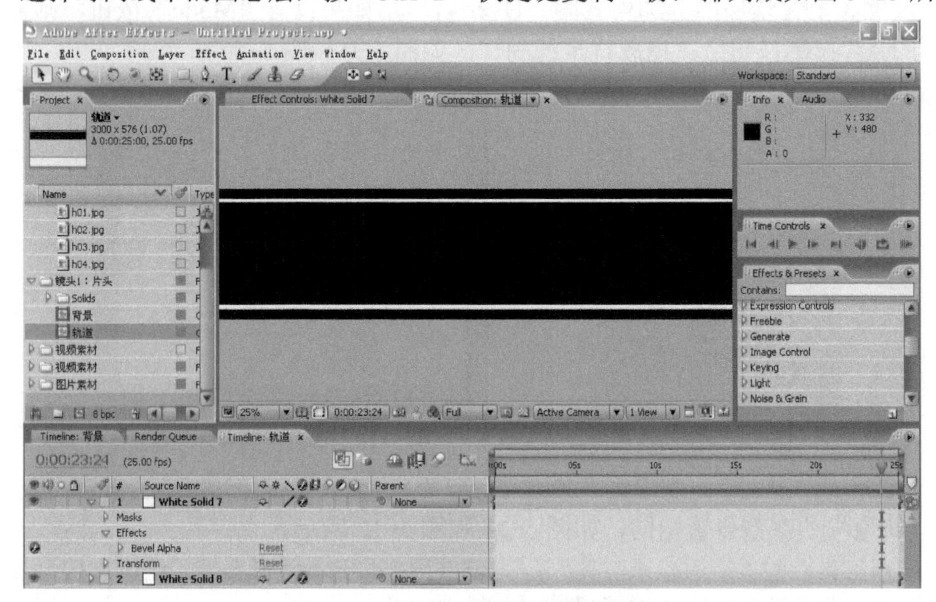

图 5-15　复制长条并排列为轨道状

9）新建合成“标题”，尺寸为 720px×576px，长度为 17s，新建黑色固态层“B1”，保持与合成大小相同的尺寸，参数设置如图 5-16 和图 5-17 所示。

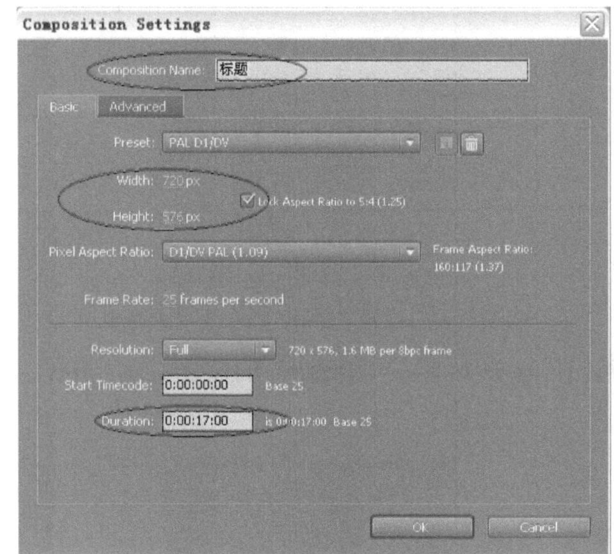

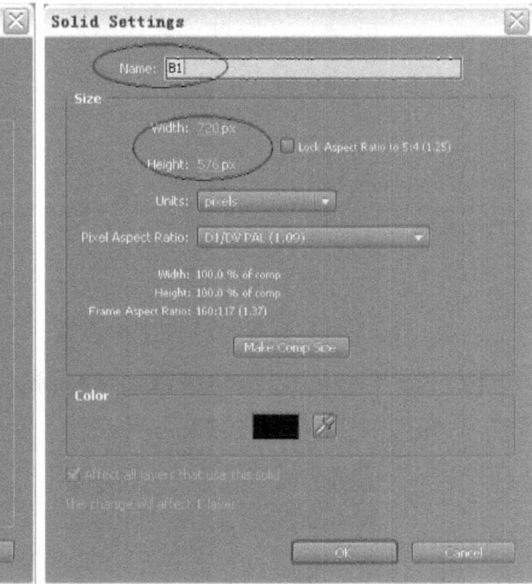

图 5-16　新建合成“标题”　　　　　　图 5-17　新建固态层“B1”

10）用工具栏的“文字工具”输入英文字符“BABY”，设置字体为“Arial Black”，拖动到固态层的下方，在该固态层上用“钢笔工具”绘制字母“B”的轮廓，如图 5-18 所示。

图 5-18　“钢笔工具”绘制字母开放路径

11）依次新建 3 个黑色固态层，用“钢笔工具”分别创建出字母“A”“B”“Y”的轮廓，并依次排列在时间线上，删除文字层，如图 5-19 所示。

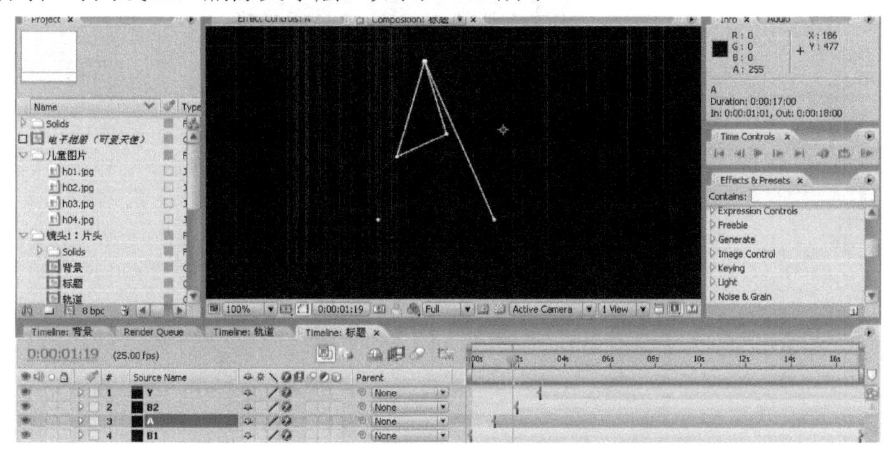

图 5-19　保留钢笔路径，删除参考文字层

12）给“B1”层依次添加“3D stoke”特效，“Color”为“粉红色”，“Thickness”为“15”，参数设置如图 5-20 所示；添加“Bevel Alpha”特效，参数设置如图 5-21 所示。

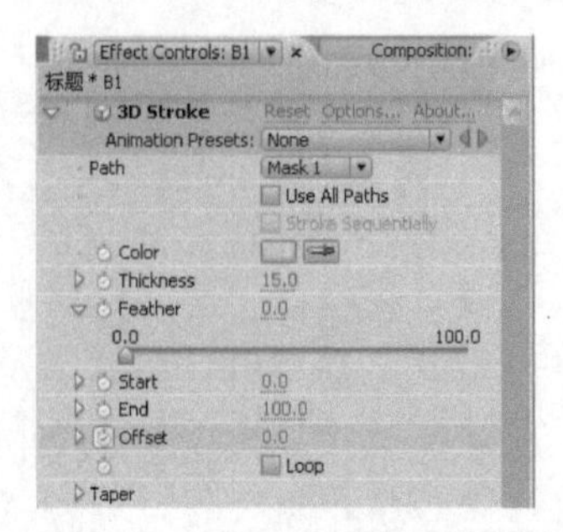

图 5-20　设置 3D 描边特效参数

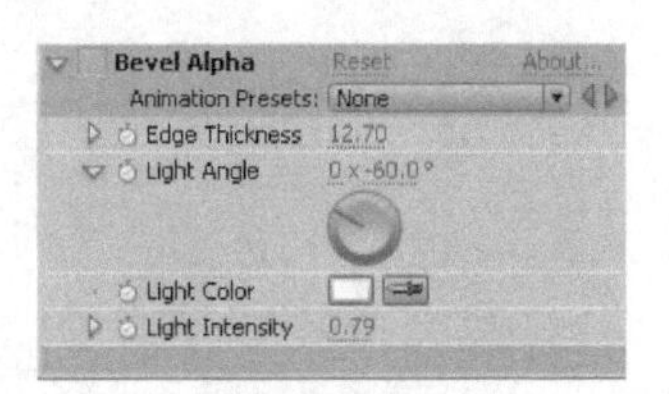

图 5-21　设置“Bevel Alpha”特效参数

13）给“3D stoke”特效添加关键帧。在 0s 和 1s 时，“Offset”的值分别为“100”和“0”，如图 5-22 和图 5-23 所示。

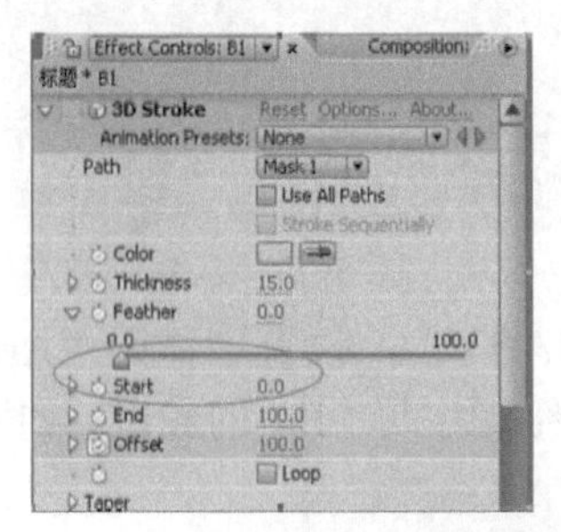

图 5-22　0s 时“Offset”参数的关键帧值

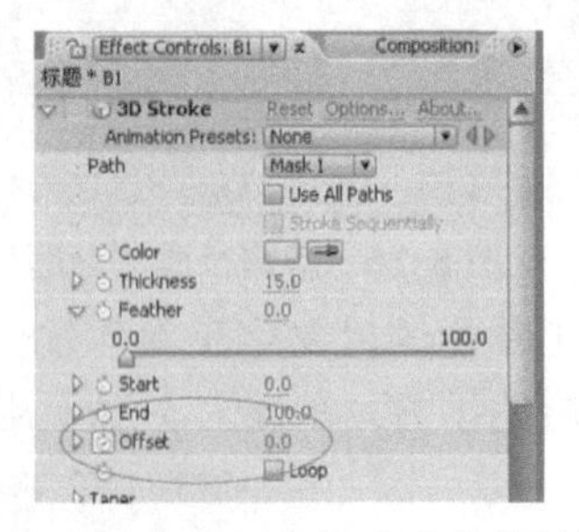

图 5-23　1s 时“Offset”参数的关键帧值

14）复制“B1”层的两个特效，同时选中“A”层、“B2”层和“Y”层，按 <Ctrl+V> 快捷键粘贴特效。修改“A”层的“3D Stroke”特效中颜色为“橘黄色”；“B2”层的“3D Stroke”特效中颜色为“绿色”；“Y”层的“3D Stroke”特效中颜色为“蓝色”，如图 5-24 所示。

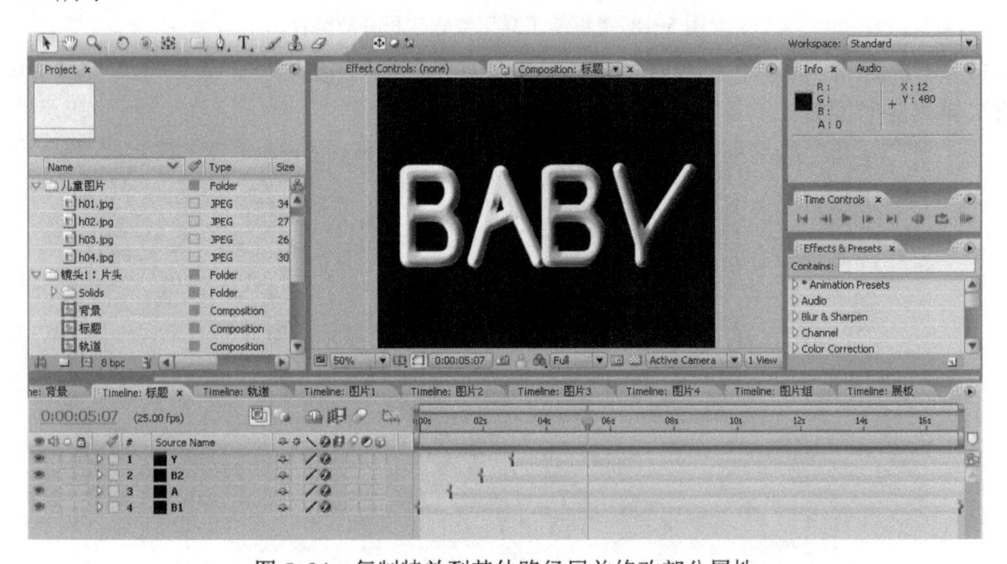

图 5-24　复制特效到其他路径层并修改部分属性

15）选择工具栏的“文本工具”T，在窗口中输入浅灰色文字“classical”，字符属性如图 5-25 和图 5-26 所示，并添加基本 3D 和投影特效。

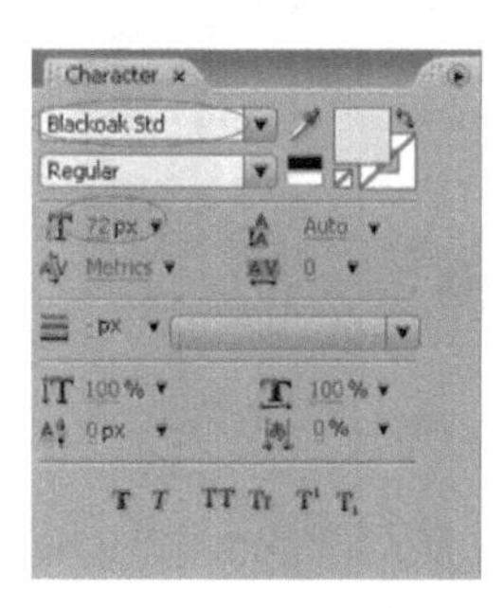

图 5-25　设置字符属性

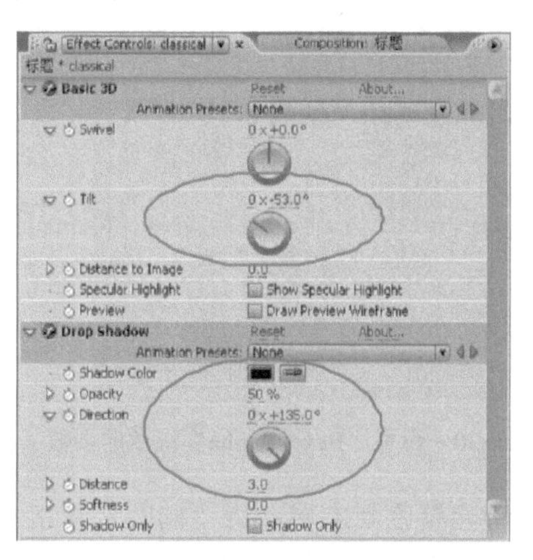

图 5-26　基本 3D 和投影特效参数

16）文字层从 3s 10 帧开始，给该层添加“Position”动画，修改值为“1000”“0”；设置参数“Offset”在“0:00:03:10”和“0:00:04:11”时的关键帧值为“0%”和“100%”，如图 5-27 和图 5-28 所示。

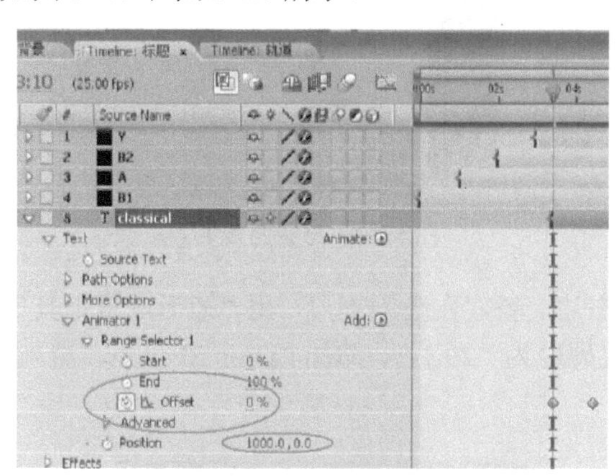

图 5-27　“0:00:03:10”时的“Offset”关键帧值

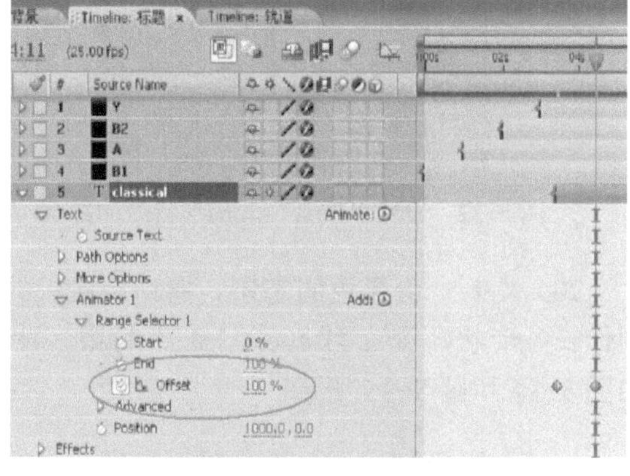

图 5-28　“0:00:04:11”时的“Offset”关键帧值

17）现在看一下文字出现的效果，如图 5-29 所示。

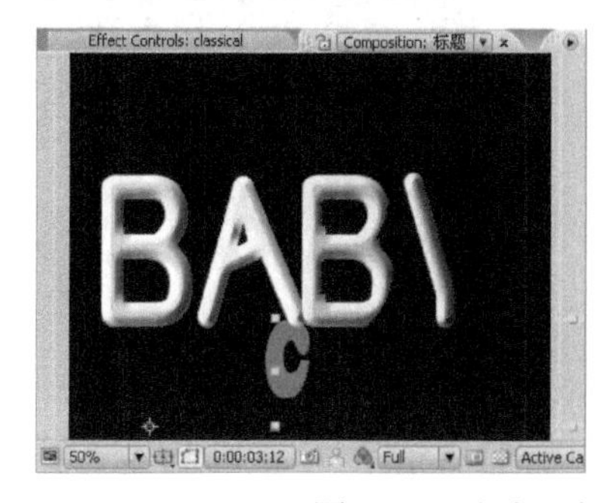

图 5-29　文字添加“位置”动画后的效果

18）新建合成“展板”，尺寸为“720×1000”，时长 17s，其他设置保持默认。新建白色固态层，用“矩形遮罩工具”制作长方形，添加“Bevel Alpha”（边缘倒角）特效，设置硬度为“8.5”，如图 5-30 和图 5-31 所示。

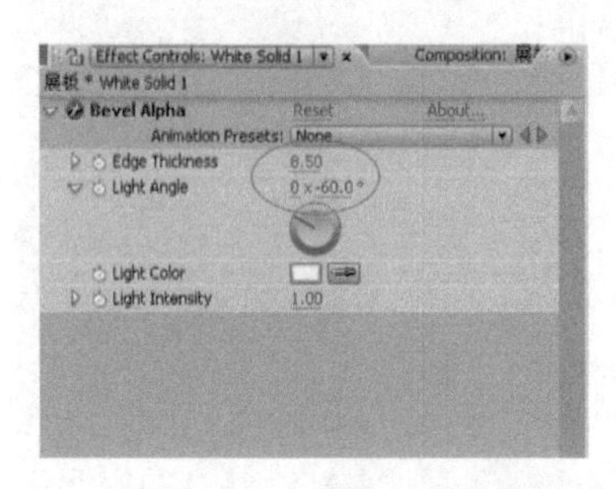

图 5-30　设置“Bevel Alpha”特效的参数

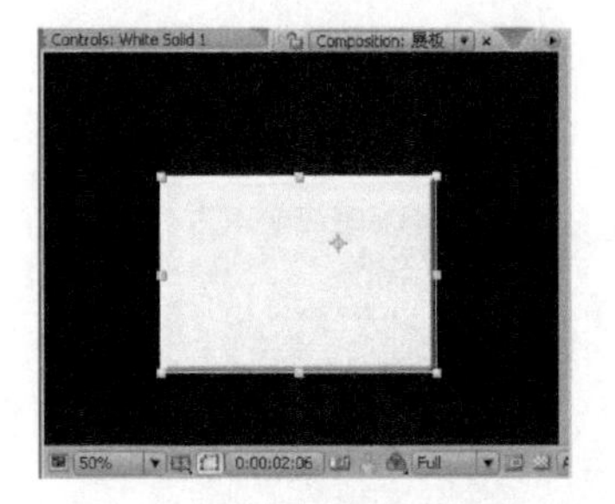

图 5-31　展板的效果

19）新建黑色固态层，用“椭圆遮罩工具”制作正圆形，添加“Bevel Alpha”特效，设置硬度为“17.4”，制作展板上的钉子，如图 5-32 和图 5-33 所示。

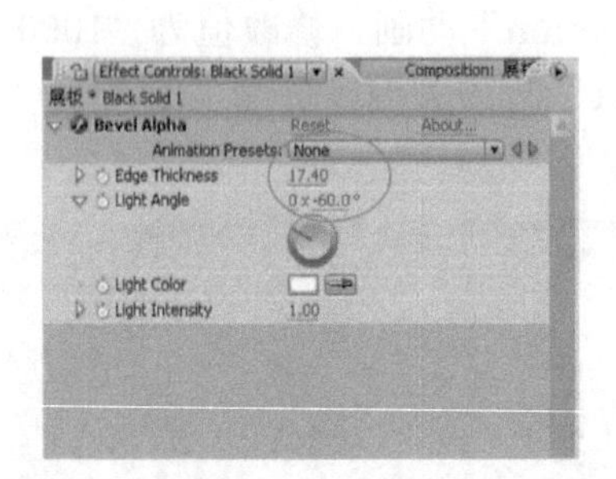

图 5-32　设置“Bevel Alpha”特效的参数

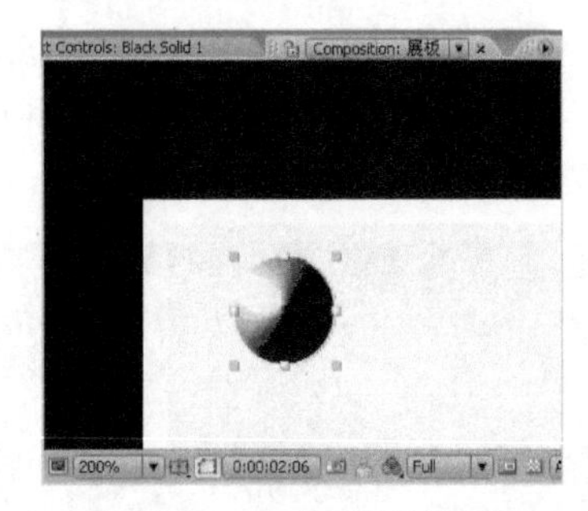

图 5-33　钉子的效果

20）复制一份黑色固态层，拖动到展板的右边。新建白色固态层，用“矩形遮罩工具”制作长条形状，添加“Bevel Alpha”特效，设置硬度为“29.1”，添加“Drop Shadow”特效，如图 5-34 和图 5-35 所示。

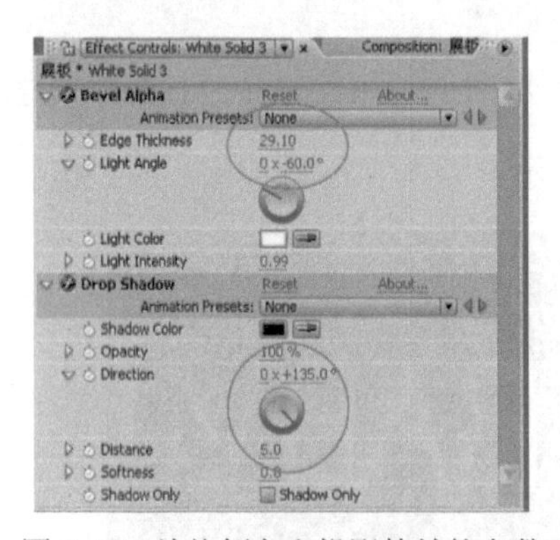

图 5-34　边缘倒角和投影特效的参数

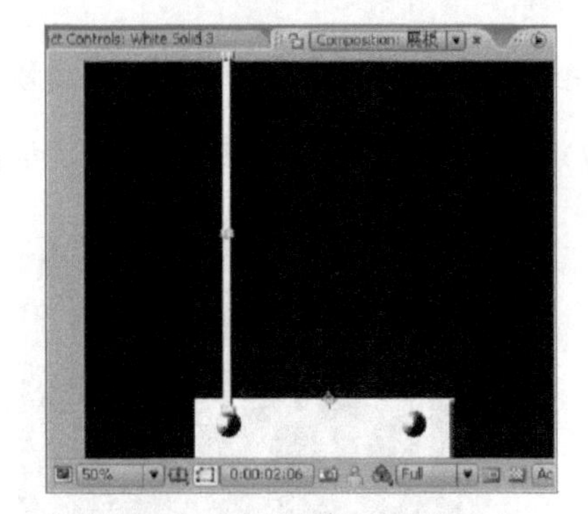

图 5-35　展板杆的效果

21）复制一份长条，移动到画面的右边，这样就完成了展板的制作，最后的形状如图 5-36 所示。

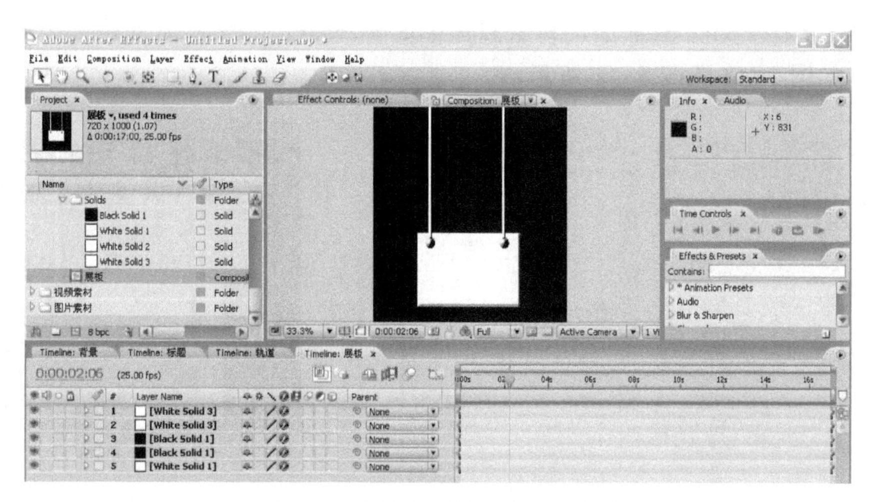

图 5-36　制作完成的相片展板效果

22）拖入合成“标题”，用“文字工具”输入“经典”文字层，完成展板，如图 5-37 所示。

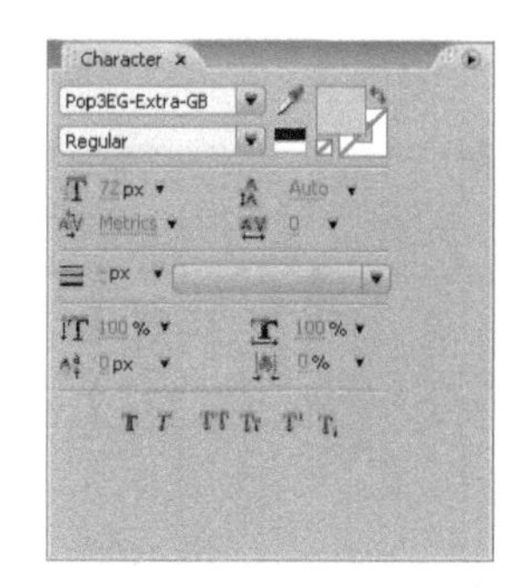

图 5-37　拖入嵌套合成，完成相片展板

23）新建合成“图片 1”，尺寸为“720×1000”，时长 17s，其他设置保持默认。依次拖入合成“展板”和照片“h01.jpg”，把照片的尺寸调整合适，位置在展板上方，添加“Drop Shadow”特效，如图 5-38 和图 5-39 所示。

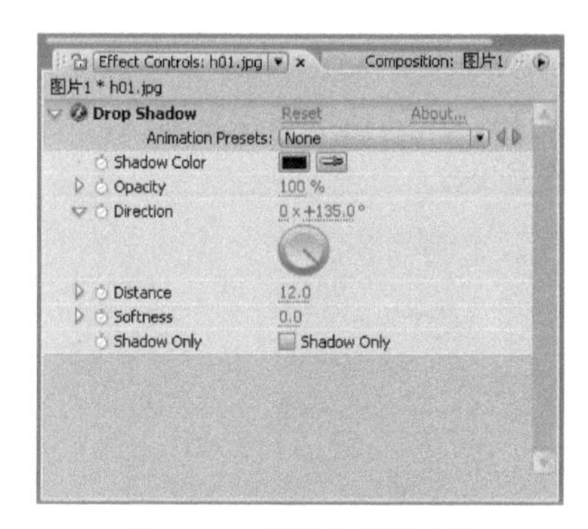

图 5-38　投影特效的参数

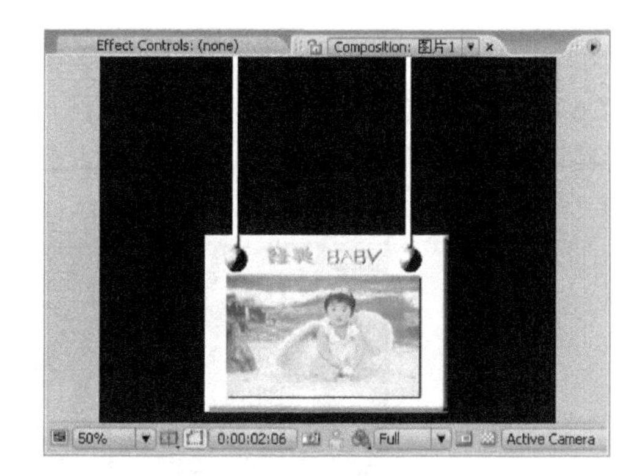

图 5-39　相片展板最终效果

24）选择项目窗口中的合成“图片 1”，选择菜单“Edit”（编辑）→“Duplicate”（副本），或直接按 <Ctrl+D> 快捷键复制出一份合成副本，改其名称为“图片 2”。双击打开合成

“图片 2”，按住 <Alt> 键拖动项目素材库的照片“h02.jpg”到时间线的“h01.jpg”上替换照片，如图 5-40 和图 5-41 所示。

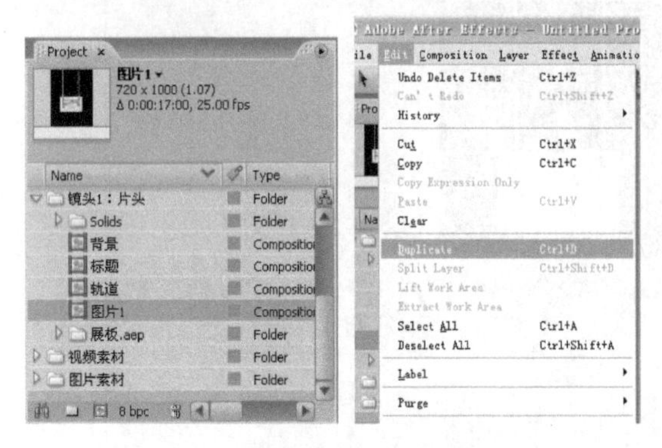

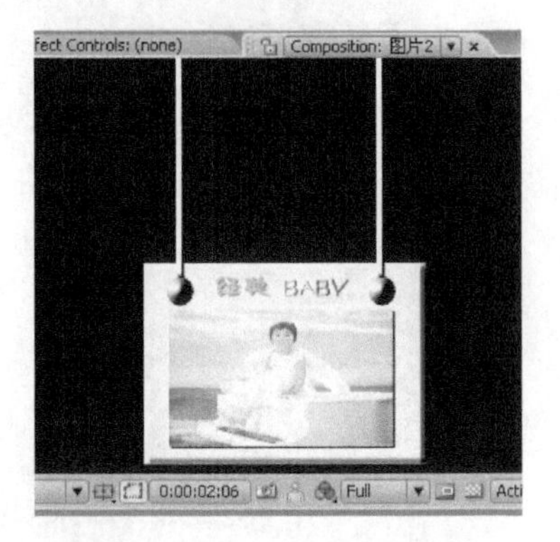

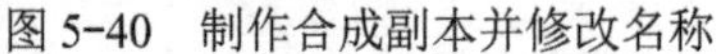

图 5-40　制作合成副本并修改名称　　　图 5-41　替换相片效果

25）再复制出合成“图片 3”和“图片 4”，分别用相片“h03.jpg”和“h04.jpg”替换。新建合成“图片组”，尺寸为“1800×300”，其他参数保持默认。依次拖入“图片 1”“图片 2”“图片 3”“图片 4”，排列成如图 5-42 所示。

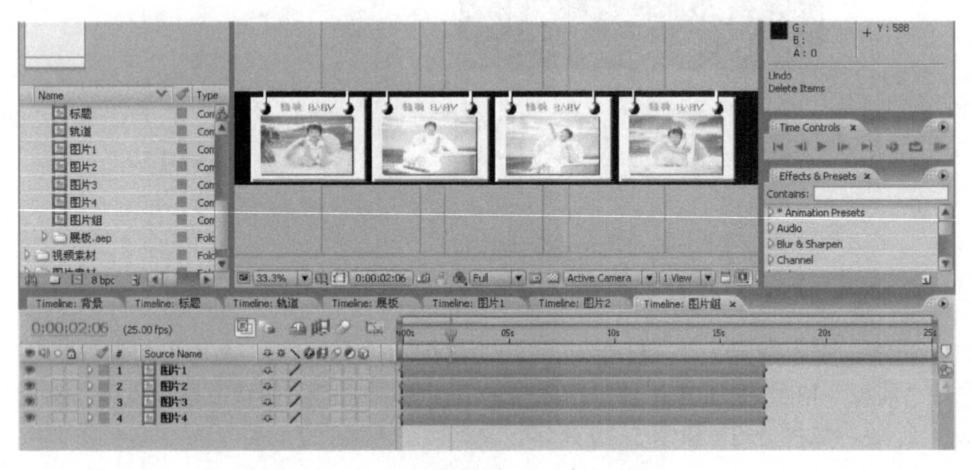

图 5-42　合成“图片组“最终效果

26）新建合成“爱宝贝，爱经典”，尺寸为“720×576”，其他参数保持默认。用“文字工具”输入文字“爱宝贝，爱经典”。参数如图 5-43 所示。

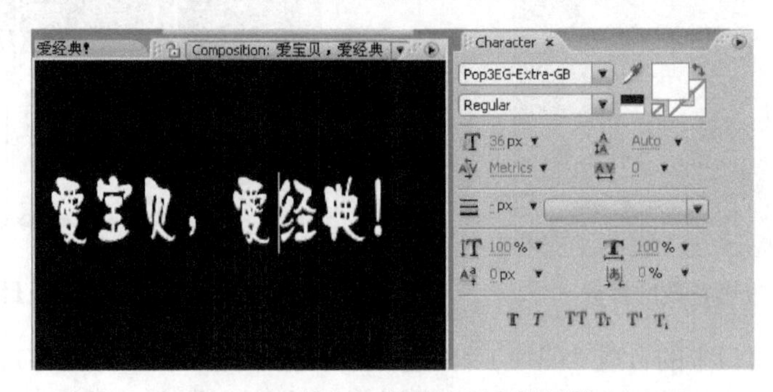

图 5-43　输入文字并设置字符属性

27）添加 Position 动画，设置参数“Position”为“0”“-97”，参数“Offset”的关键帧在 0s 和 2s 分别为“0%”和“100%”，如图 5-44 和图 5-45 所示。

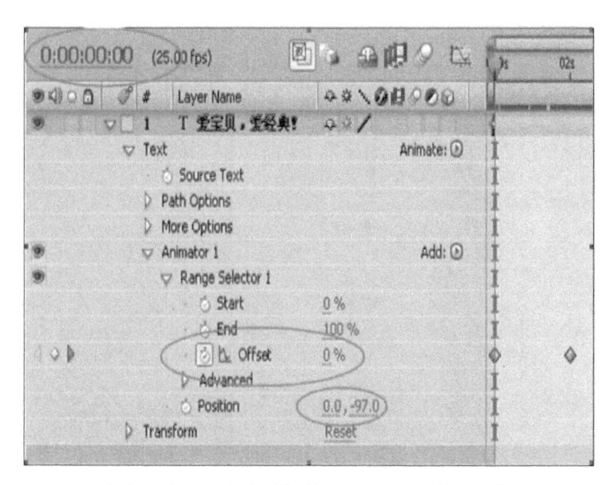

图 5-44　0s 时的“Offset”关键帧值

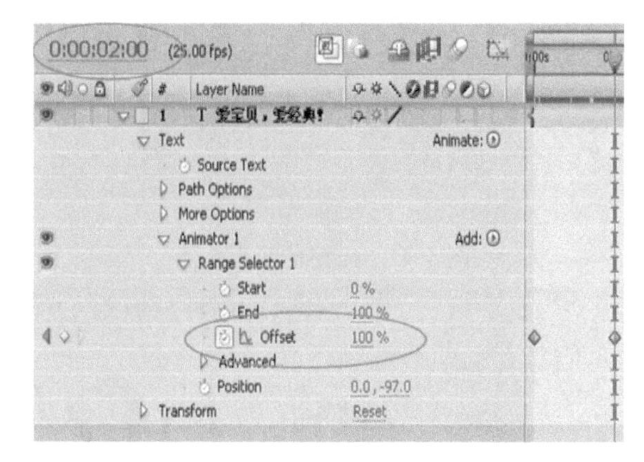

图 5-45　2s 时的“Offset”关键帧值

28）按 <Ctrl+D> 快捷键复制一份字符层，修改字符的属性为“蓝色”，仅为边框色，描边粗细为“8”，如图 5-46 所示。

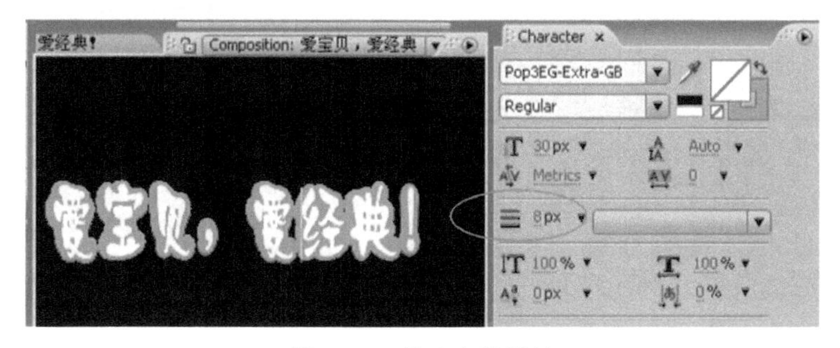

图 5-46　修改字符属性

29）复制合成“爱宝贝，爱经典”一份，修改副本的名称为“可爱的天使在人间”，修改文字为“可爱的天使在人间”，设置为白字桔边，其他保持不变。

30）新建合成“镜头 1：片头”，尺寸为“720×576”，其他参数保持默认。依次拖入合成“背景”“轨道”“图片组”“标题”等，依据需要设置位置和比例关键帧，制作出片头效果。把文件保存为“电子相册：可爱天使”，具体制作过程参考源文件，最终效果如图 5-47 和图 5-48 所示。

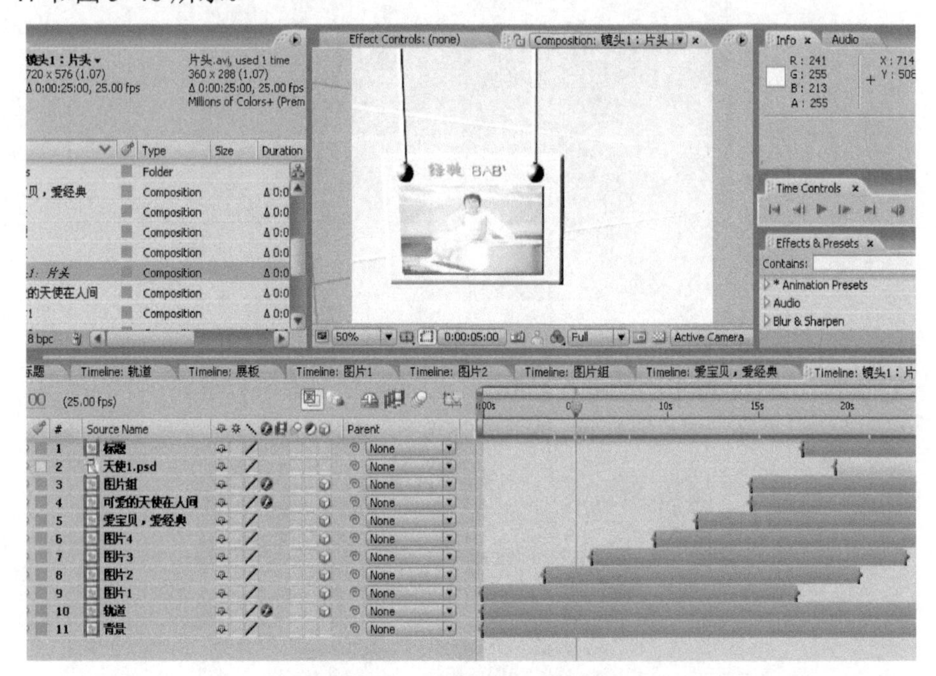

图 5-47　5s 时的片头效果

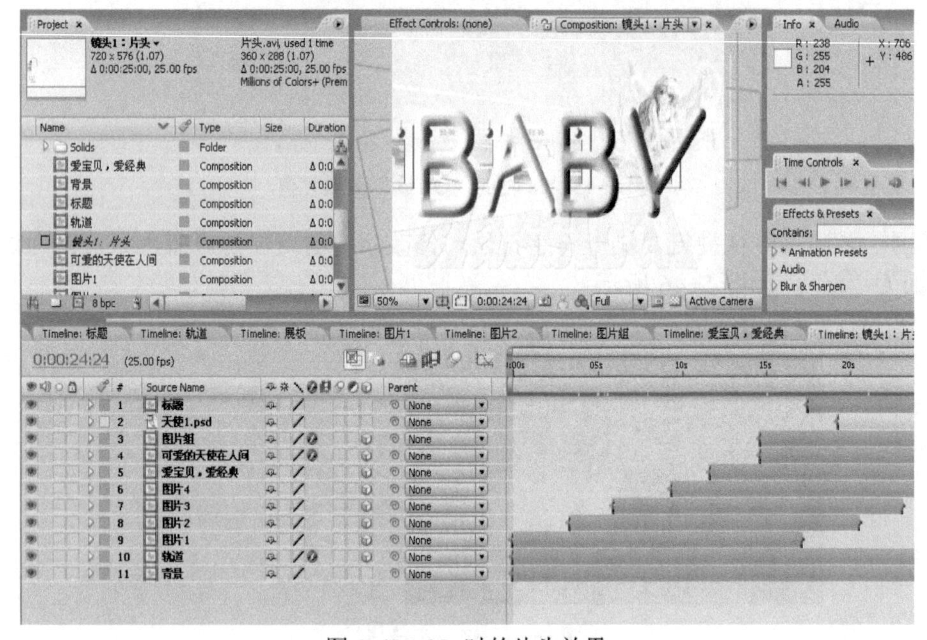

图 5-48　25s 时的片头效果

镜头二：森林（PR，Premiere）

1）下面根据剧情的需要，用 PS（Photoshop）软件制作 3 张图片素材备用，如图 5-49 所示。

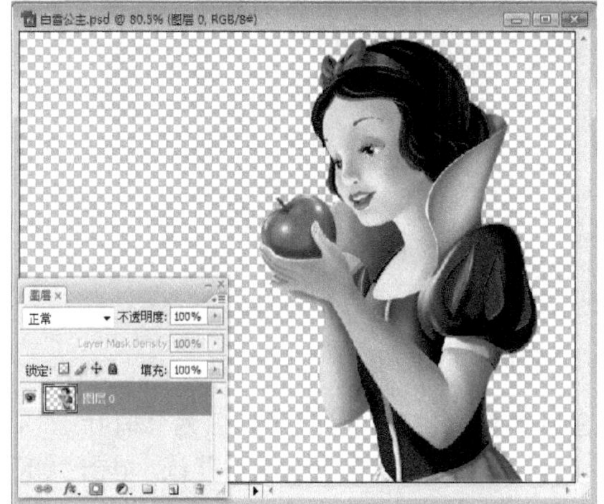

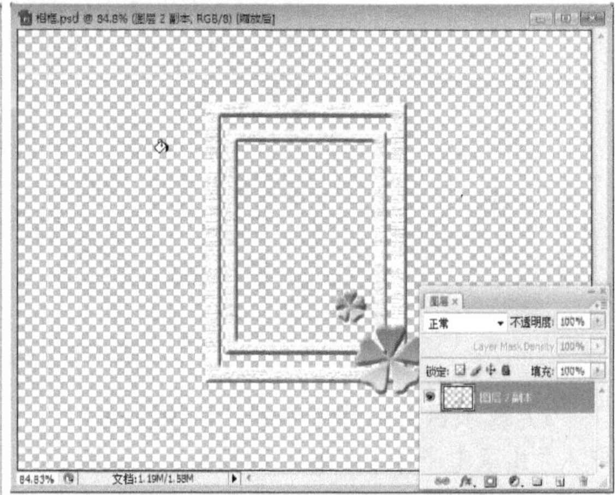

图 5-49 PS 中准备好图片素材

2）打开软件 Premiere Pro CS3，设置文件标准为“PAL 48kHz”，保存在儿童电子相册文件夹中，名称为“儿童电子相册”。把所有素材都导入到项目素材库中，如图 5-50 和图 5-51 所示。

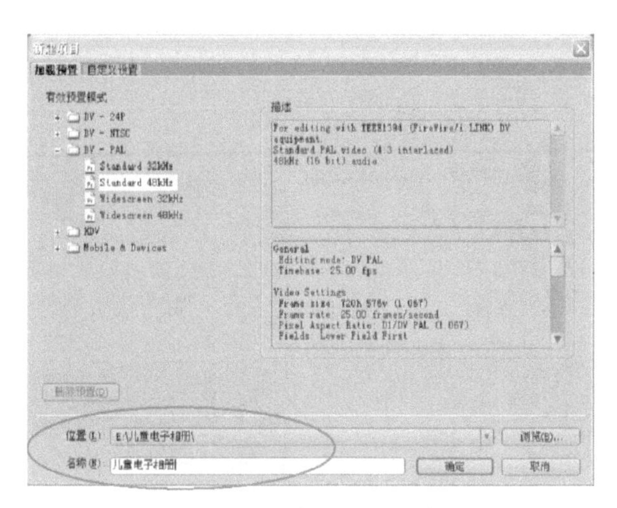

图 5-50 新建 Premiere 项目

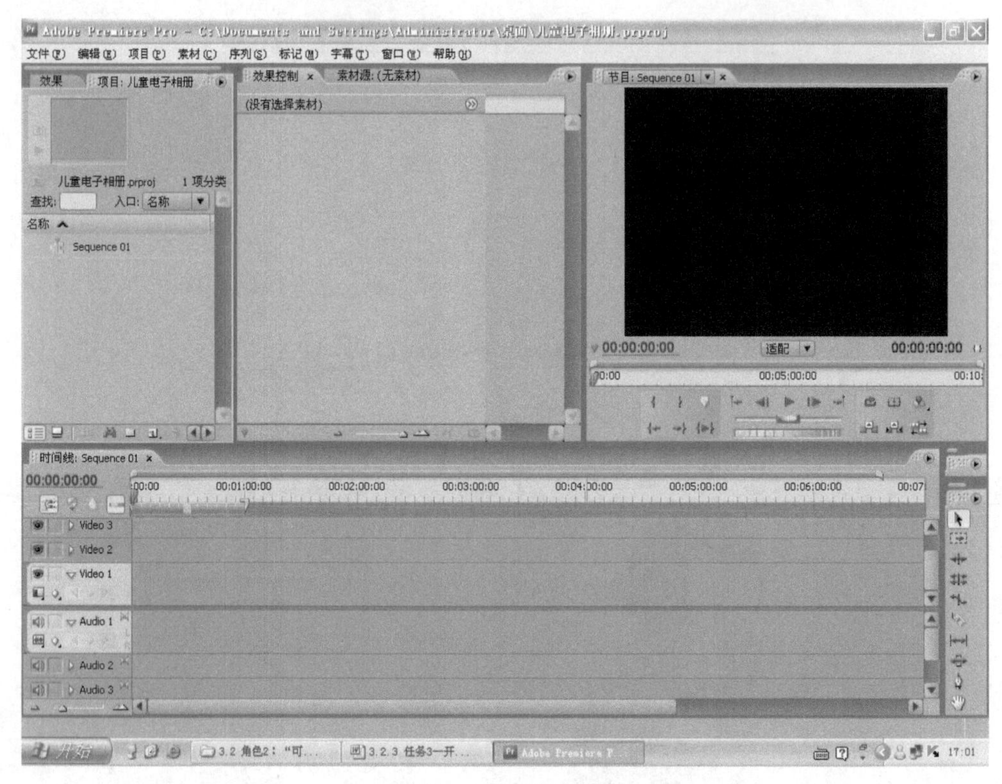

图 5-51　打开的界面

3）在项目素材库中右击“Sequence 01”，选择“重命名”，修改序列名为“树叶 1”，导入“儿童电子相册”中的所有文件夹到素材库，在弹出的层选择窗口中保持默认，单击“OK”按钮。对于分层的图片素材，AE 会询问是分层导入，还是合在一起导入，这个要根据具体的情况来判断。这里树叶只有一层，所以不论选哪种，都不影响，如图 5-52 和图 5-53 所示。

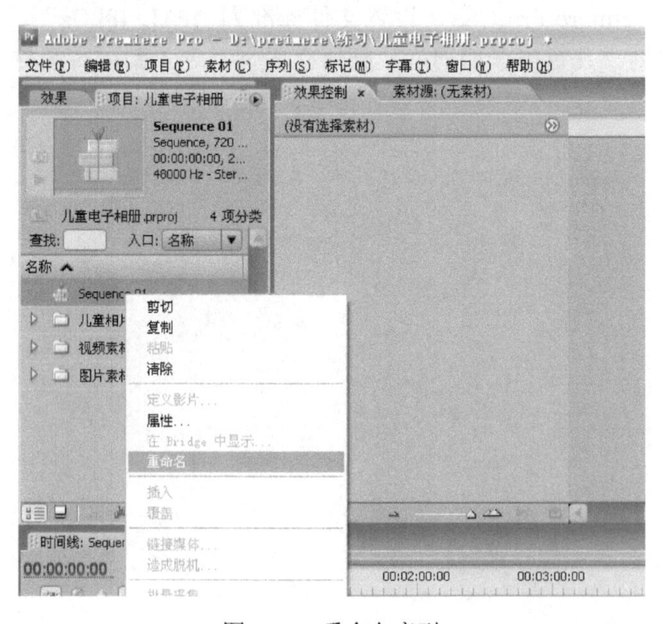

图 5-52　重命名序列

图 5-53　导入 PSD 格式素材

4）拖动图片“树叶”到“video 1”，再拖动照片“s01.jpg”到“video 2”，同时拖长到 30s，修改照片的比例为“60”，如图 5-54 所示。

图 5-54　“树叶 1”序列

5）选择“视频特效”→“Transform”（变换）→“Edge Feather”拖动到照片上，单击“特效设置”按钮，设置“Amount”（羽化值）为“60”，如图 5-55 所示。

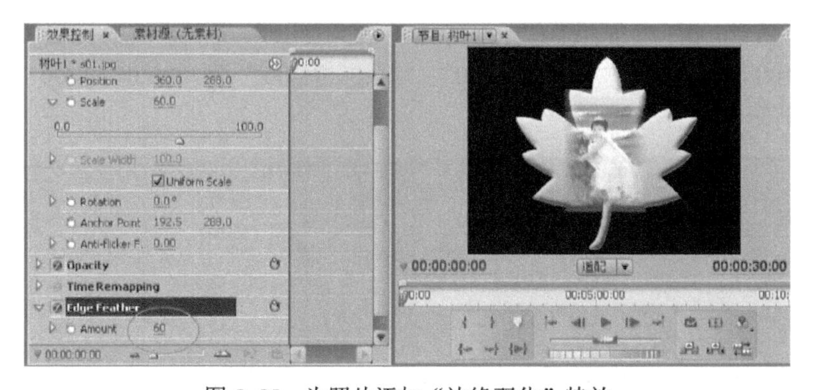

图 5-55　为照片添加“边缘羽化”特效

6）在素材库的“时间线：树叶 1”上右击，选择“Duplicate”（副本），修改“树叶 1 副本”为“树叶 2”，双击打开时间线“树叶 2”，拖动照片“s02.jpg”到视频 3 轨道，复制“s01.jpg”，把属性粘贴到“s02.jpg”上，然后删除“s01.jpg”，如图 5-56 所示。

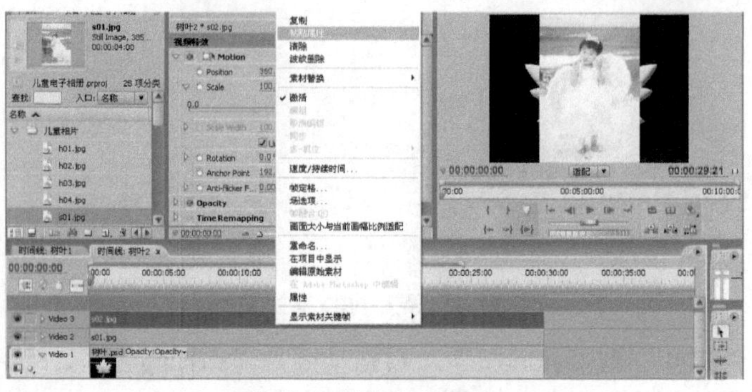

图 5-56　复制照片属性

7）同样的方法使用照片“s03.jpg”制作出时间线“树叶 3”。新建时间线“镜头 2：森林”，把“视频素材”文件夹中的视频文件“森林 .mov”拖入视频 1 轨道，放大比例到“120”使其满屏，再右击文件，选择“速度 / 持续时间”，在弹出的窗口中修改持续时间为 30s，如图 5-57 和图 5-58 所示。

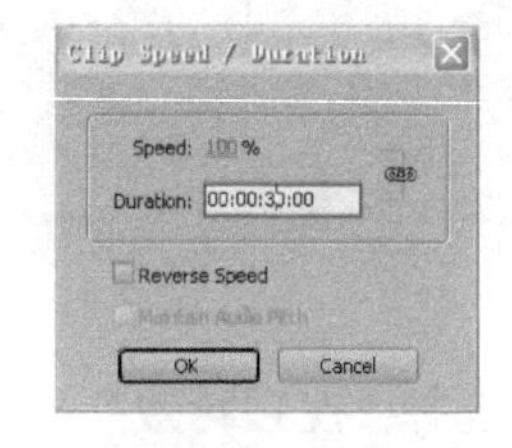

图 5-57　打开“速度 / 持续时间”命令　　　图 5-58　修改持续时间为 30 秒命令

8）打开“Position”“Scale”“Rotation”“Opacity”几个参数的关键帧，分别在“00:00:00:00”“00:00:02:00”“00:00:04:00”“00:00:06:00”和“00:00:08:00”处设置参数如图 5-59 ～图 5-62 所示。

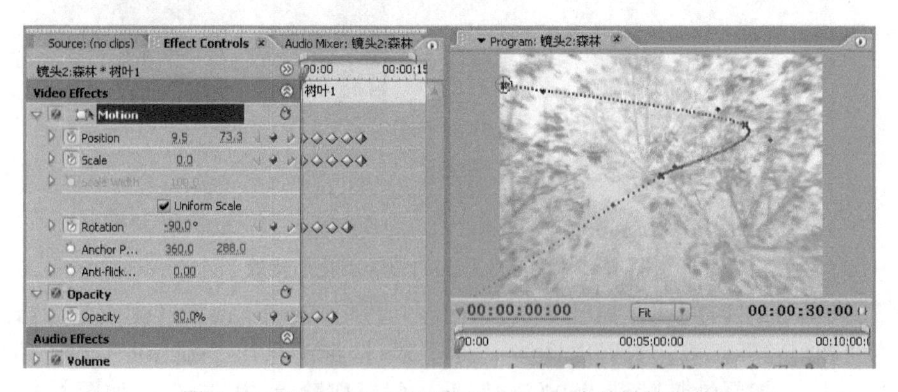

图 5-59　“00:00:00:00”时“Motion”类关键帧参数

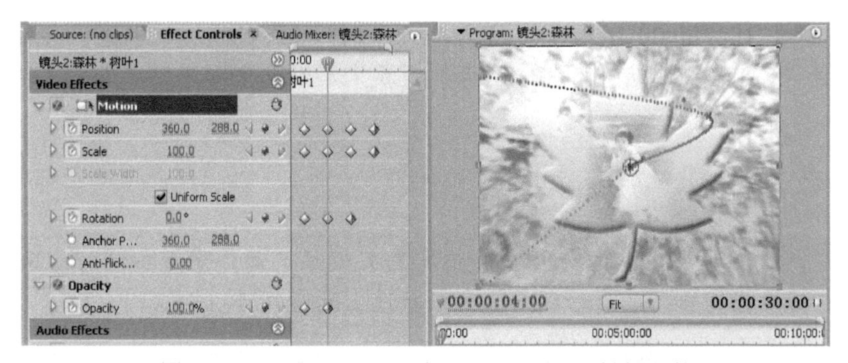

图 5-60　“00:00:04:00”时“Motion”类关键帧参数

图 5-61　“00:00:06:00”时“Motion”类关键帧参数

图 5-62　“00:00:08:00”时“Motion”类关键帧参数

9）在“00:00:08:00”处拖入序列“树叶 2”到视频 3 轨道，复制“树叶 1”的所有属性到“树叶 2”，在“00:00:16:00”处拖入序列“树叶 3”到视频 4 轨道，复制“树叶 1”的所有属性到“树叶 3”，这样就完成了森林里飘来嫩叶的主要场景，如图 5-63 所示。

小提示

这里所设置的位置、比例、旋转和透明度的关键帧只是为了模拟树叶飘来的效果，具体制作过程中可以根据自己的喜好调节。音频轨道上的音频可以删除。

10）在“00:00:10:00”处拖动“白雪公主 .psd”到视频 5 轨道，修改其透明度为“50%”，在“00:00:10:00”位于画面右侧的外边，在“00:00:15:00”处位于画面左侧的外边，如图 5-64 和图 5-65 所示。

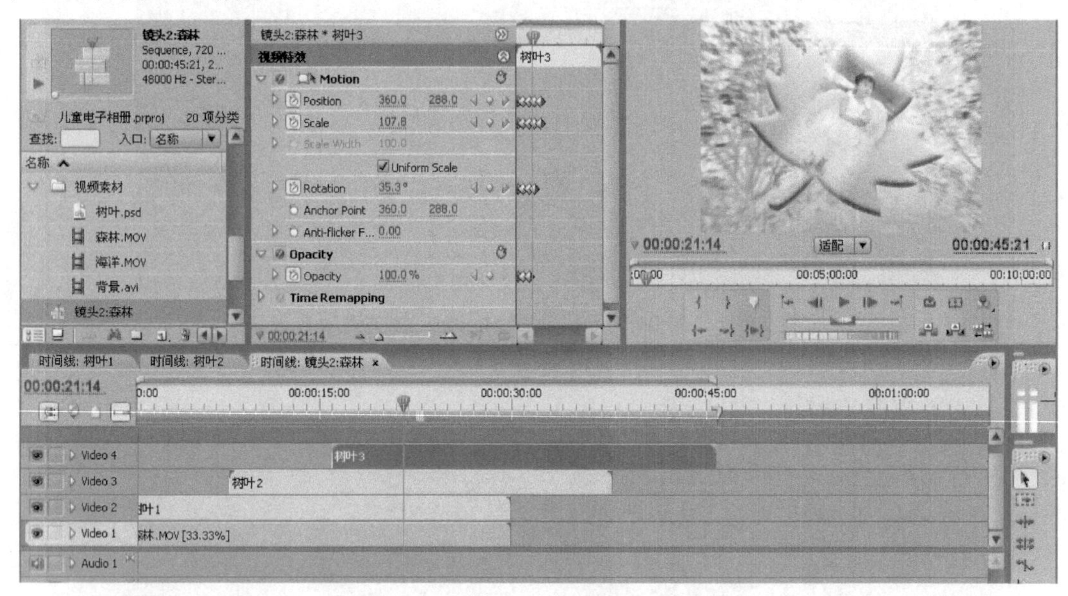

图 5-63　复制属性并依次排列序列

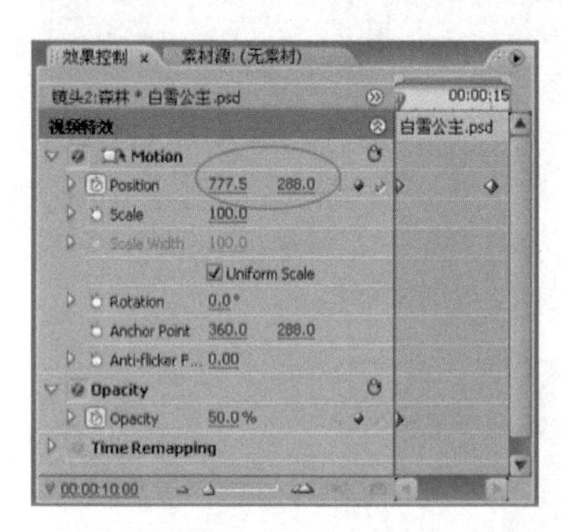

图 5-64　“00:00:10:00”时“Motion”类关键帧参数

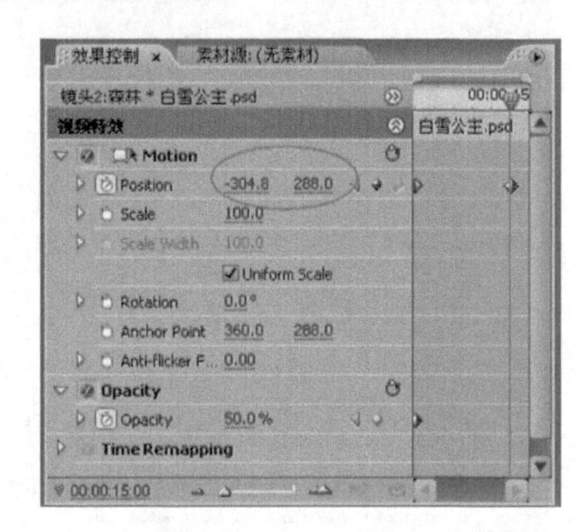

图 5-65　“00:00:15:00”时“Motion”类关键帧参数

11）把“白雪公主 .psd”拖动到“树叶 1”的下方，把所有视频轨道的文件都拖动在“00:00:30:00”结束，完成森林场景的制作，如图 5-66 所示。

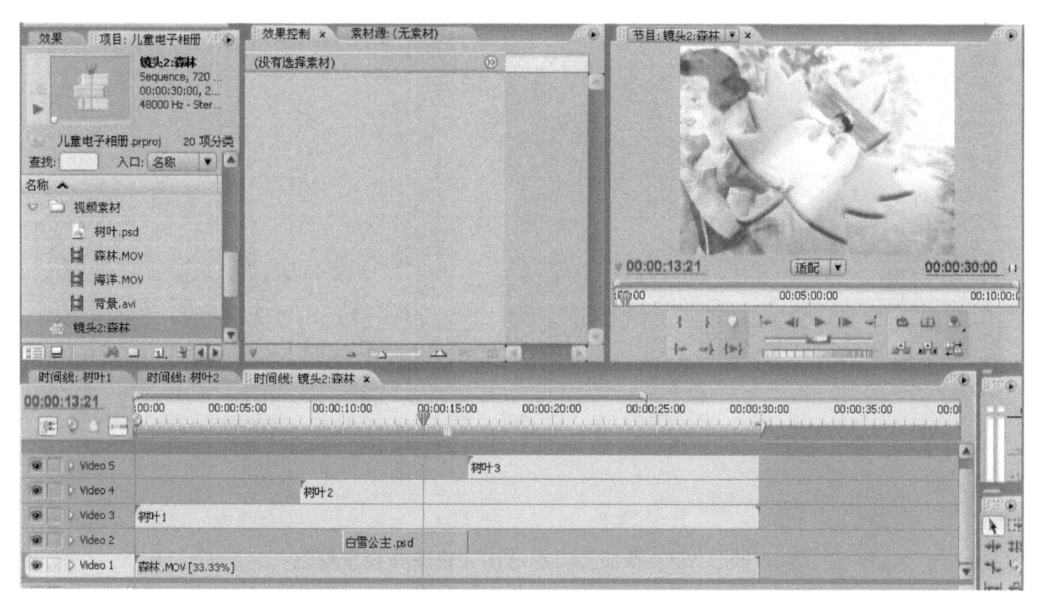

图 5-66　序列“镜头 2：森林”完成界面

镜头三：彩虹画廊（PR）

1）新建序列起名为“镜头 3：彩虹画廊”，拖入视频素材“背景 .avi”，放大尺寸到满屏，如图 5-67 和图 5-68 所示。

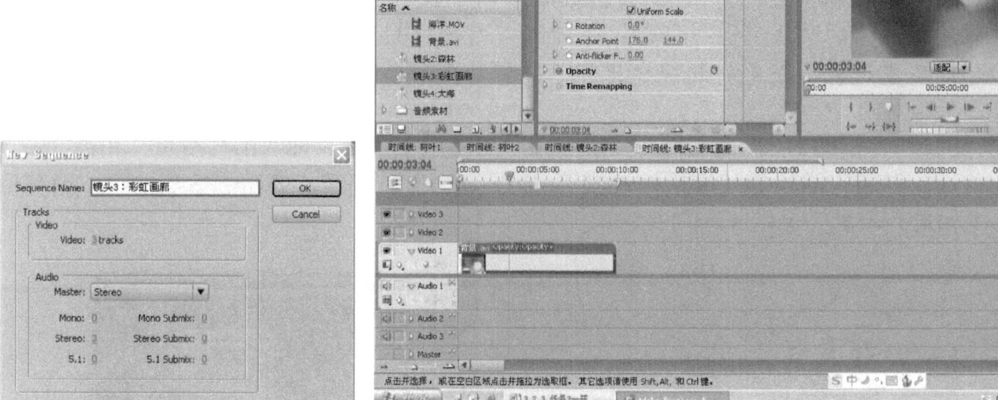

图 5-67　新建序列“彩虹画廊”　　　　　图 5-68　拖动视频素材到时间线并设置尺寸

2）选择特效面板的“Video Effects”（视频特效）→“Color Correction”（色彩调整）→“Brightness & Contrast”到视频文件上，修改“Brightness”为“100”，“Contrast”为“-75”，把背景设置成浅色，如图 5-69 所示。

3）右击视频文件，选择“Speed/Duration”，修改持续时间为 30s。这样就把“镜头 3：彩虹画廊”片段的总时间设置成了 30s，如图 5-70 所示。

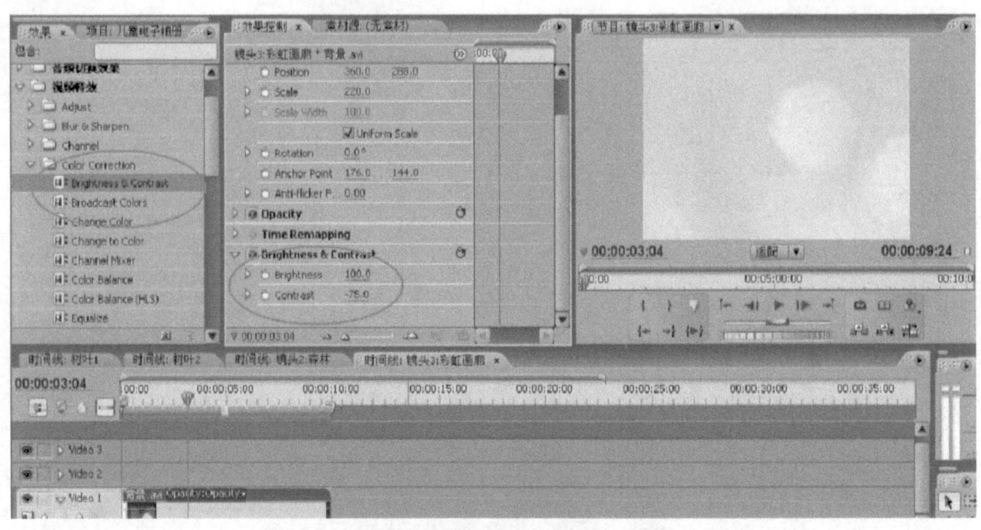

图 5-69　添加亮度和对比度特效并设置属性

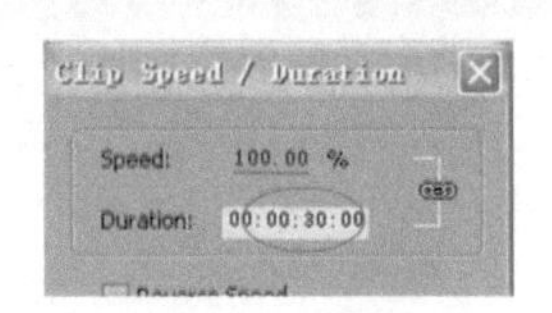

图 5-70　修改素材持续时间为 30s

小提示

在影视片的制作过程中，节奏的把握非常重要。在创作影视稿本的时候就要对整部影片和每个段落所占据的时间有一个概念，不能随心所欲地想到哪里就做到哪里。对于静态图片的展示时间不宜过长，避免引起视觉疲劳，一般静止不动处 2s 就足够。

4）新建序列“相框 1”，拖动照片“s04.jpg”在视频 1 轨道，拖入图片素材“相框 .psd”在视频 2 轨道，把两张图片的长度均拖动到“00:00:10:00”，把照片的比例适当缩小，调整位置使其处于相框的中间，如图 5-71 所示。

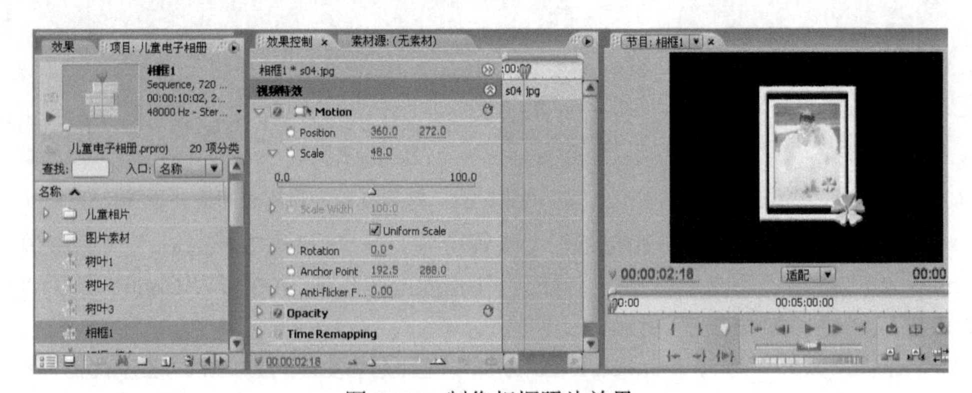

图 5-71　制作相框照片效果

5）用同样的方法完成序列“相框 2”和“相框 3”，分别放置照片“s05.jpg”和“s06.jpg”，照片的属性可以复制“s04.jpg”，如图 5-72 和图 5-73 所示。

图 5-72　制作“相框 2”并粘贴属性

图 5-73　“相框 3”完成效果

6）新建序列“相框 1 综合”，拖动照片“s04.jpg”到视频 1 轨道，拖长到 10s，移动位置到最左边，添加“Edge Feather”和“Roll”特效，设置羽化值为“15”，滚动方向为向下，如图 5-74 ～图 5-76 所示。

图 5-74　照片的综合滤镜效果

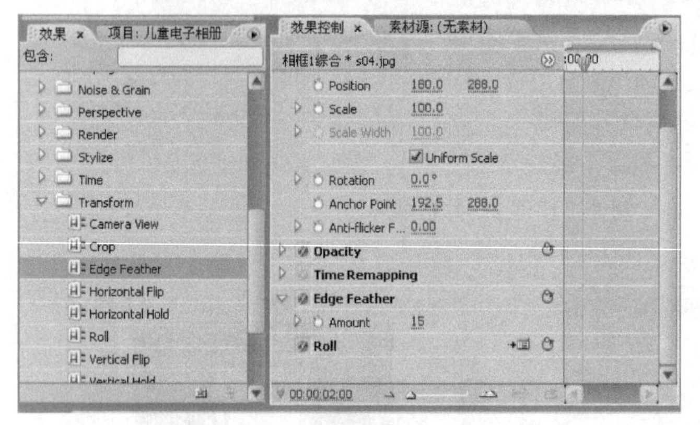

图 5-75　边缘羽化特效参数

图 5-76　滚动特效参数

7）拖动序列“相框 1”到视频 2 轨道的“00:00:00:00”处，修改比例为“70”，打开位置和旋转的关键帧控制按钮，在“00:00:00:00”处设置位置关键帧为“530.2”和“299.2”，旋转角度为“20”；在“00:00:03:00”处设置位置关键帧为“608.7”和“369.1”，旋转角度为“60° ”，如图 5-77 和图 5-78 所示。

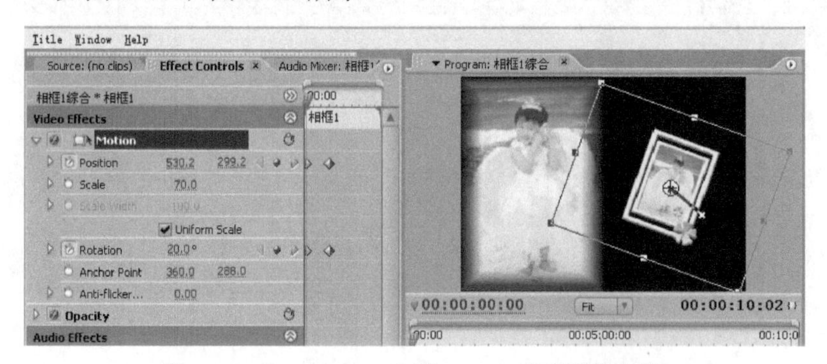

图 5-77　“00:00:00:00”时 Motion 类关键帧参数

图 5-78　“00:00:03:00”时“Motion”类关键帧参数

8）在轨道名称处右击，选择“增加轨道”项，在弹出的窗口中选择增加一条视频轨道，不增加音频轨道，如图 5-79 和图 5-80 所示。

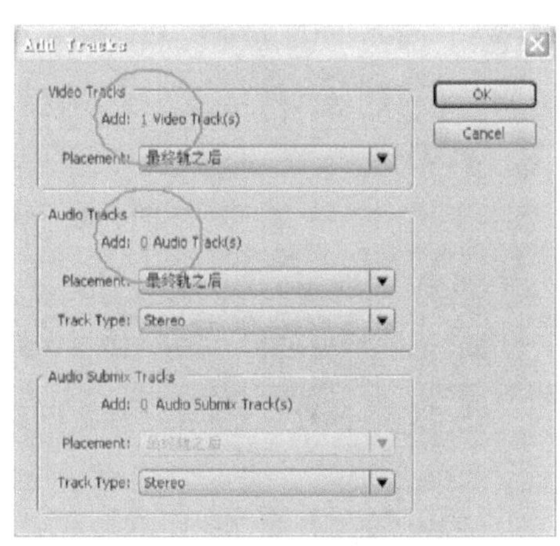

图 5-79　打开“Add Tracks”窗口　　　　图 5-80　添加一条视频轨道

9）为“相框 1”的开头增加 1s 的淡入，复制视频 2 轨道上的“相框 1”，选择视频 3 轨道和视频 4 轨道粘贴，把各轨道上的“相框 1”间隔 1s 排列，如图 5-81 所示。

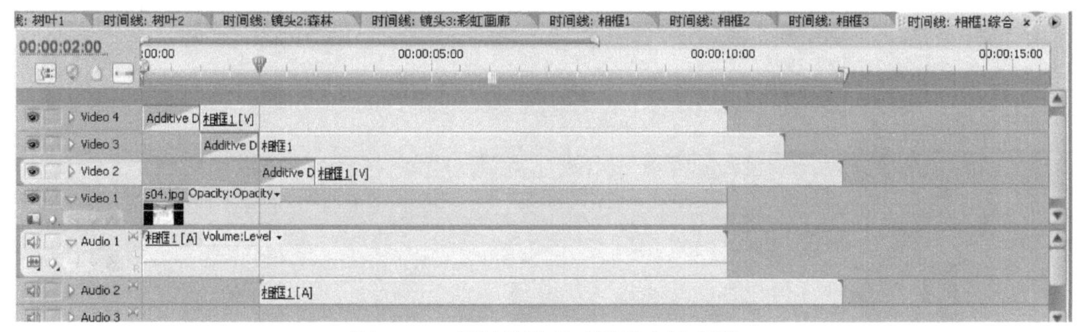

图 5-81　复制并排列时间线上的序列

10）修改视频 3 轨道上“相框 1”的透明度为“60%”，视频 2 轨道上“相框 1”的透明度为“30%”，制作出相框渐隐的效果，如图 5-82 所示。

11）下面用同样的方法制作出序列“相框 2 综合”和“相框 3 综合”，小相框照片分别呈现曲线形和直线形，如图 5-83 和图 5-84 所示。

图 5-82　修改序列的透明度

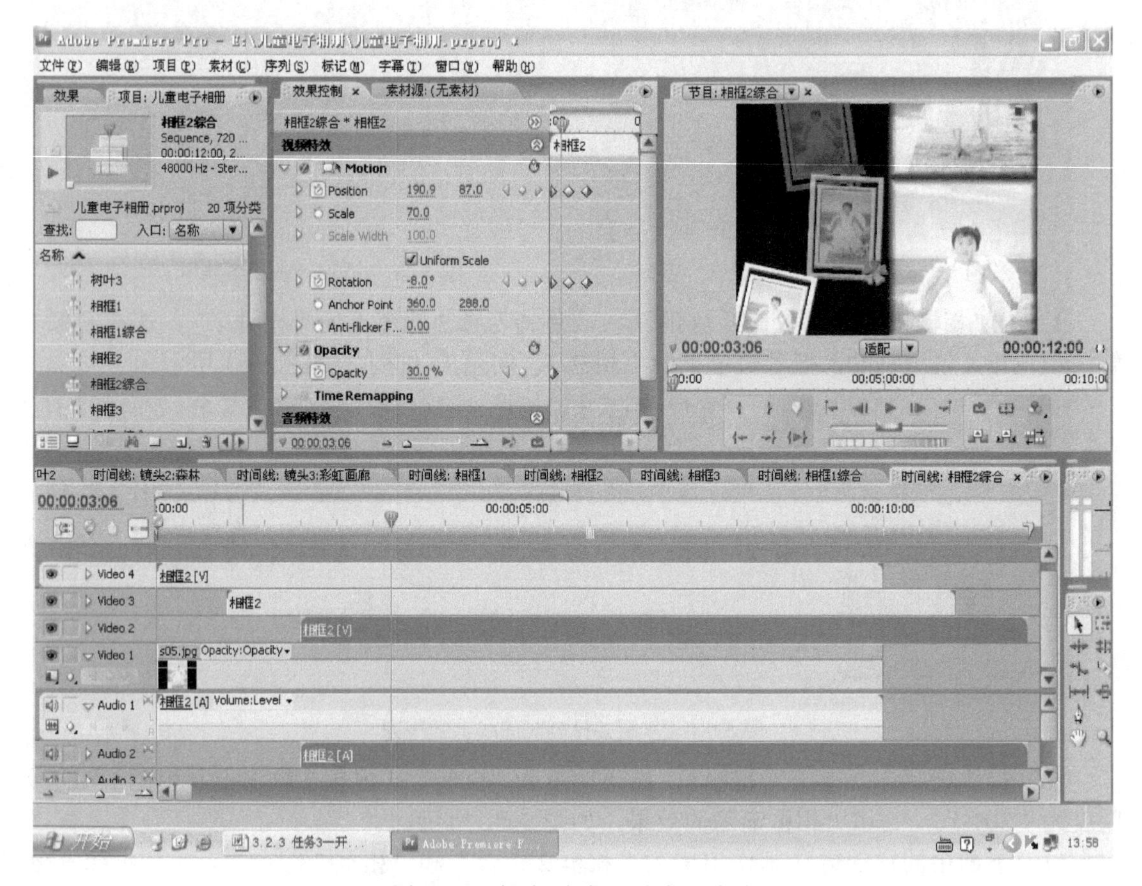

图 5-83　序列“相框 2 综合”效果

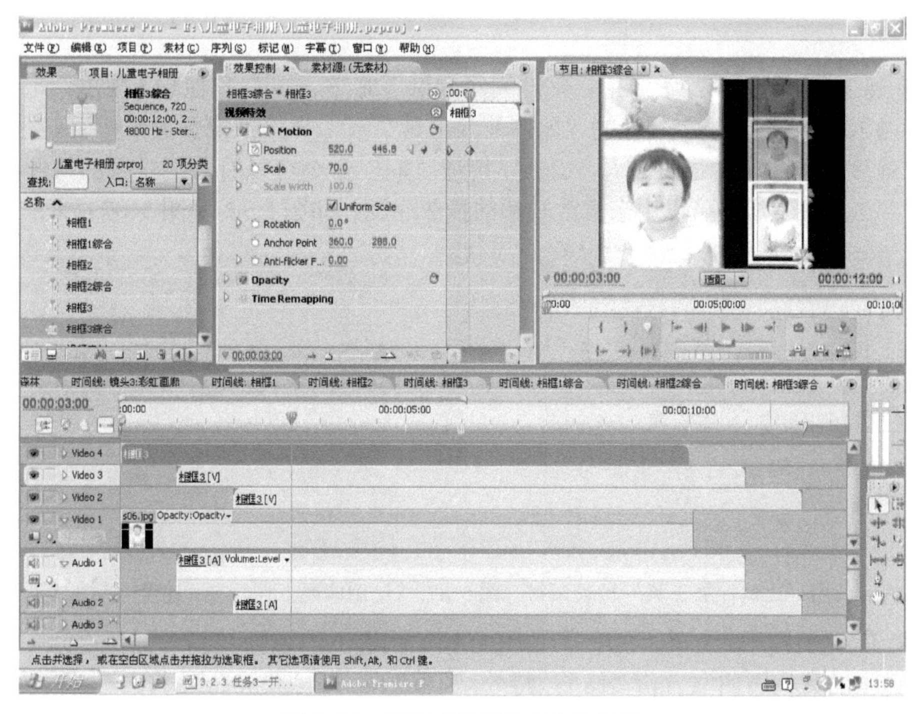

图 5-84　序列“相框 3 综合”效果

12）回到序列“镜头 3：彩虹画廊”，依次拖入“相框 1 综合”“相框 2 综合”和“相框 3 综合”到视频 2 轨道，每段保留 10s，两段相交处添加交叉溶解特效，设置持续时间为 2s，居中在切口，完成镜头 3 的制作，如图 5-85 所示。

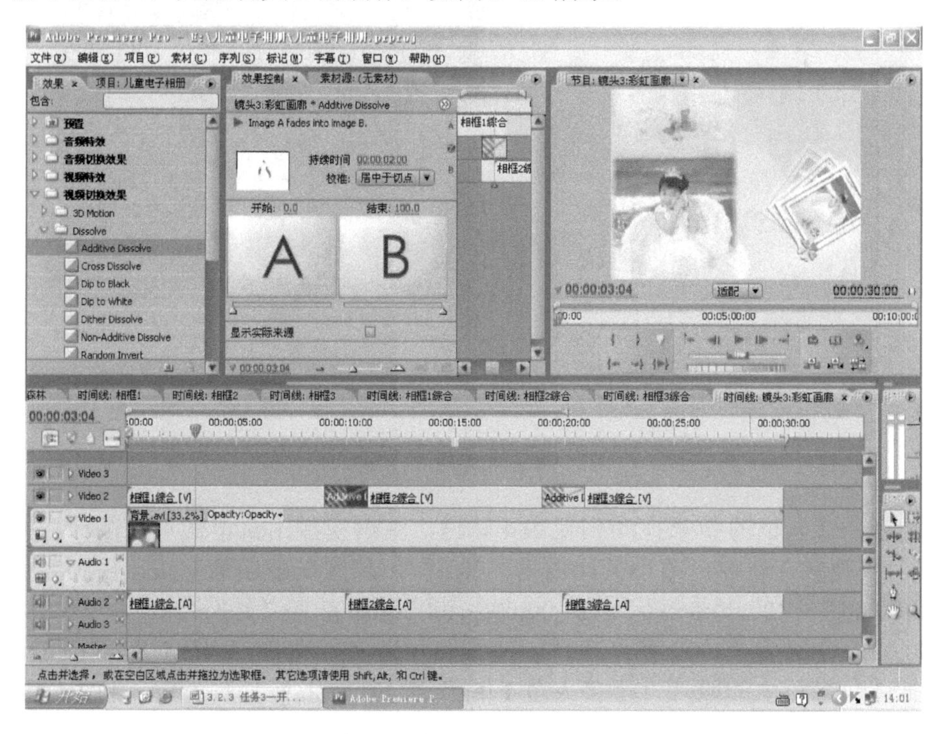

图 5-85　序列“镜头 3：彩虹画廊”最终效果

镜头四：大海（PR）

1）新建序列“镜头4：大海”，拖动视频素材“海洋.mov”到视频1轨道，可以看到视频的长度为10s，下面选择工具栏的“比例伸展工具”，直接把视频拉伸到15s处，这时视频播放的速度被放慢了，通过打开“速度/持续时间”命令可以看到，视频的持续时间已经被调整了。这两种方法都可以用来修改视频的播放速度，如图5-86和图5-87所示。

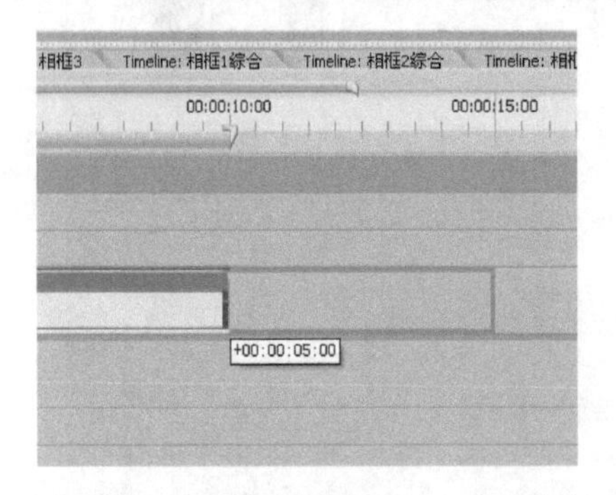

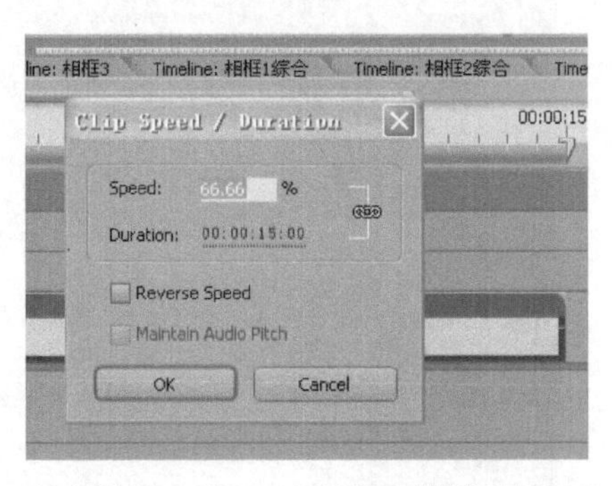

图5-86 用“比例伸展工具”拉长素材　图5-87 “比例伸展工具”与“速度/持续时间”命令同步

2）把素材的比例放大至“120%”，把视频1轨道上的视频复制一份到视频2轨道，给视频2轨道上的素材添加“Crop”（修剪）特效，调整“Top”项为“50%”，修改透明度为“50%”，关闭视频1轨道的可视，可以看到，上层素材只保留了海面部分，如图5-88所示。

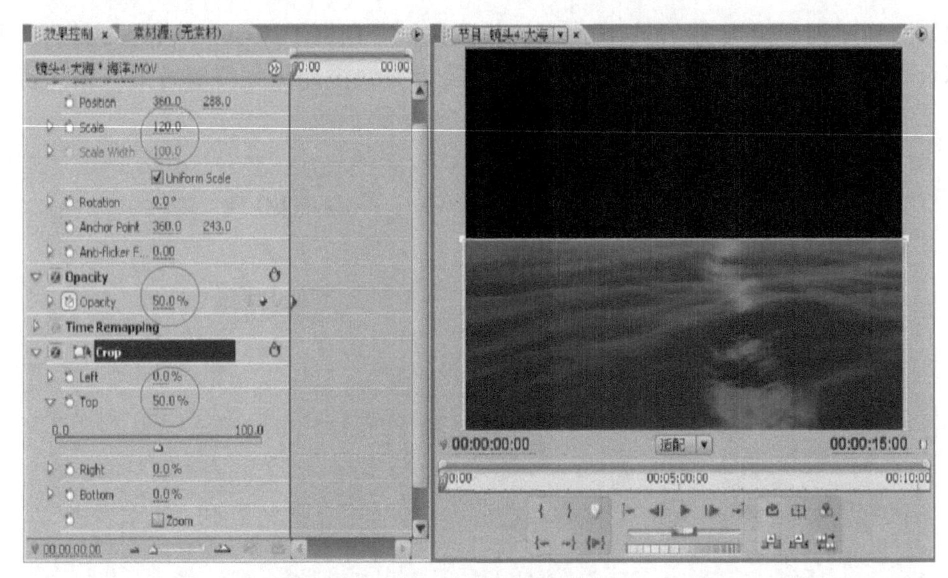

图5-88 大海的综合特效

3）把视频2轨道的视频拖动到视频4轨道，单击视频1轨道的可视图标，拖动照片“s07.jpg”到视频2轨道，缩小其比例为“70%”，放置在画面的左边，控制其持续时间为“00:00:00:00”～“00:00:05:00”。在“00:00:01:00”时设置其位置关键帧为“200”和“500”，在“00:00:03:00”时为“200”和“250”，完成照片出水的效果，如图5-89和图5-90所示。

4）把图片素材中的照片“小美人鱼1.jpg”用Photoshop处理一下，将人物抠出到透明背景上保存为“小美人鱼1.psd”，导入到Premiere的项目素材库，拖动到视频3轨道，控制其持续时间为“00:00:00:00”～“00:00:05:00”。在“00:00:01:00”时设置其位置关键帧为“500”“500”；在“00:00:03:00”时为“500”“250”，完成美人鱼和点点一同出水的效果，如图 5-91 和图 5-92 所示。

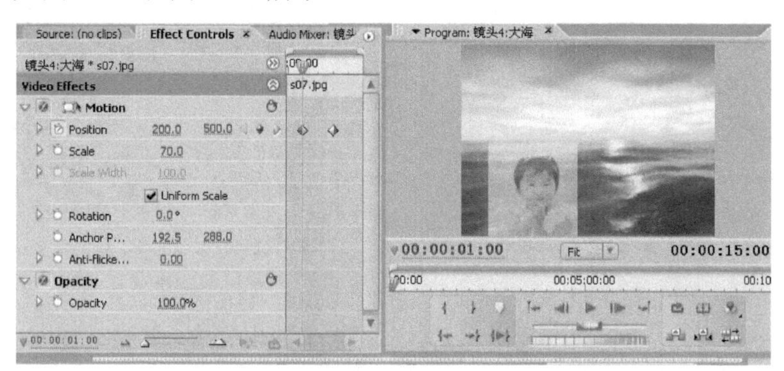

图 5-89　“00:00:00:00”时照片的位置关键帧值

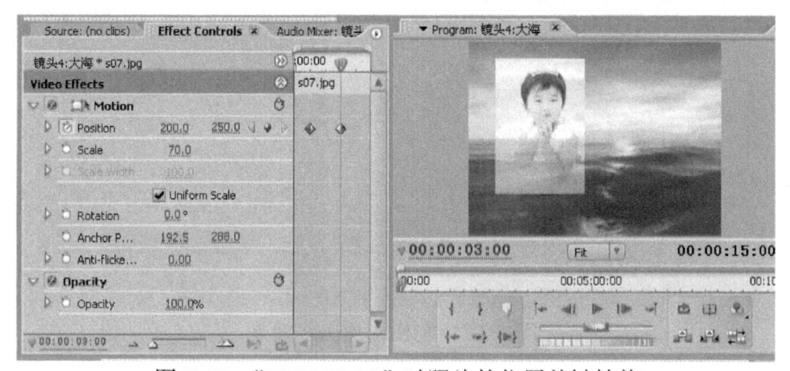

图 5-90　“00:00:03:00”时照片的位置关键帧值

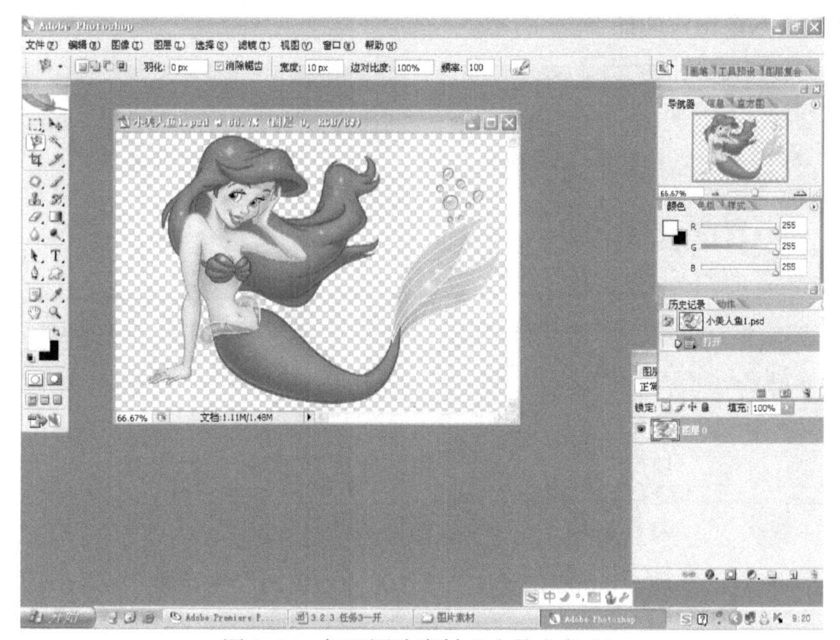

图 5-91　加工图片素材“小美人鱼 1”

图 5-92　制作图片出水效果

5）按 <Ctrl+D> 快捷键为视频 2 轨道和视频 3 轨道的素材开头和结尾分别添加 1s 的交叉溶解，实现淡入淡出，如图 5-93 所示。

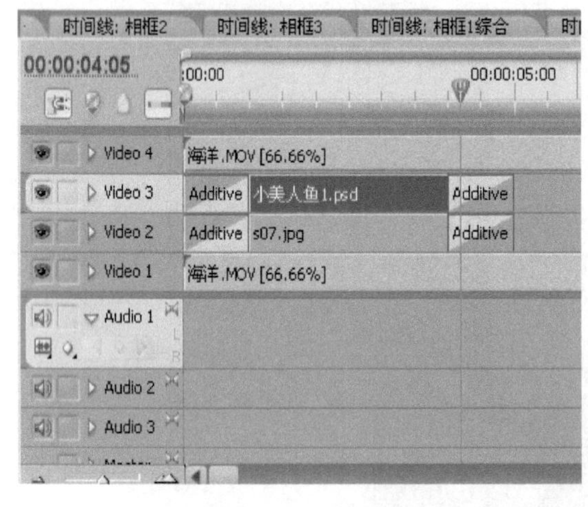

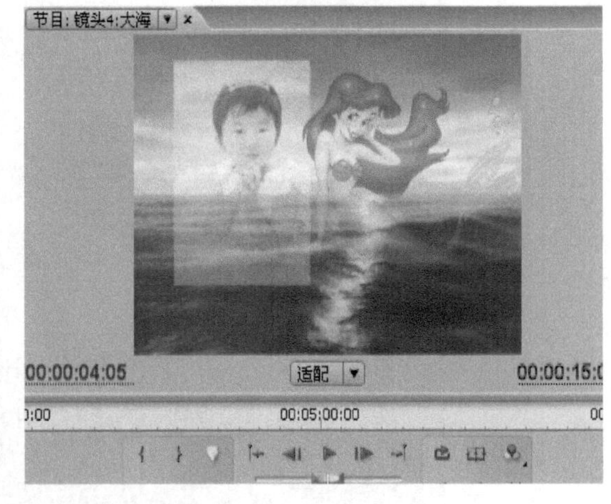

图 5-93　交叉溶解实现图片淡入淡出

6）用同样的方法实现“00:00:05:00”～“00:00:10:00”中照片“s08.jpg”和“小美人鱼 2.psd”图片的出水效果；实现“00:00:10:00”～“00:00:15:00”中照片“h01.jpg”和“小美人鱼 3.psd”图片的出水效果，如图 5-94 和图 5-95 所示。

图 5-94 “小美人鱼 2”出水效果

图 5-95 “小美人鱼 3”出水效果

镜头五：回家（PR）

1）新建序列“镜头 5：回家”，拖动图片素材“房子 .jpg”到视频 1 轨道，修改其比例为“120%”，拖动图片长度到 10s，如图 5-96 所示。

图 5-96　修改背景“房子”的比例

2）拖动照片“h01.jpg”到视频 2 轨道，拖长照片到 10s，在“00:00:02:00”“00:00:04:00”“00:00:06:00”处分别设置图片的位置、比例、透明度（“00:00:05:00”处透明度的参数为“100%”）和基本 3D 参数如图 5-97～图 5-99 所示。

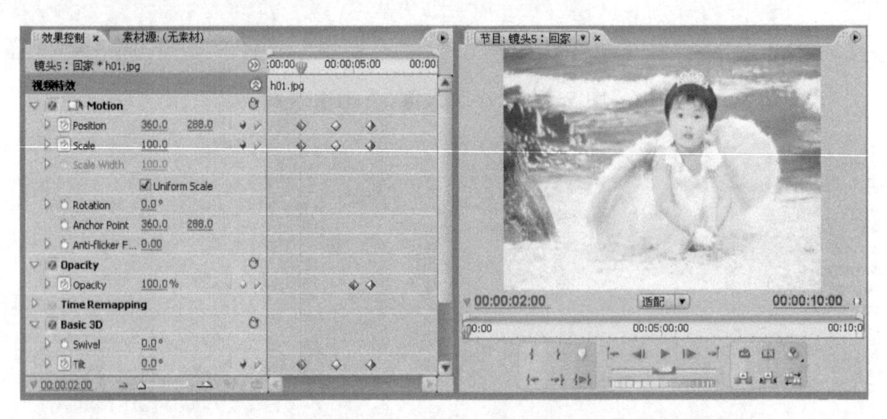

图 5-97　照片在“00:00:02:00”处的“Motion”类关键帧值

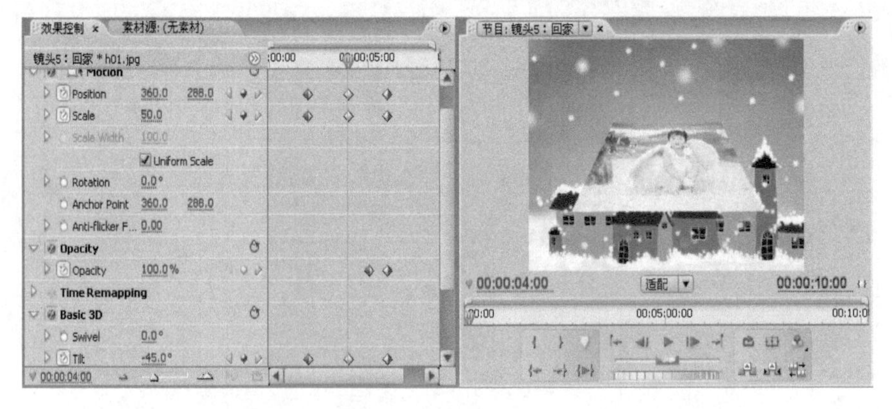

图 5-98　照片在“00:00:04:00”处的“Motion”类关键帧值

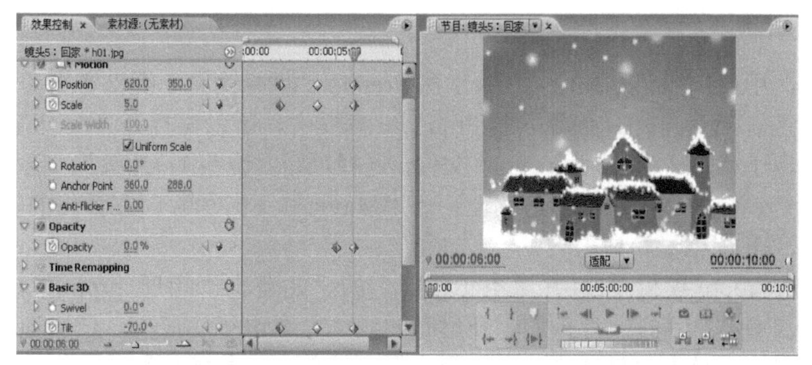

图 5-99　照片在“00:00:06:00”处的“Motion”类关键帧值

3）在“00:00:06:00”处新建字幕文件“片尾”，设置字体为“HYYaYaJ”，字体为“50”，行距为“40”，文字颜色为“白色”，设置黑色阴影；设置完毕把字幕拖动到视频 3 轨道的“00:00:06:00”处，在字幕的开始处添加交叉溶解转场，如图 5-100 和图 5-101 所示。

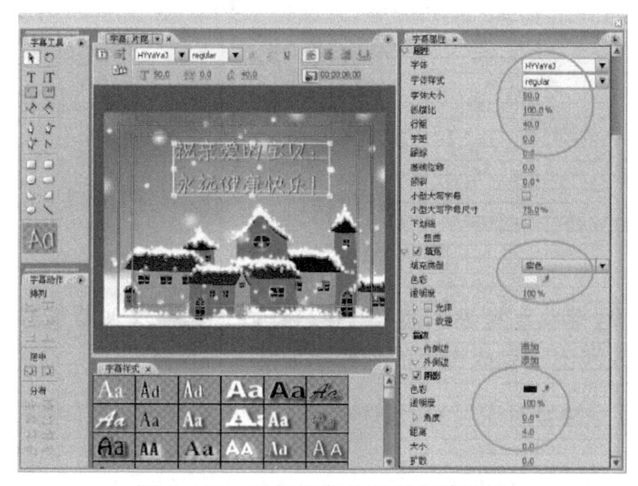

图 5-100　添加字幕并设置字符属性

图 5-101　实现字幕的淡入效果

电子相册串册

1）本电子相册因为涉及 After Effects 和 Premiere 两种软件，所以要先在 After Effects 模板中输出片头，然后再把片头导入到 Premiere 模板中。所以先打开“E:\ 儿童电子相册”文件夹内的“电子相册（AE 片头）.aep”文件，选择项目“镜头 1：片头”，选择菜单“File”（文件）→“Create Proxy”（创建代理）→“Movie”（影片），在弹出的窗口中把影片保存在文件夹“儿童电子相册”内。

2）打开 Premiere 模板“E:\ 儿童电子相册”的“儿童电子相册 .prproj”，导入刚刚合成完毕的影视文件“镜头 1：片头”。新建时间线“儿童电子相册”，依次拖入“镜头 1：片头”“镜头 2：森林”“镜头 3：彩虹画廊”“镜头 4：大海”和“镜头 5：回家”，如图 5-102 所示。

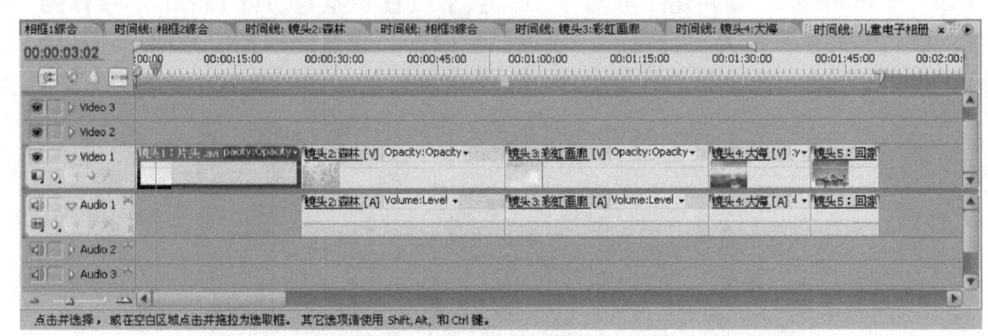

图 5-102　导入所有序列

3）为所有的视频段落头和尾添加淡入淡出转场，为相册添加背景音乐和童声故事配音，设置好背景音乐的淡入淡出，完成模板的制作，如图 5-103 所示。

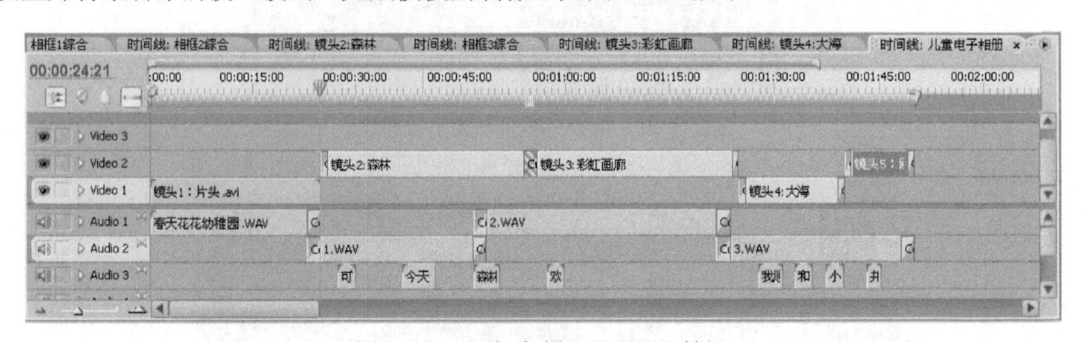

图 5-103　添加音频和淡入淡出转场

我来归纳

本节通过“儿童电子相册”的制作，主要学习了 After Effects CS4 和 Premiere CS3 的综合运用。通过本片的制作可以看出，AE 软件和 PR 软件各有所长，AE 比较适合用来做片头，PR 比较适合做剪辑，在实际做片中要能充分利用两种软件的互补，学会融合两种软件的优点。

课后习题

制作完成一个婚庆电子相册模板。

5.2　上海世博会宣传片

任务描述

2010 年世界博览会在中国上海举办，上海世博会的主题是“城市，让生活更美好”。这是全球瞩目的重大活动，现在，安排你为上海世博会制作一部宣传片，向全世界的人们展示中国的魅力。

任务分析

越是复杂的影片，就越要用简单的手法来表现。本片的片头部分用 AE 特效制作立体盒子，六面的立体表现出全世界统一体的象征意义；片头中穿插快速插入的英文字符，体现出城市快节奏的风格；片中主要运用镜头剪辑、画面切换来表现上海，通过纯粹的画面语言来反映本次世博会的主题精髓。

相关知识点

1．综合运用 Premiere 各类操作技能完成影视片的制作
2．综合运用 After Effects 各类操作技能完成影视片的制作

操作步骤

1．用 AE 软件完成片头的制作

1）打开 After Effects 软件，新建合成“图 1”，设置“Preset”为“Custom”，宽度为“250px”，高度为“250px”，持续时间为 8s，如图 5-104 所示。

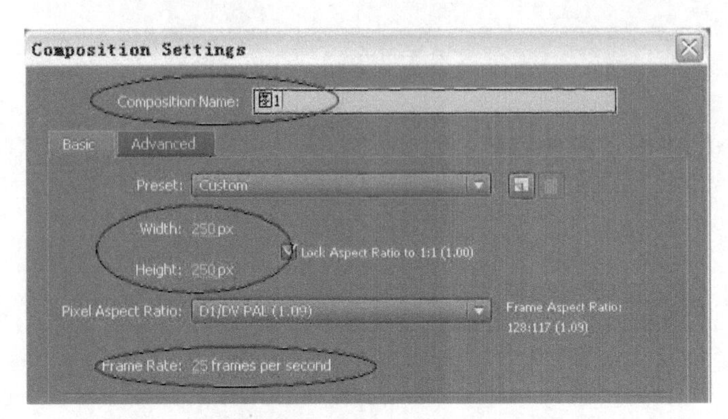

图 5-104 新建合成“图 1”

2）拖动素材图片“01.jpg”到时间线，设置“Position”为“125”“125”，“Scale”（比例）为“34%”，如图 5-105 所示。

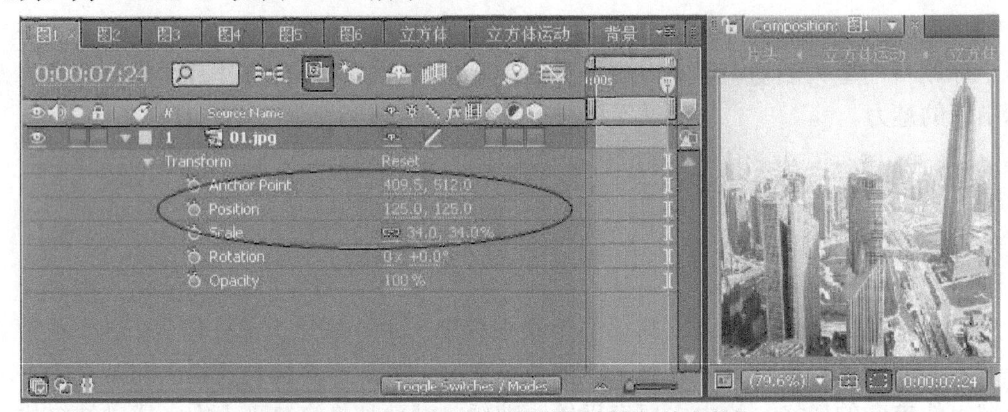

图 5-105 拖入素材并设置位置和比例的参数值

3）新建合成“图 2”，设置“Preset”为“Custom”，宽度为“250px”，高度为“250px”，持续时间为 8s；拖动素材图片“02.jpg”到时间线，设置“Position”为“-167”“125”，“Scale”为“90%”，如图 5-106 所示。

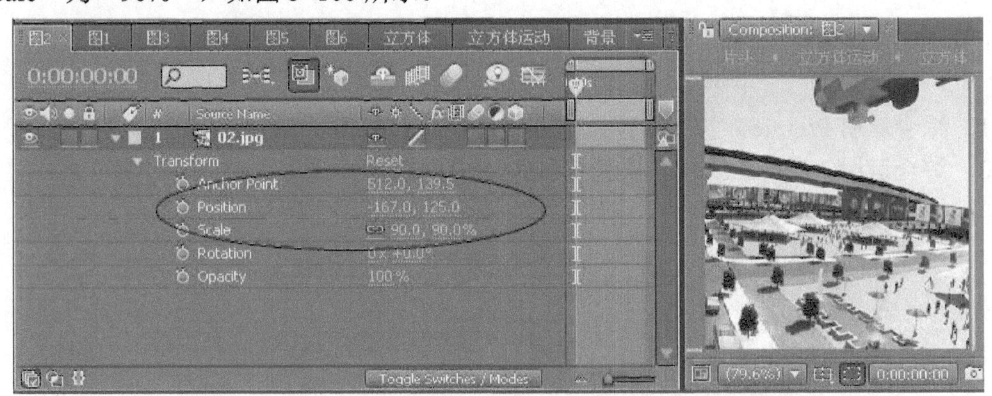

图 5-106 新建合成“图 2”并设置素材的位置和比例参数值

4）新建合成“图 3”，设置“Preset”为“Custom”，宽度为“250px”，高度为“250px”，持续时间为 8s；拖动素材图片“03.jpg”到时间线，设置“Position”为“-169”“125”，“Scale”为“91%”，如图 5-107 所示。

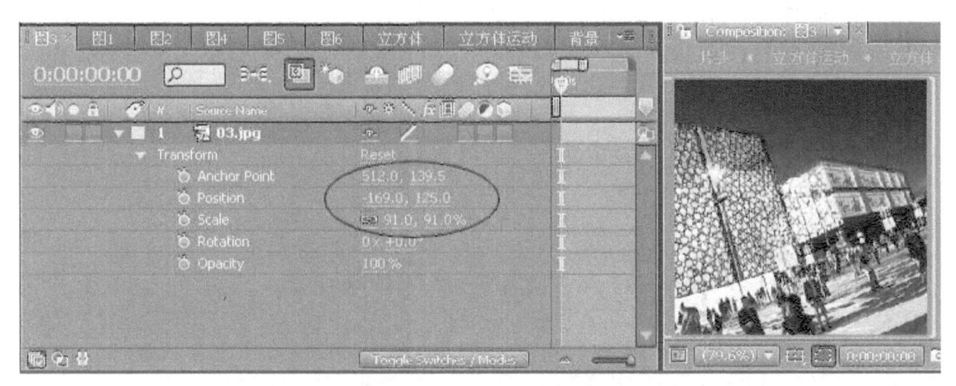

图 5-107　新建合成“图 3”并设置素材的位置和比例参数值

5）新建合成“图 4”，设置“Preset”为“Custom”，宽度为“250px”，高度为“250px”，持续时间为 8s；拖动素材图片“04.jpg”到时间线，设置“Position”为“125”“125”，“Scale”为“33%”，如图 5-108 所示。

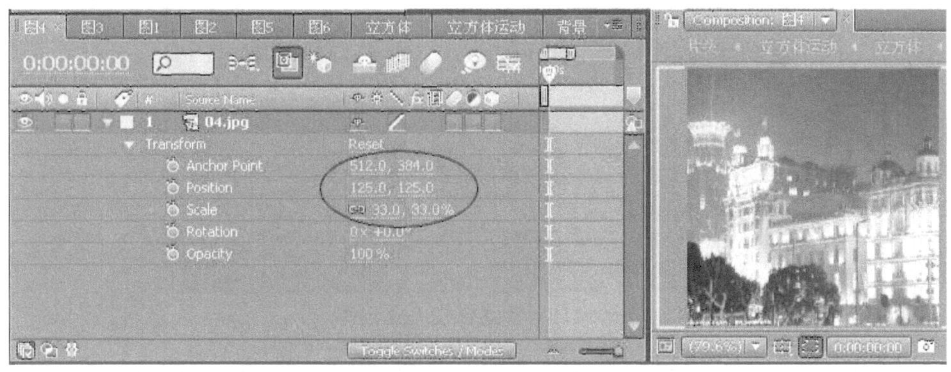

图 5-108　新建合成“图 4”并设置素材的位置和比例参数值

6）新建合成“图 5”，设置“Preset”为“Custom”，宽度为“250px”，高度为“250px”，持续时间为 8s；拖动素材图片“05.jpg”到时间线，设置“Position”为“125”“125”，“Scale”为“41%”，如图 5-109 所示。

图 5-109　新建合成“图 5”并设置素材的位置和比例参数值

7）新建合成“图 6”，设置“Preset”为“Custom”，宽度为“250px”，高度为“250px”，

持续时间为 8s；拖动素材图片“06.jpg”到时间线，设置“Position”为“125”“125”，“Scale”为“41%”，如图 5-110 所示。

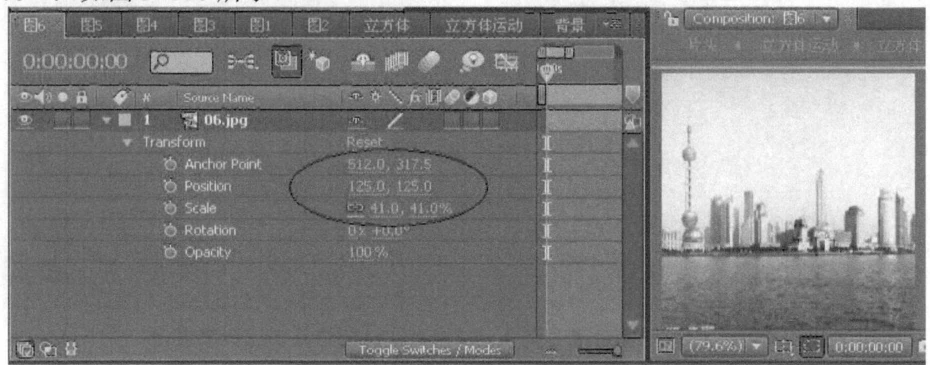

图 5-110　新建合成“图 6”并设置素材的位置和比例参数值

8）新建合成“立方体”，设置“Preset”为“PAL D1/DV”，持续时间为 8s，如图 5-111 所示。

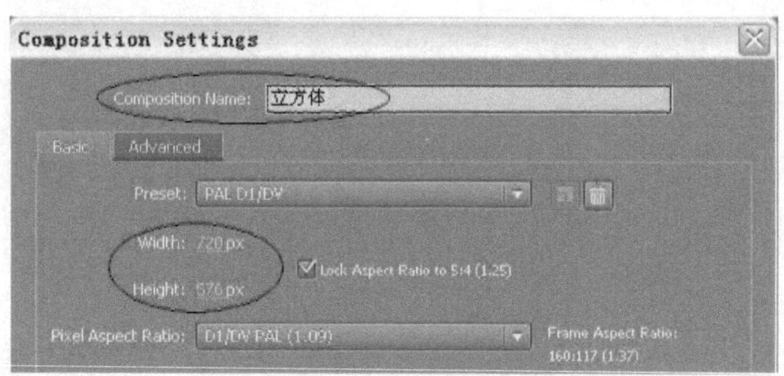

图 5-111　新建合成“立方体”

9）依次拖动合成“图 1”“图 2”“图 3”“图 4”“图 5”“图 6”到时间线，打开所有层的 3D 开关；选中层“图 1”，用“矩形遮罩工具”沿画面边缘绘制遮罩，把遮罩复制到所有层，如图 5-112 所示。

图 5-112　打开所有层的 3D 开关并绘制矩形遮罩

10）设置各层的“Rotation”（旋转）参数如图 5-113 所示。

图 5-113　分别设置各层的旋转参数值

11）设置各层的“Position”参数如图 5-114 所示。

图 5-114　分别设置各层的位置参数值

12）选中层“图 1”，添加“Stroke”和“Glow”特效，参数设置如图 5-115 所示。

13）新建摄像机图层，参数保持默认，如图 5-116 所示。

14）在“0:00:00:00”处打开参数“Position”前的关键帧触发按钮，设置其值为“360”“288”“-1094”，如图 5-117 所示。

15）在“0:00:00:15”处设置参数“Position”的关键帧值为“-377.7”“226”“-736”，如图 5-118 所示。

16）在“0:00:01:05”处设置参数“Position”的关键帧值为“-155.7”“984.2”“627.6”，如图 5-119 所示。

图 5-115　添加“Stroke”和“Glow”特效并设置参数

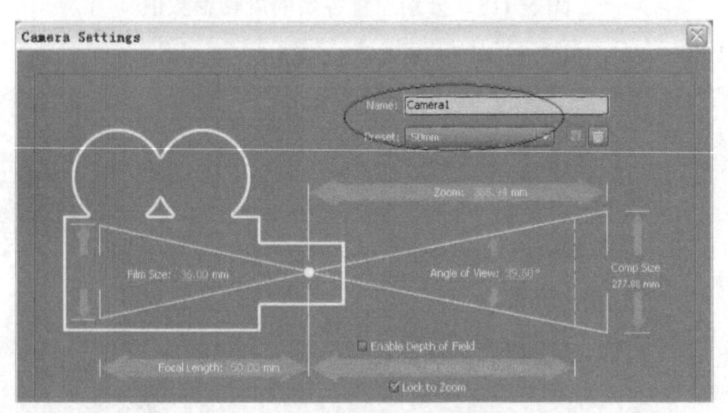
图 5-116　新建摄像机图层

图 5-117　在“0:00:00:00”处设置位置参数的关键帧值

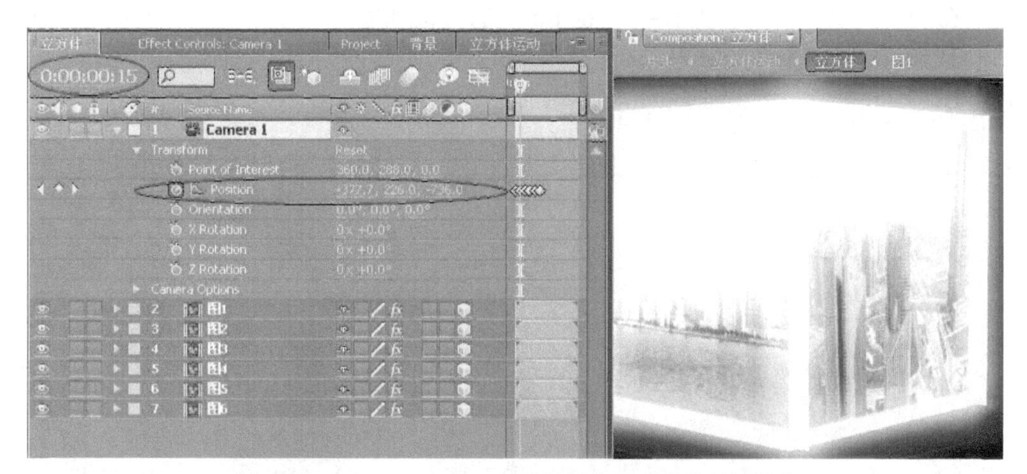

图 5-118　在“0:00:00:15”处设置位置参数的关键帧值

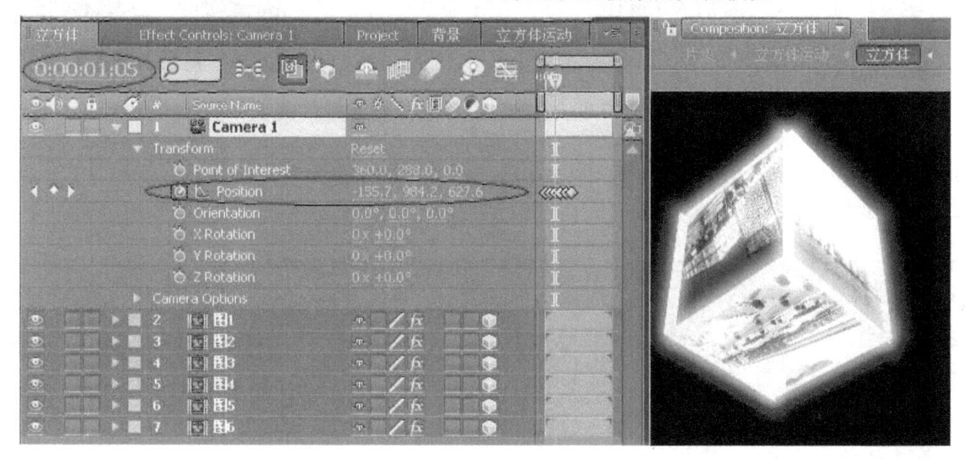

图 5-119　在“0:00:01:05”处设置位置参数的关键帧值

17）在“0:00:01:20”处设置参数“Position”的关键帧值为“1260.3”“603.9”“356.4，如图 5-120 所示。

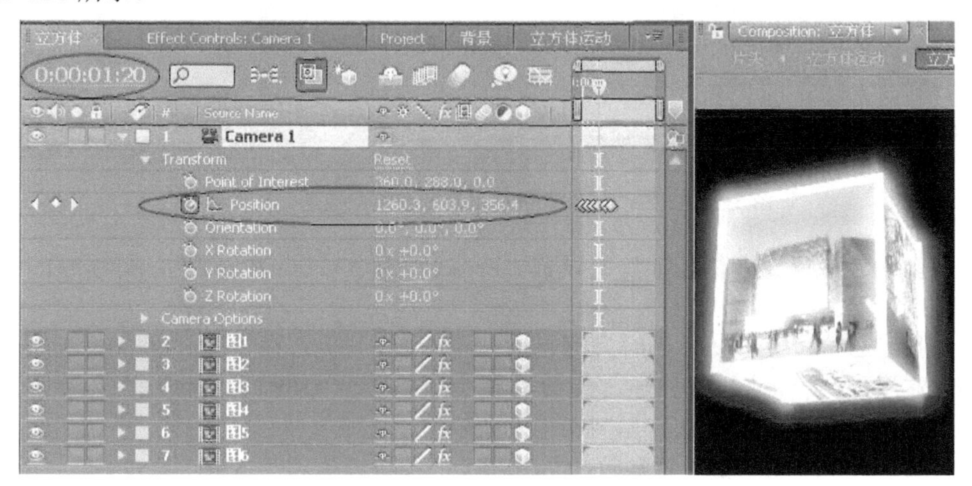

图 5-120　在“0:00:01:20”处设置位置参数的关键帧值

18）在“0:00:02:10”处设置参数“Position”的关键帧值为“786.7”“-644.5”“-330.8”，如图 5-121 所示。

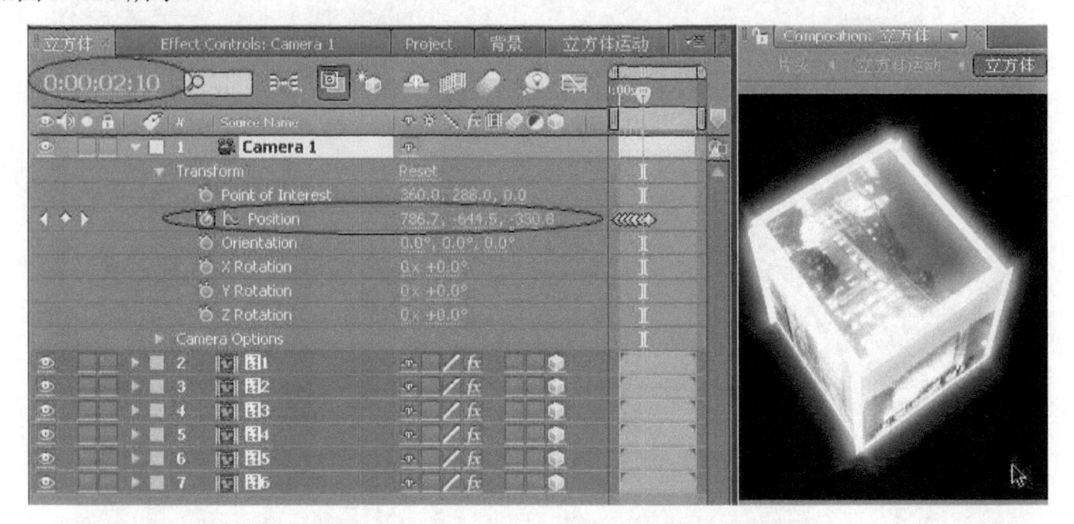

图 5-121　在“0:00:02:10”处设置位置参数的关键帧值

19）在“0:00:03:00”处设置参数“Position”的关键帧值为“-274.5”“-172.7”“-709.1”，如图 5-122 所示。

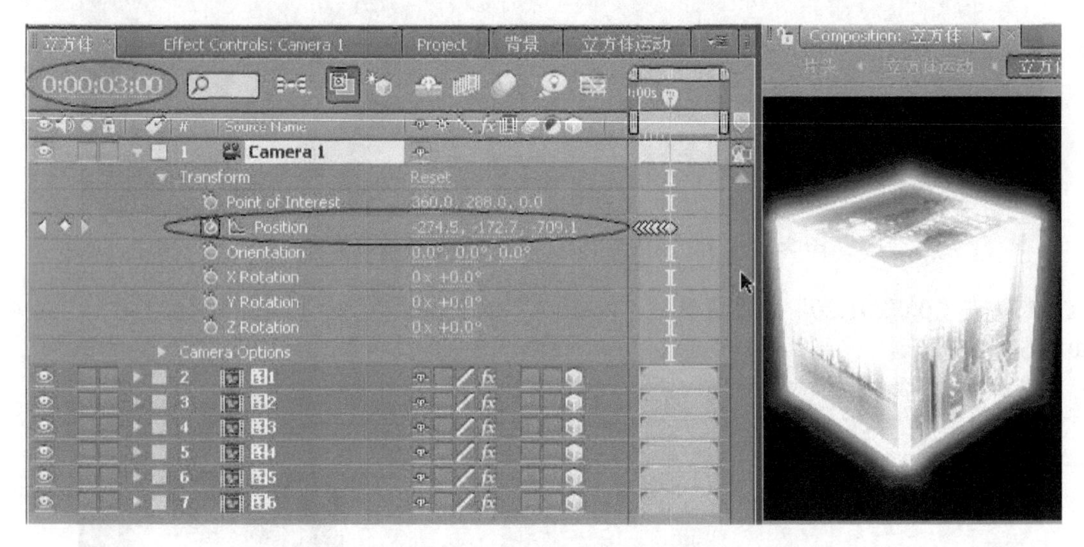

图 5-122　在“0:00:03:00”处设置位置参数的关键帧值

20）新建合成“立方体运动”，设置“Preset”为“PAL D1/DV”，持续时间为 8s，如图 5-123 所示。

21）拖动合成“立方体”到时间线轨道，打开 3D 开关，在“0:00:00:00”处打开参数“Position”前的关键帧触发按钮，设置其值为“74.2”“288”“-840.2”；添加“Drop Shadow”特效，参数保持默认，如图 5-124 所示。

22）在“0:00:01:00”处设置参数“Position”的关键帧值为“158.6”“529.4”“869.9”，如图 5-125 所示。

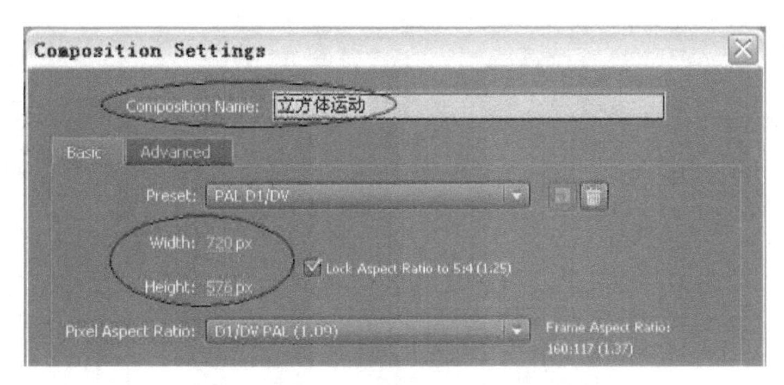

图 5-123 新建合成“立方体运动”

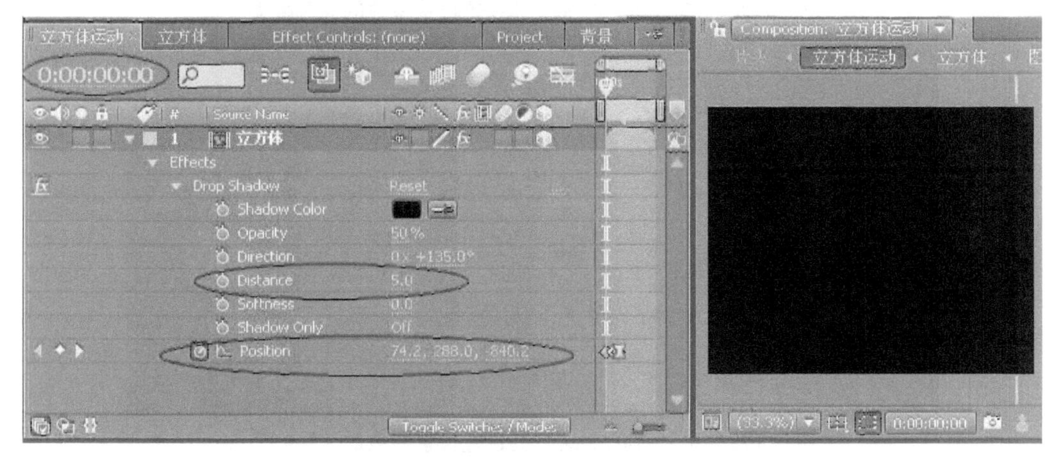

图 5-124 添加“Drop Shadow”特效并设置参数

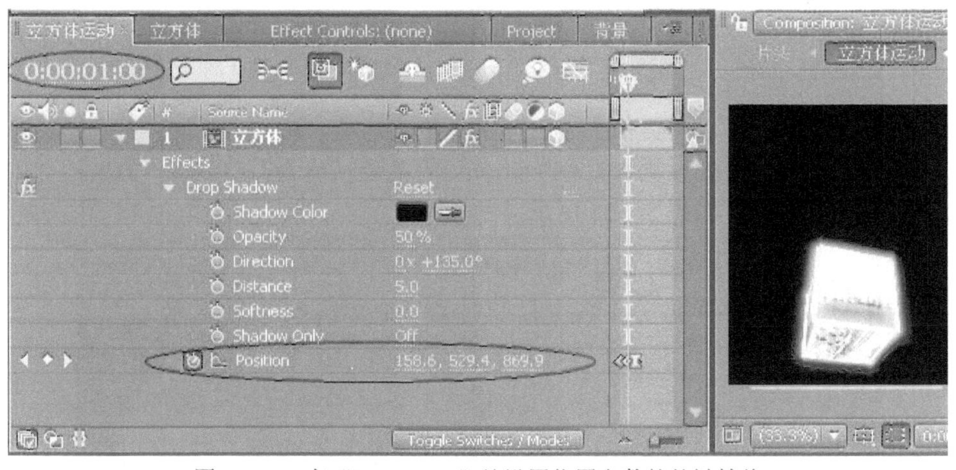

图 5-125 在“0:00:01:00”处设置位置参数的关键帧值

23）在“0:00:02:00”处设置参数“Position”的关键帧值为“134.8”“121.3”“1846.4”，如图 5-126 所示。

24）在“0:00:02:01”处再为参数“Position”添加一个关键帧值为“134.8”“121.3”“1846.4”，设置该关键帧为“Easy In”，如图 5-127 所示。

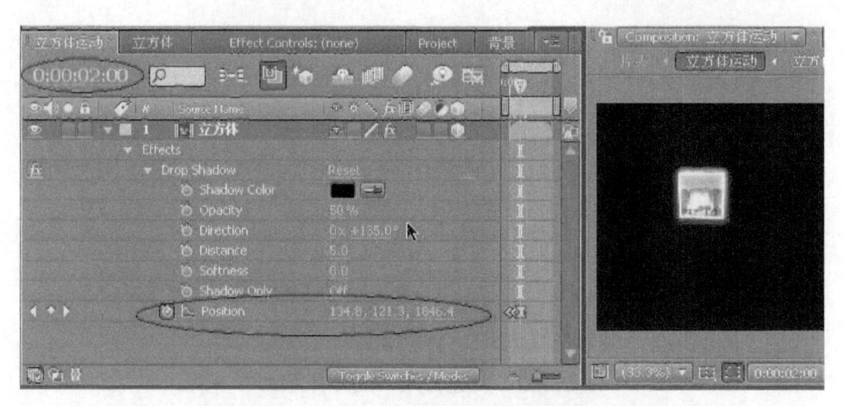

图 5-126　在“0:00:02:00”处设置位置参数的关键帧值

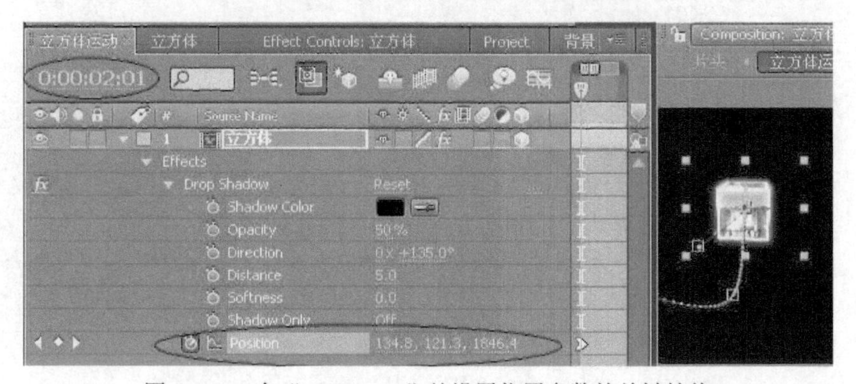

图 5-127　在“0:00:02:01”处设置位置参数的关键帧值

小提示

先设置好关键帧，再在关键帧上右击弹出菜单，选择“Easy In”项。

25）在“0:00:02:04”处设置参数“Position”的关键帧值为“134.8”“318.3”“218.1”，完成立方体的运动轨迹，如图 5-128 所示。

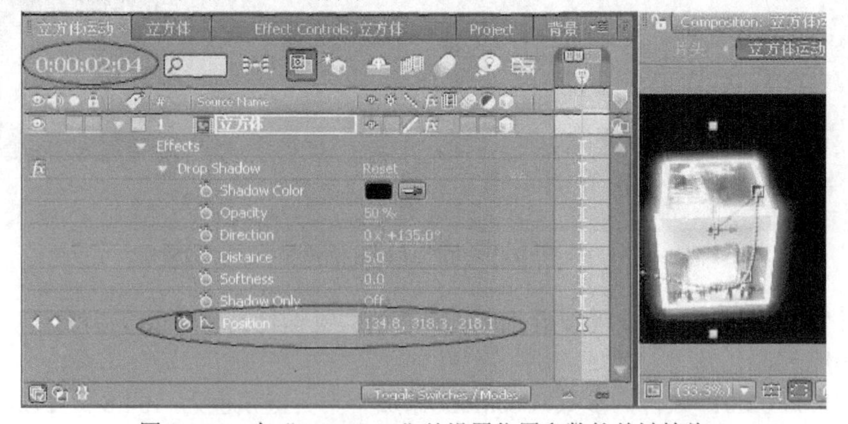

图 5-128　在“0:00:02:04”处设置位置参数的关键帧值

26）新建合成“背景”，设置“Preset”为“PAL D1/DV”，持续时间为 8s，如图 5-129 所示；新建固态层“渐变”，设置与合成大小相同的尺寸，如图 5-130 所示。

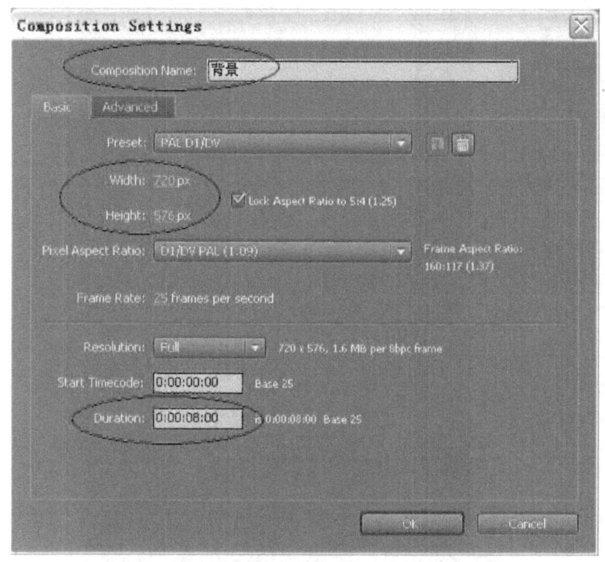

图 5-129　新建合成“背景”

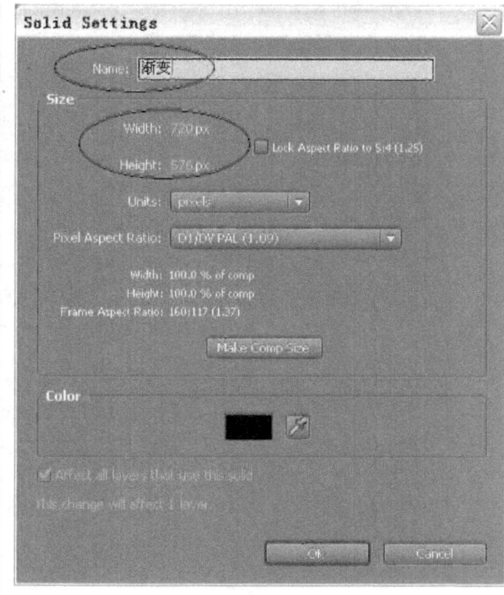

图 5-130　新建固态层“渐变”

27）为固态层“渐变”添加“Ramp”特效，设置参数“Start of Ramp”为“0”“576”；“Start Color”为“淡黄色”（R=255、G=137、B=288）；“End of Ramp”为“720”“-2.2”；“End Color”为“橙色”（R=255、G=162、B=0），如图 5-131 所示。

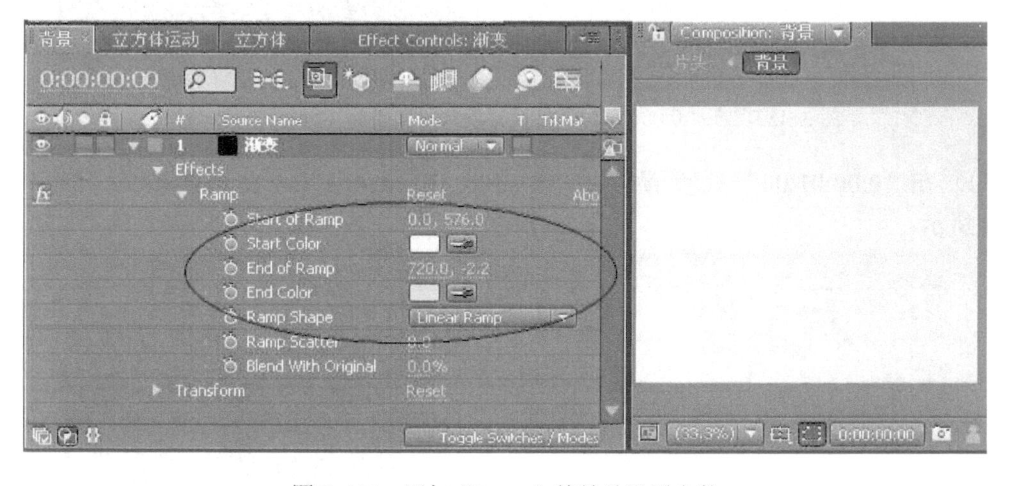

图 5-131　添加“Ramp”特效并设置参数

28）新建固态层“光晕”，设置与合成大小相同的尺寸，添加“Lens Flare”（光晕）特效，设置参数“Flare Center”（光晕中心）为“677.8，34.6”，其他保持默认，设置“光晕”层的叠加模式为“Overlay”，如图 5-132 所示。

29）新建合成“字符”，设置“Preset”为“PAL D1/DV”，持续时间为 8s；新建固态层，设置与合成大小相同的尺寸，添加“Path Text”特效，设置参数“Fill Color”为“白色”（R=255、G=255、B=255），“Size”为“50”；在“0:00:00:00”处打开参数“Visible

Characters”（可视字符），设置参数为“0”，如图 5-133 所示。

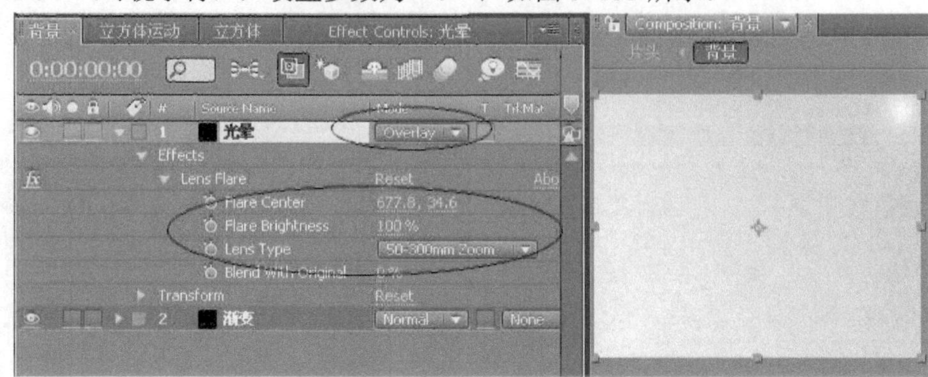

图 5-132　添加“Lens Flare”特效并设置参数

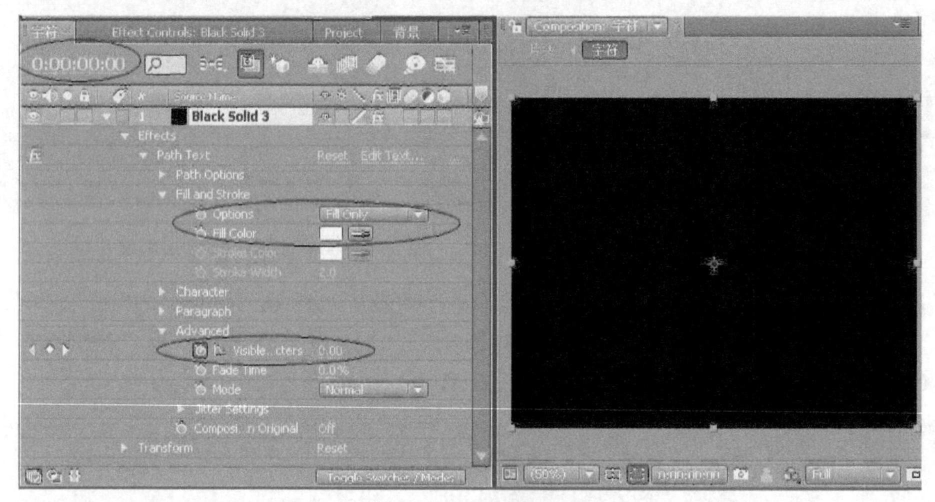

图 5-133　在“0:00:00:00”处设置参数“Visible Characters”的值

30）在“0:00:01:00”处设置参数“Visible Characters”，设置参数为“5”，如图 5-134 所示。

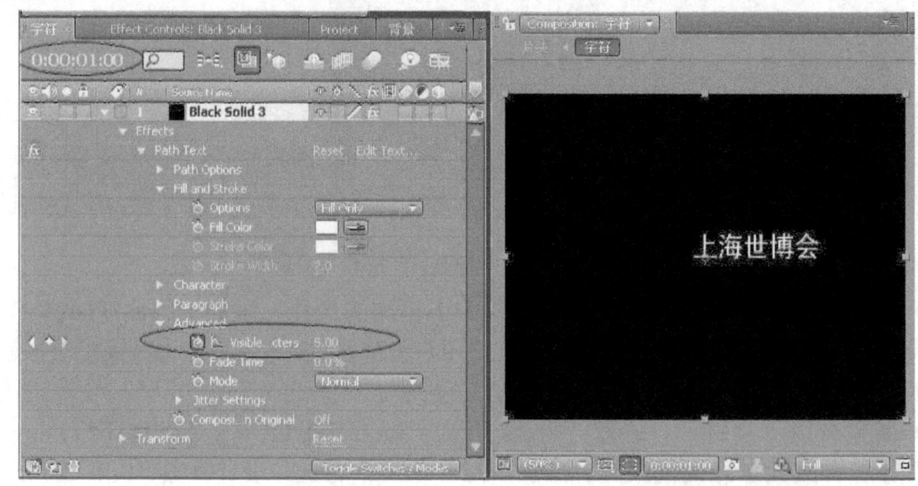

图 5-134　在“0:00:01:00”处设置参数“Visible Characters”的值

31）使用“文字工具”输入 5 行文字，如图 5-135 所示，注意文字的位置排列。

图 5-135　输入装饰字符

32）在“0:00:01:00”处打开所有文字层的参数“Position”，设置 X 值为“725”，如图 5-136 所示。

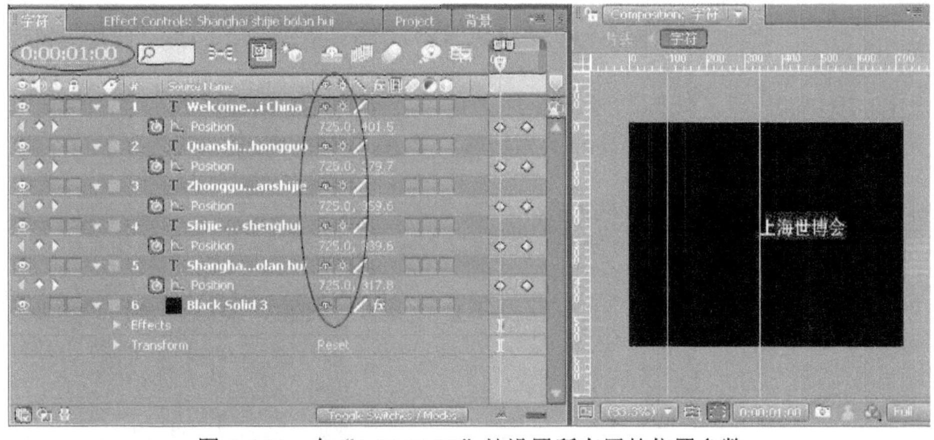

图 5-136　在“0:00:01:00”处设置所有层的位置参数

33）在“0:00:01:10”处设置所有文字层的参数“Position”的 X 值为“339”，如图 5-137 所示。

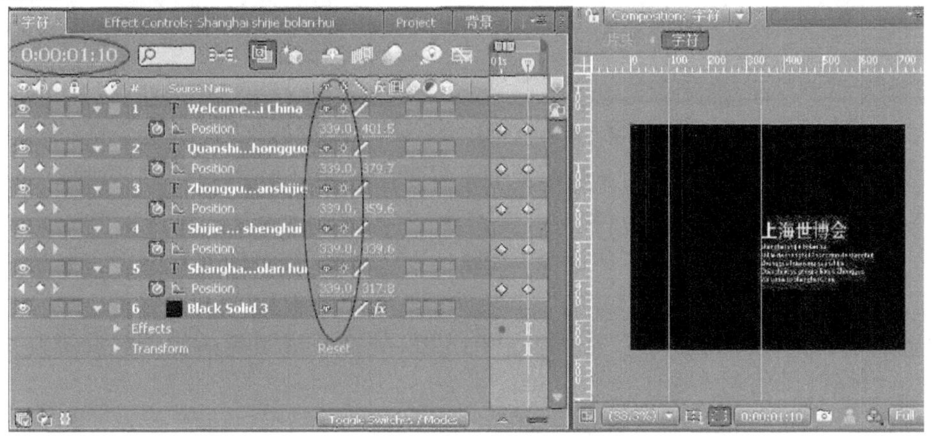

图 5-137　在“0:00:01:10”处设置所有层的位置参数

34）把所有字符层的关键帧参数依次往后拖动，让上一层的第一个关键帧和下一层的第二个关键帧在同一位置，实现字符依次出现的效果，如图 5-138 所示。

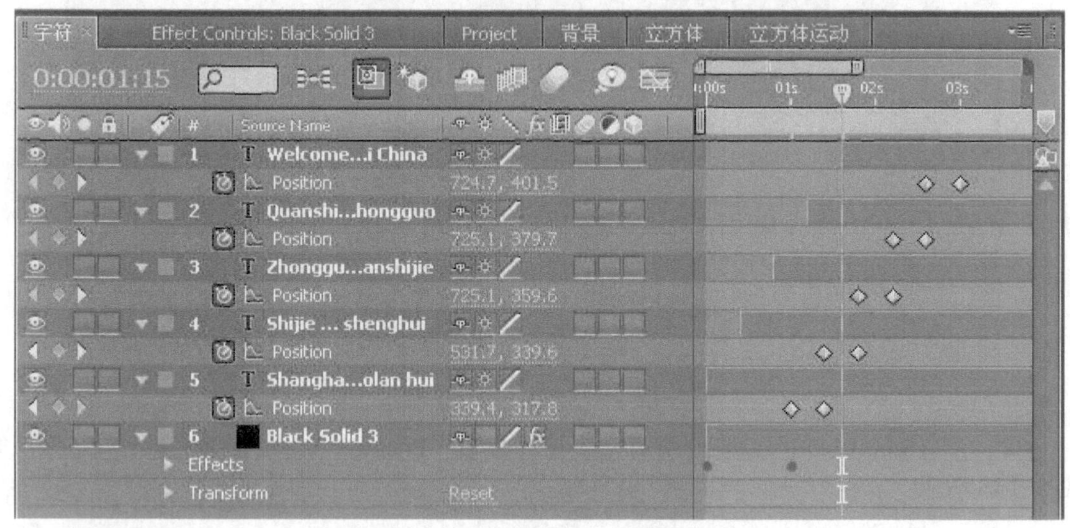

图 5-138　依次排列各文字层的位置

35）在“0:00:01:15”处拖动素材图片“花纹 .psd”到时间线轨道，添加遮罩，打开遮罩前的关键帧触发按钮，设置遮罩形状为线性，如图 5-139 所示。

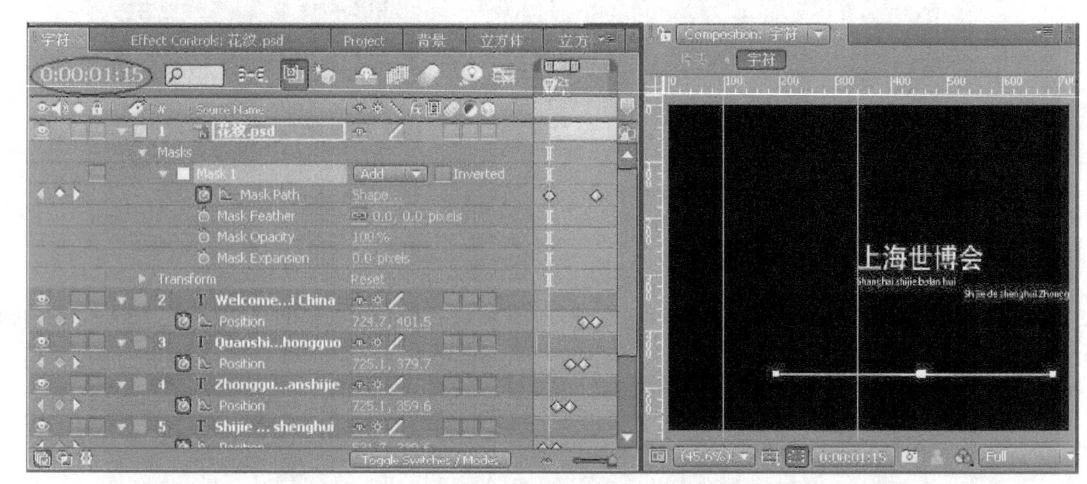

图 5-139　在“0:00:01:15”处设置遮罩的形状

36）在“0:00:03:00”处修改遮罩形状为矩形，让所有花纹完全显示，如图 5-140 所示。

37）新建合成“片头”，设置“Preset”为“PAL D1/DV”，持续时间为 8s；依次拖动合成“背景”“立方体运动”“立方体运动”“字符”到时间线轨道，设置背景层上方的“立方体运动”层透明度为“30%”；新建固态层“覆盖层”，设置与合成大小相同的尺寸，叠加模式为“Overlay”；在“0:00:03:00”处打开透明度前的关键帧触发按钮，设置其值为“0%”，如图 5-141 所示。

38）在“0:00:05:00”处设置透明度的关键帧值为“50%”，完成片头的制作，如图 5-142 所示。

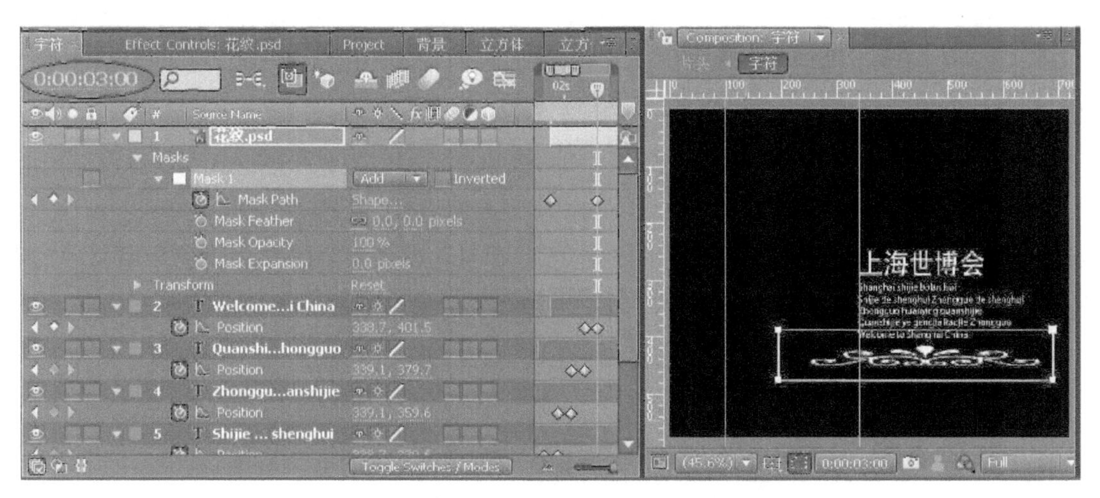

图 5-140　在“0:00:03:00”处设置遮罩的形状

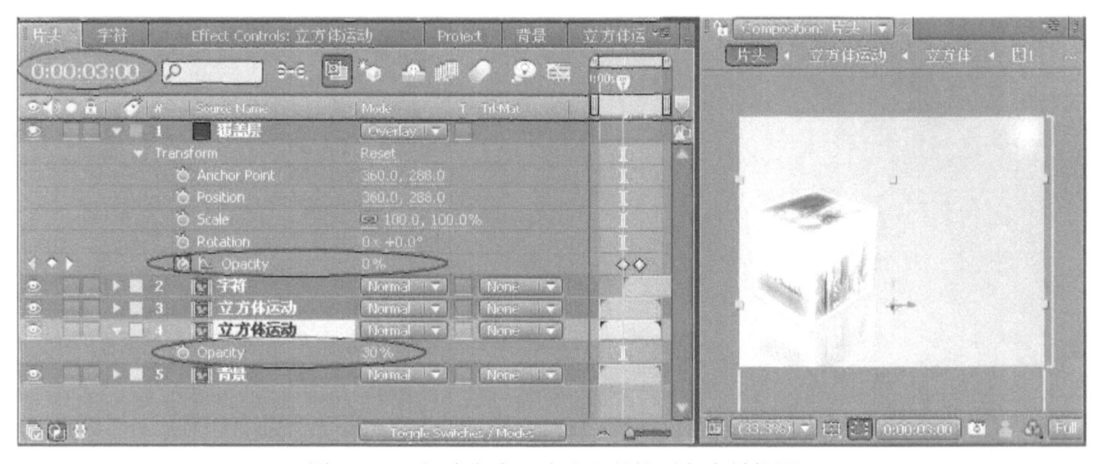

图 5-141　新建合成“片头”并排列各素材位置

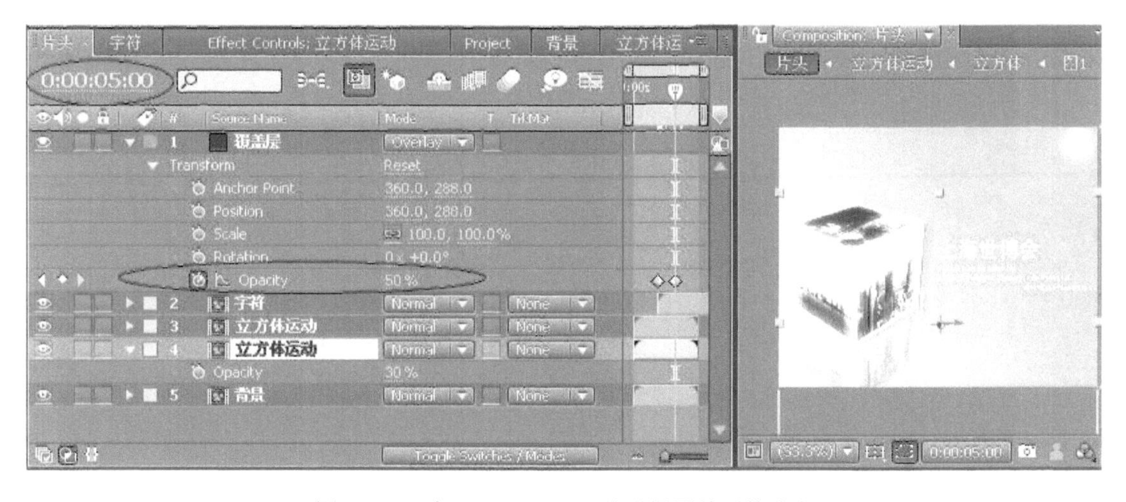

图 5-142　在“0:00:05:00”处设置覆盖层的淡出

2. 用PR软件完成片中的制作（具体的镜头画面衔接见源文件，要仔细揣摩以领其意。）

我来归纳

本节通过“上海世博会宣传片”的制作，主要学习了After Effects CS4和Adobe Premiere软件的综合运用。通过本片的制作可以看出，越是复杂的影片就越要用简单的手法来表现，纯粹的画面语言通过适当的衔接可以表达出令人震撼的视觉效果。

课后习题

制作一部“世界影视博览”栏目的栏目片头。

第 6 章　数字媒体产品包装

6.1　光盘刻录及光盘封面的设计制作

任务描述

制作完成的影视片通常体积都比较大，占用硬盘空间比较多，也不便于保存和携带，所以通常情况下都需要将影视片刻录为光盘，特别是在需要批量发行的时候。普通的光盘都没有封面或者只有光盘厂商的简单封面，为了让自己的产品在市场上能脱颖而出，获得消费者的青睐，就必须有一个闪亮的封面。注意封面上要体现出影视作品的标题、主题思想、精彩片段等。

任务分析

这里以设计一个儿童相册的封面为例。在光盘封面上利用孩子可爱的照片和卡通字体来体现影片的主要内容。

相关知识点

1. 掌握使用 Nero 刻录软件刻录各种格式光盘的方法和技巧
2. 综合运用 Photoshop 各类操作技能完成光盘封面的设计制作

操作步骤

刻录光盘

影片合成完毕后，一般情况下都需要刻录在光盘上以便保存和携带。给客户的最终产品也不能是体积巨大的视频文件，而应该是能在 DVD 或 VCD 播放器上播放的光盘。刻录需要专门的软件，这里以 Nero StartSmart 软件为例。

1）打开 Nero StartSmart 软件，界面如图 6-1 所示；选择“照片和视频”→“制作您自己的 DVD 视频”，如图 6-2 所示。

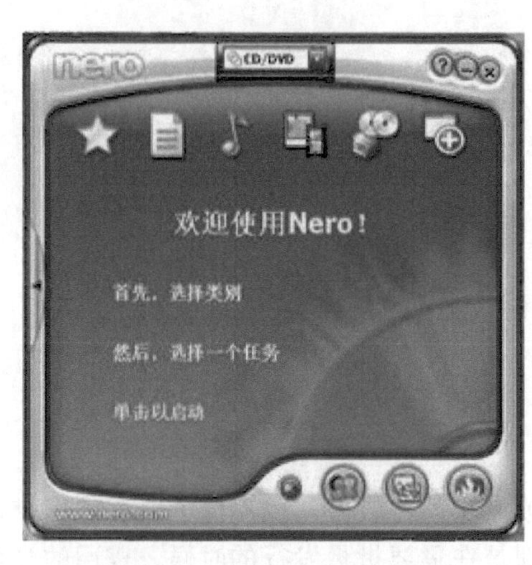

图 6-1　Nero 软件工作界面

图 6-2　选择“DVD”制作项

2）在弹出的如图 6-3 所示的界面中，选择“Make CD”→“miniDVD”；在弹出的如图 6-4 所示的界面中选择“Add Video Fliles…”，添加需要刻录的文件，然后单击“NEXT”按钮。

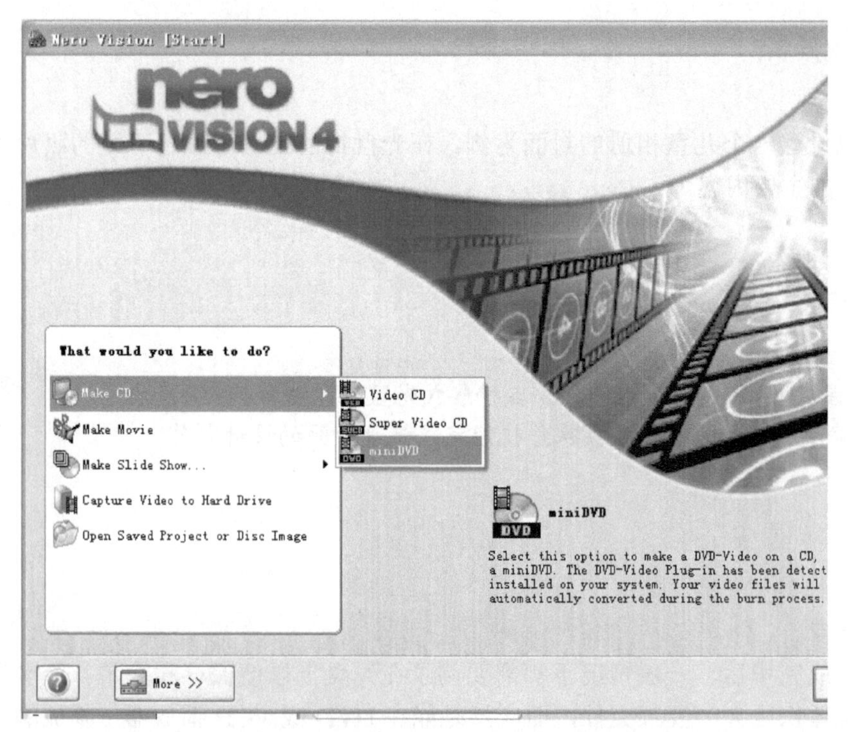

图 6-3　选择刻录“miniDVD”格式的影片

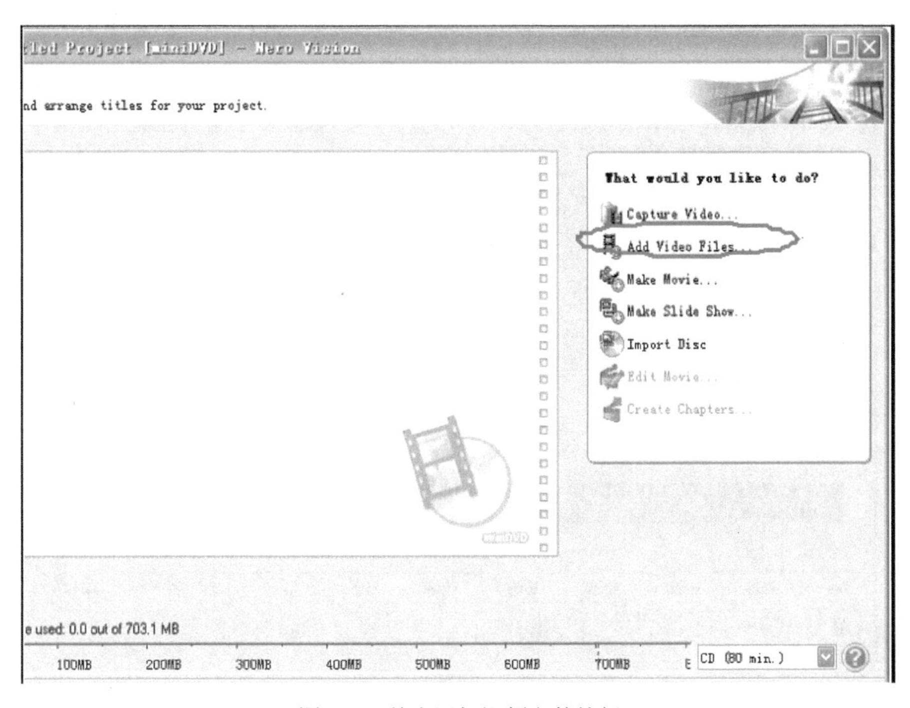

图 6-4　单击添加视频文件按钮

3）在弹出的如图 6-5 所示的界面中，单击“Edit Menu”按钮；在如图 6-6 所示的界面中，可以设置背景、封面、字体、文字等。

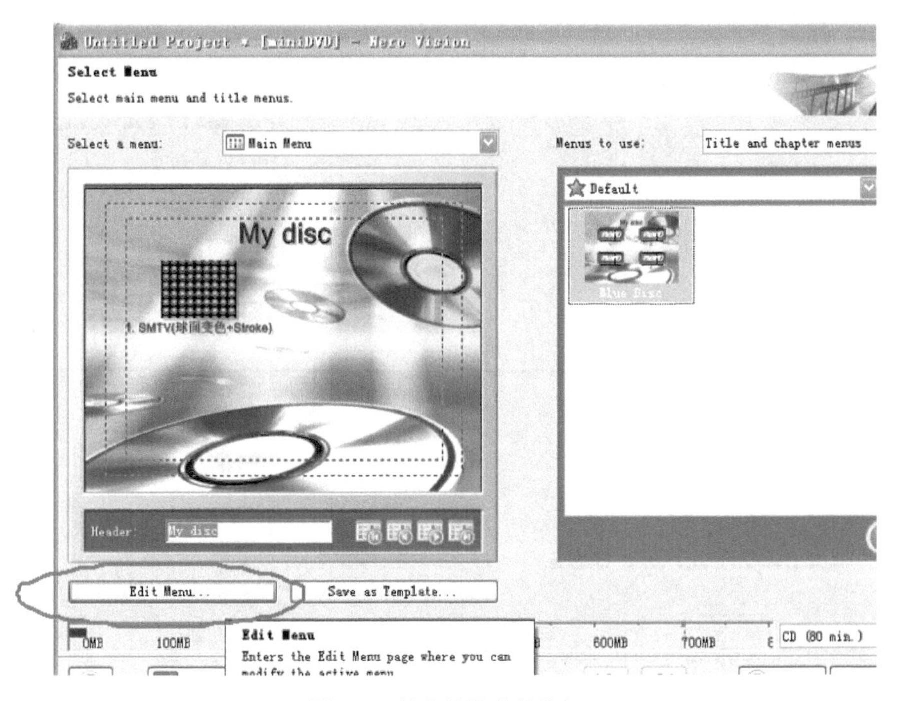

图 6-5　单击编辑菜单按钮

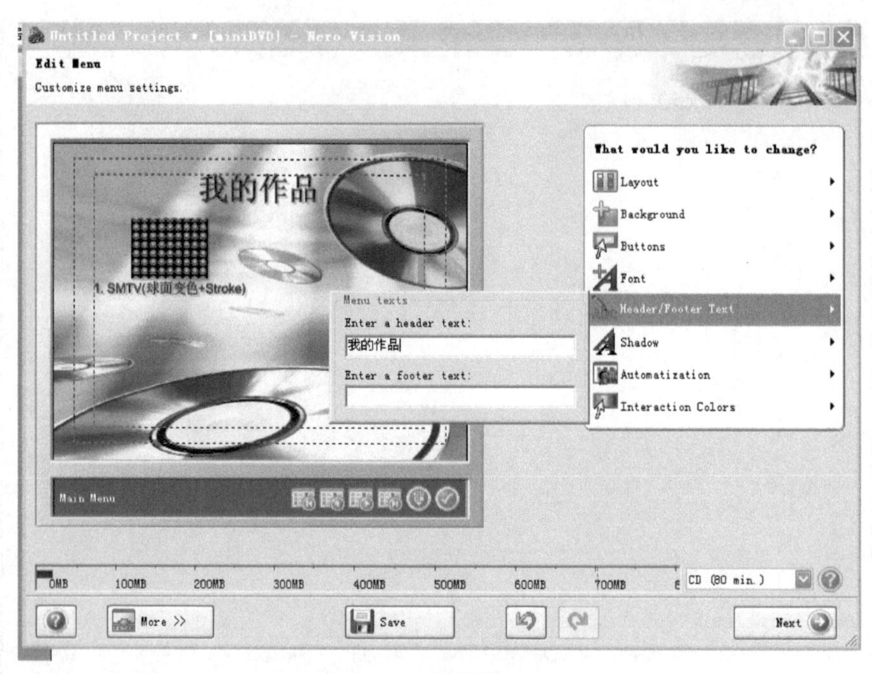

图 6-6　自定义播放界面

4）设置完成后，反复单击“Next”按钮，直到出现如图 6-7 所示的界面，单击“Burn”按钮，开始刻录。图 6-8 是刻录中的界面。

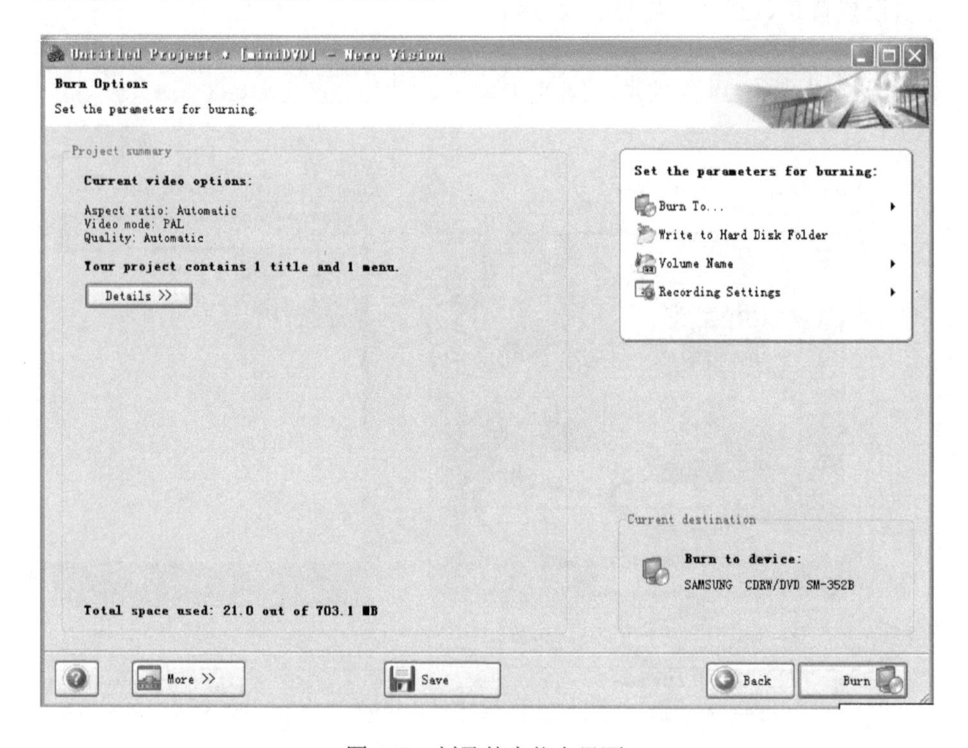

图 6-7　刻录基本状态界面

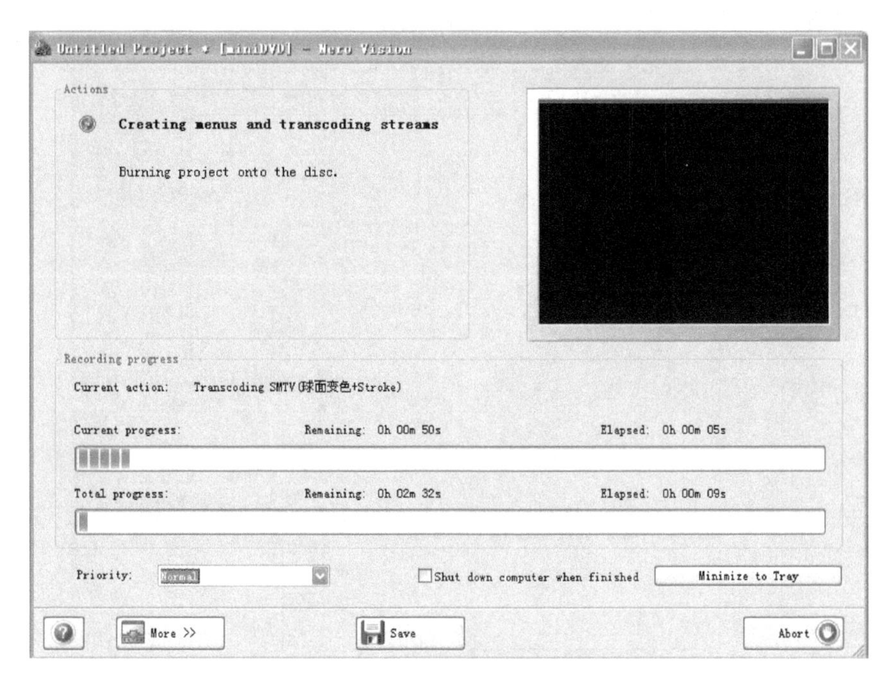

图 6-8　光盘刻录中的状态

5）其他的格式如 DVD、SVCD、VCD 等只需要选择相应的格式刻录即可。

光盘封面的设计

有了好的影视作品，刻录成光盘后还需要给它穿上一件漂亮的衣服，这样才能更加引起观众的注意，这也就决定了光盘封面设计的重要性。用于设计光盘封面的软件有很多种，应当根据自己的需要选择最得心应手的软件工具，这里以大家比较熟悉的 Photoshop 为例，介绍一个儿童相册封面的制作。

1）光盘实际的尺寸大多为 120mm×120mm。打开 Photoshop 软件，新建 12cm×12cm 的空白文档；设置前景色为“淡紫色”（R=218、G=171、B=242），背景色为“白色”，新建图层填充前景色，添加“滤镜”→“渲染”→“云彩”，如图 6-9 所示。

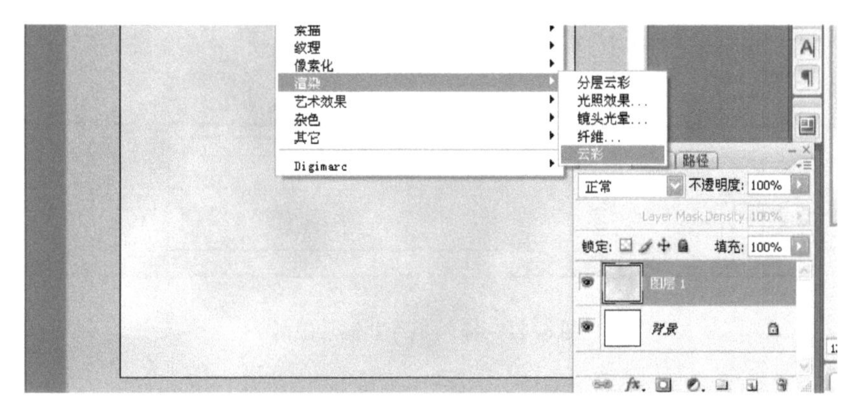

图 6-9　制作淡紫色云彩背景

2）新建图层，绘制紫色（R=134、G=0、B=203）细线两条，如图 6-10 所示；导入图片，拖动到封面文件上，添加渐变蒙版，如图 6-11 所示。

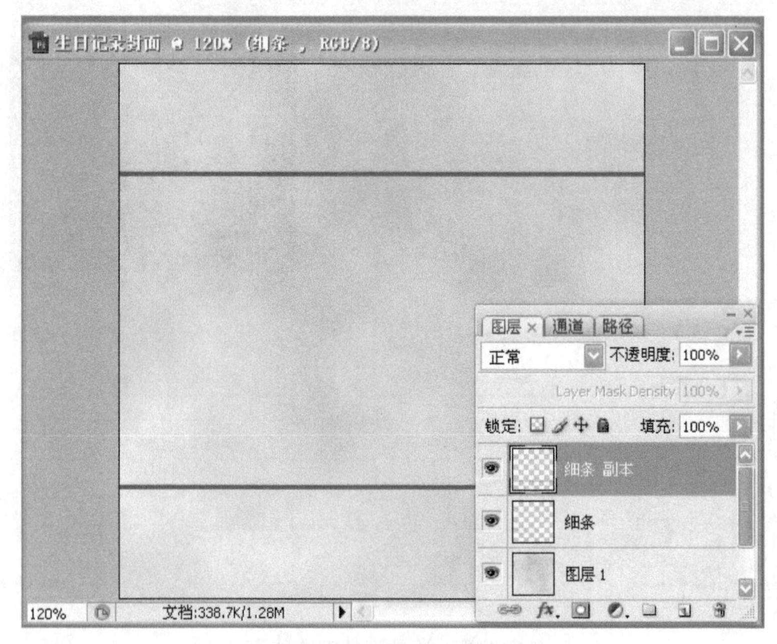

图 6-10　绘制紫色细线

图 6-11　拖入照片并添加蒙版

3）继续拖入图片，放置成如图 6-12 所示的位置和大小，添加紫色边框；最后加上文字，设置投影和外发光图层样式，就完成了封面的设计，如图 6-13 所示；输出成 JPG 格式的文件，用光盘贴打印出来后，贴在光盘封面上即可。

图 6-12　拖入照片添加边框

图 6-13　添加文字设置图层样式

课后习题

把之前所创作的影视片头分别以 VCD、SVCD、DVD 格式刻录，并分别设计光盘封面。

6.2 包装袋的设计制作

任务描述

现在的服务型行业，为了对外提升企业形象，一般都会设计成套的印刷品，大到公司户外宣传展板、企业形象画册，小到名片、产品包装袋等。这些物件要在整体风格上保持一致，能突出企业的经营特色、强调企业的服务范围，给顾客留下一个深刻的印象，只有这样，才能起到宣传推广的作用。

任务分析

婚庆礼仪用品需体现出温馨、喜庆的风格，要洋溢出浓浓的爱意。这里选择暗红色为包装袋的底色，选择古典花纹作为暗纹，金色螺旋和红心搭配，强调婚礼的气氛。

相关知识点

1. 掌握使用 Photoshop 自由变换工具的方法和技巧
2. 掌握使用 Photoshop 多边形套索工具、选区工具的方法和技巧
3. 掌握使用 Photoshop 文字工具的方法和技巧
4. 掌握使用 Photoshop 蒙版工具、渐变工具的方法和技巧
5. 掌握使用 Photoshop 图层样式、图层滤镜的方法和技巧
6. 综合运用 Photoshop 各类操作技能完成影视片的制作

操作步骤

1）打开软件 Photoshop CS4，新建文档，在“预设”中选择“国际标准纸张”，“大小”选择“A4”。在文档的标题栏上右击选择“画布大小”，定位在右中，修改宽度为“26 厘米”，比原先多出 5cm 用于制作包装袋的袋脊，设置“黑色”背景，如图 6-14 和图 6-15 所示。

2）单击“确定”按钮后再次打开画布大小，定位在右中，修改宽度为“47 厘米”，背景色为“白色”；再次打开画布大小，把宽度设置“52 厘米”，定位右中，“黑色”背景，这样就制作好了包装袋的文档，中间黑色部分为包装袋的侧面，如图 6-16 和图 6-17 所示。

3）用“魔棒工具”选取背景层中的白色部分，新建图层，填充“暗红色”（R=78、G=9、B=12），取消选区，选择自定义形状的“Floral Ornament 2”，选择路径模式，在画面中绘制路径，如图 6-18 和图 6-19 所示。

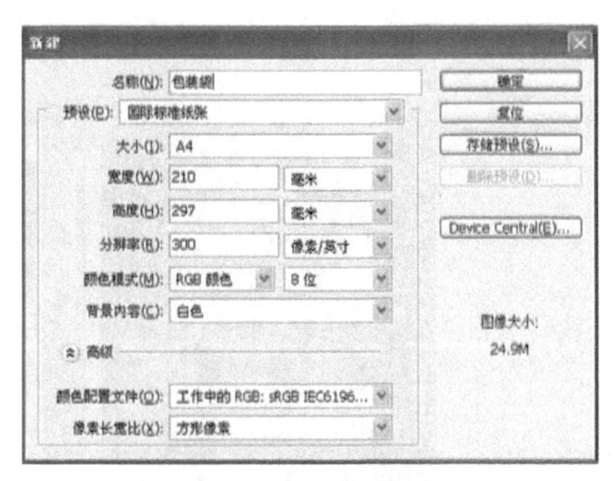

图 6-14　新建文档【包装袋】

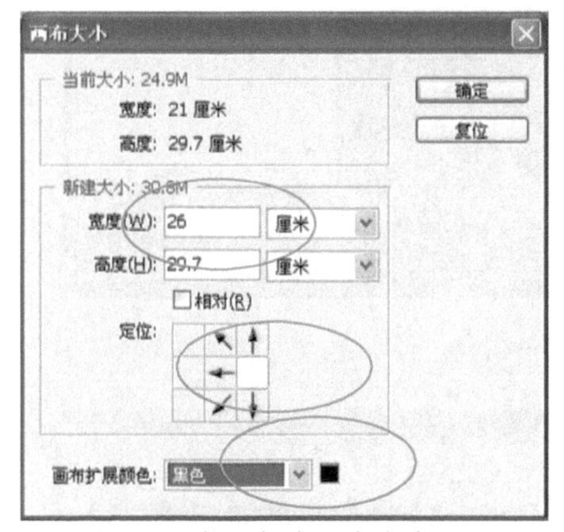

图 6-15　执行扩大画布命令

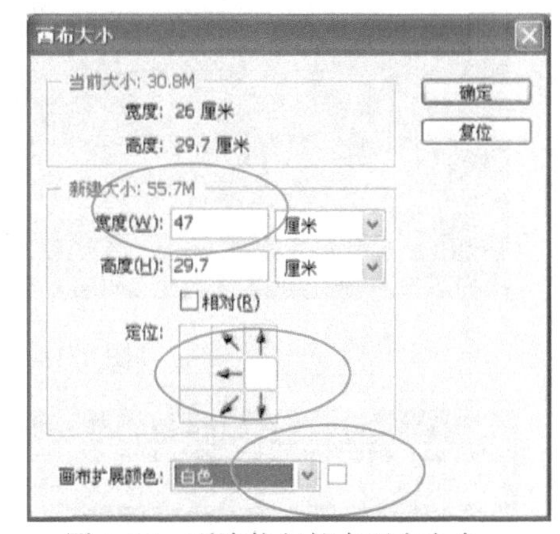

图 6-16　再次执行扩大画布命令

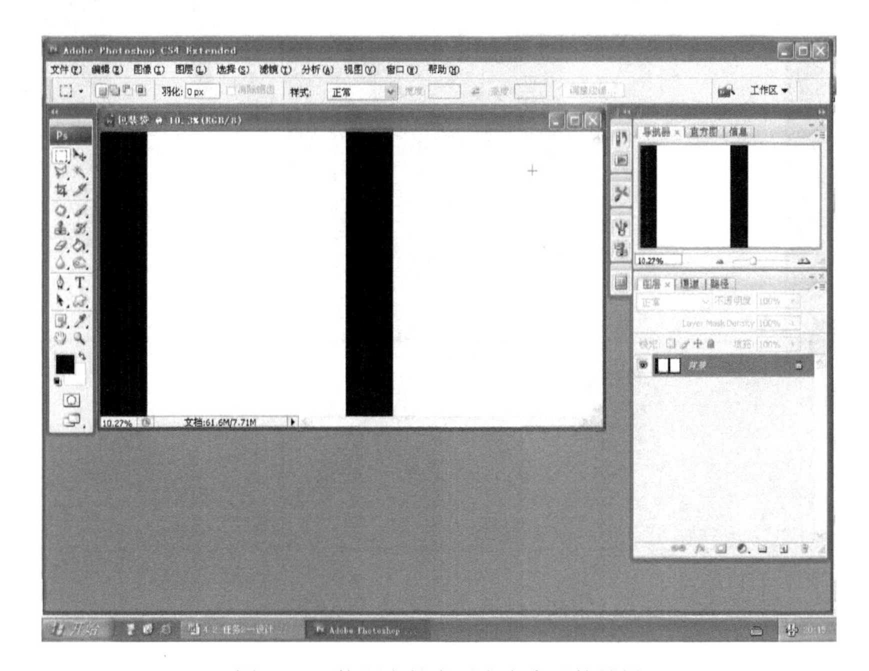

图 6-17　执行完扩大画布命令后的效果

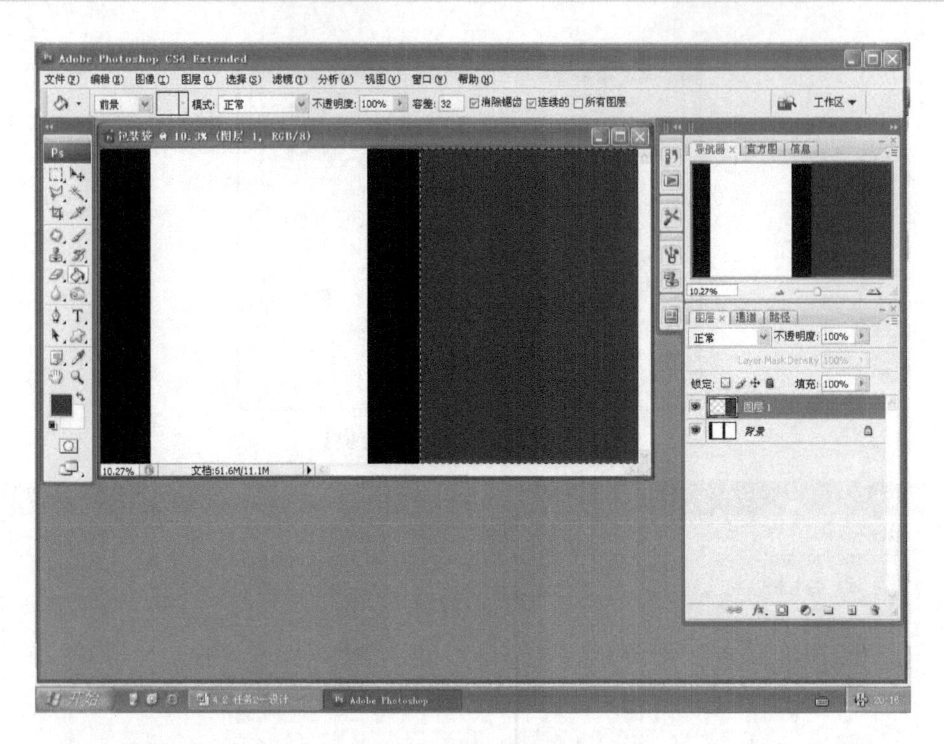

图 6-18　填充暗红色背景

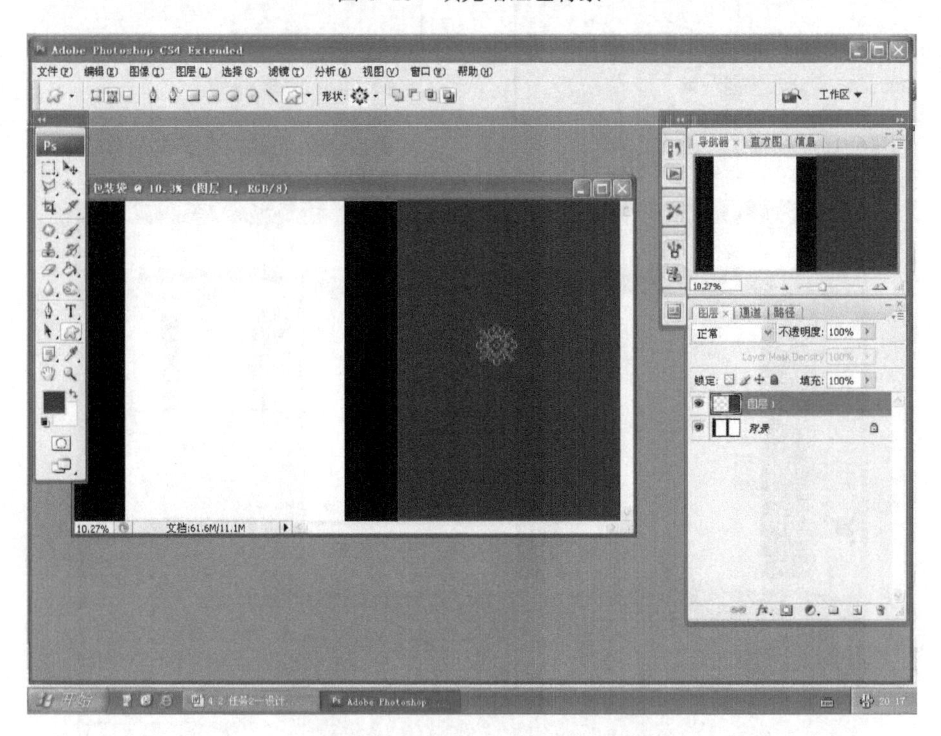

图 6-19　绘制自定义形状花纹

4）按 <Ctrl+Enter> 快捷键把路径变为选区，新建图层，填充“白色”，修改叠加模式为“柔光”，修改不透明度为“30%”，如图 6-20 和图 6-21 所示。

5）用“矩形选区工具”选中花形，选择菜单“编辑”→“定义图案”，输入图案名称为“图案 1”后单击“确定”按钮，取消选区，删除图层 2，选中图层 1 的所有部分，选择菜单“编辑”→“填充”，如图 6-22 和图 6-23 所示。

6）选择“使用”为“图案”，在自定图案中选择刚刚定义的“图案 1”，可以看到，图层 1 已经制作了花纹背景。修改图层 1 名称为“底纹”，如图 6-24 和图 6-25 所示。

7）下面选择自定义形状的“Heart Card”，新建图层“红心”，绘制红心路径，转换为选区后，填充“红色”（R=191、G=32、B=36）后，取消选区，如图 6-26 和图 6-27 所示。

8）这个红心有些普通了，给它添加图层样式。选择内阴影，设置距离为“18”，大小为“120”；再来给红心添加一些光泽。新建图层“光泽”，用椭圆选框相减制作出一个细的月牙形，如图 6-28 和图 6-29 所示。

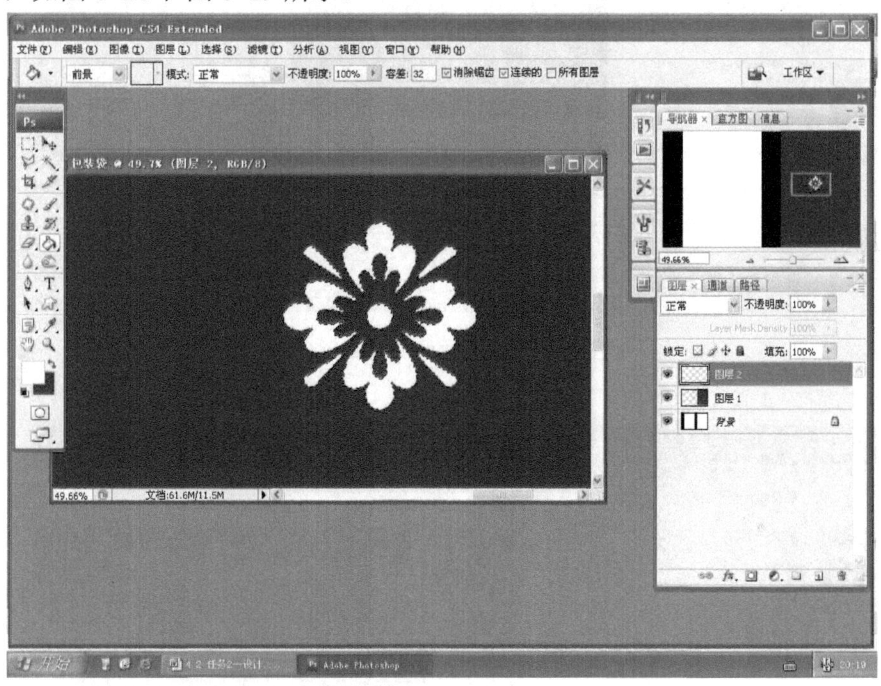

图 6-20　制作花纹形状

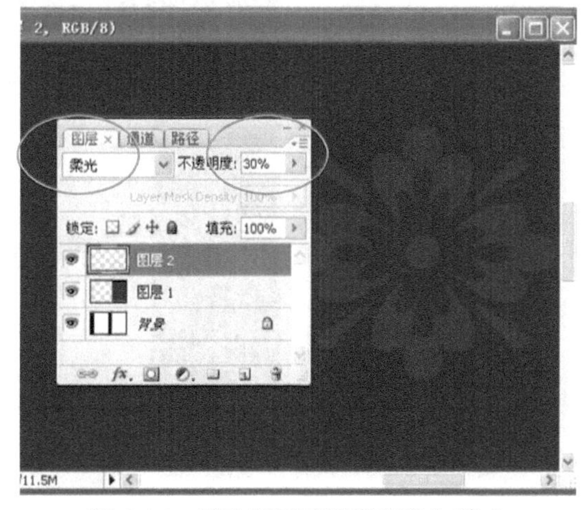

图 6-21　更改图层透明度和叠加模式

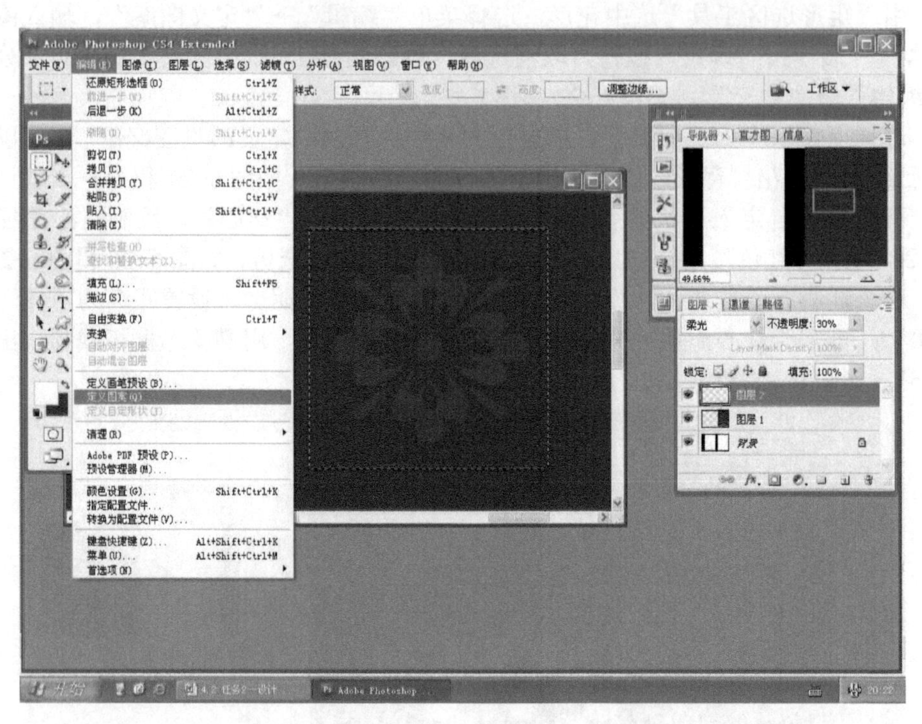

图 6-22　执行“定义图案”命令

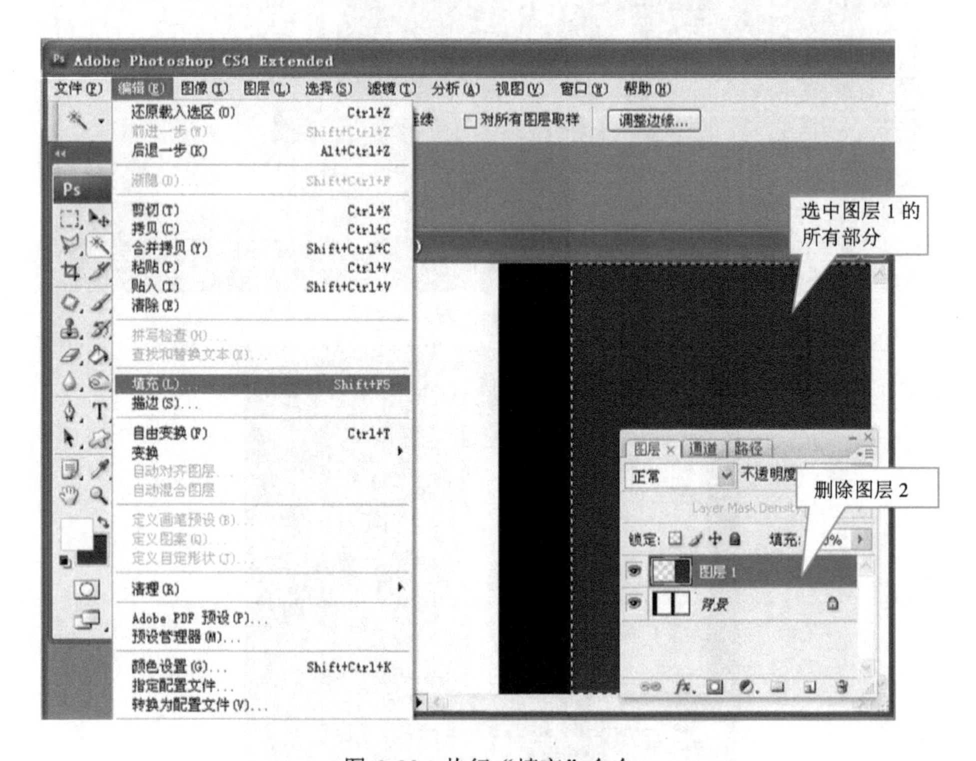

图 6-23　执行“填充”命令

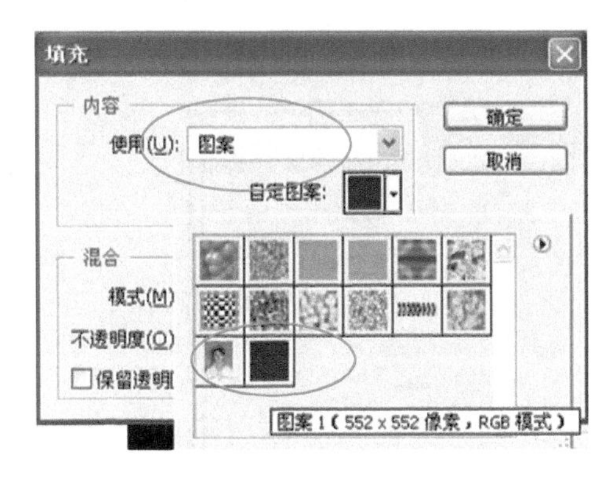

图 6-24　选择使用自定义图案填充

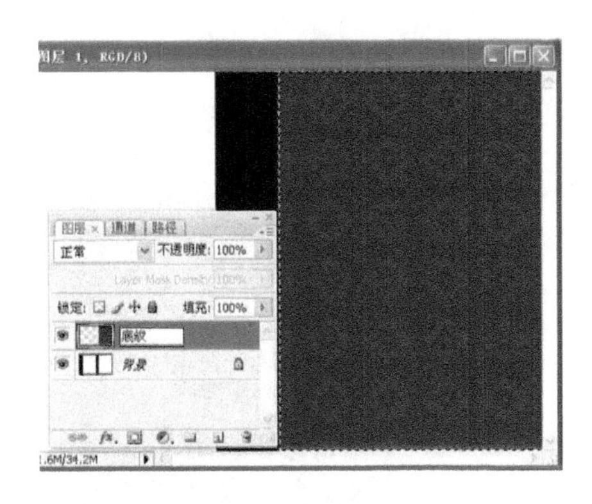

图 6-25　修改图层名称

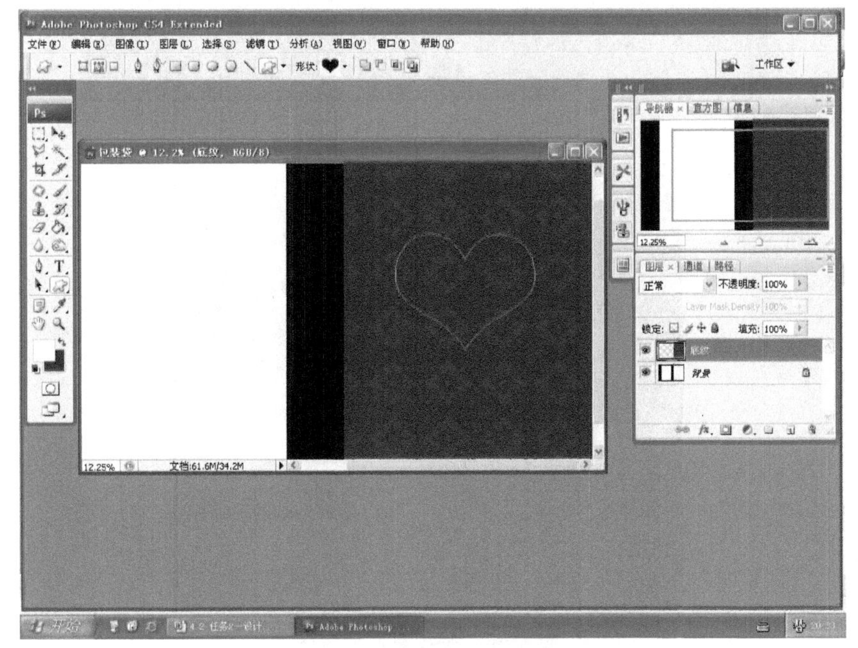

图 6-26　绘制自定义形状红心

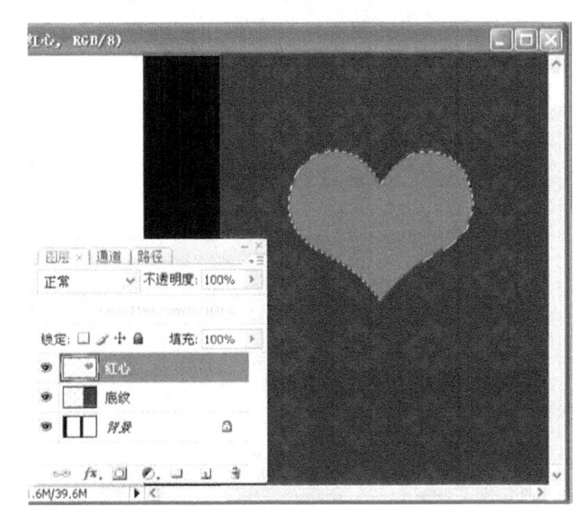

图 6-27　制作红心图案

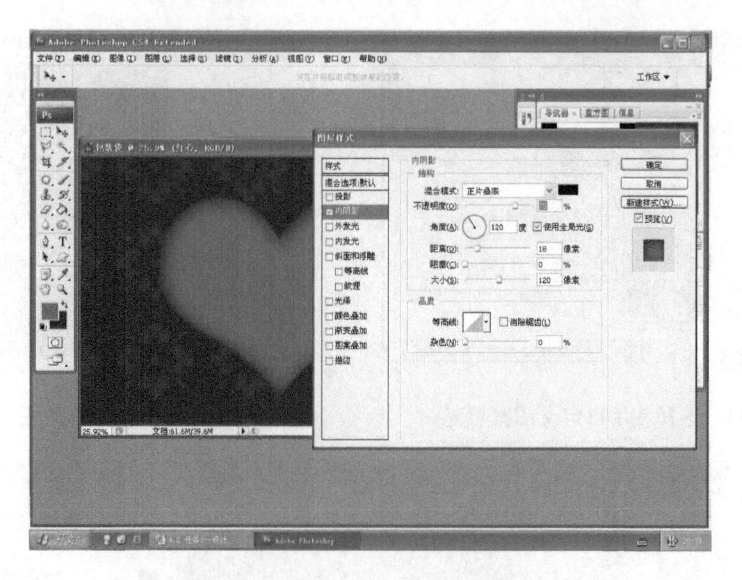

图 6-28　添加“内阴影”图层样式

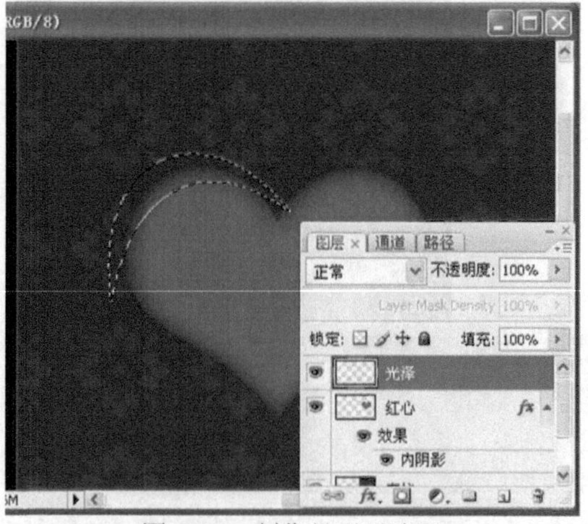

图 6-29　制作月牙形选区

9）为月牙填充“白色”，给月牙形添加“滤镜”→“模糊”→“高斯模糊”，设置模糊度为“16”，再用“自由变换工具”把月牙贴合到红心上作为光泽，如图 6-30 和图 6-31 所示。

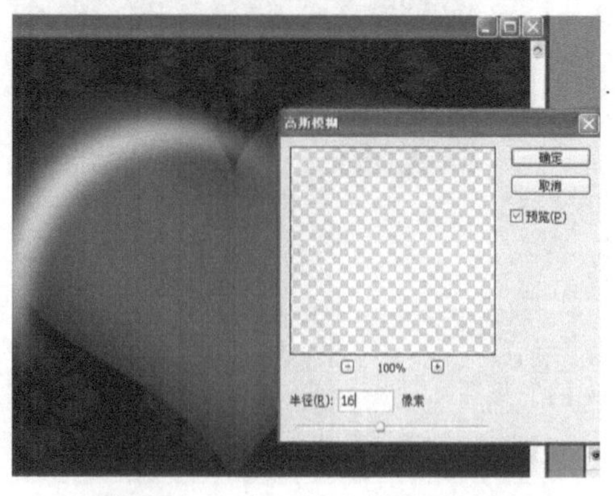

图 6-30　添加“高斯模糊”滤镜

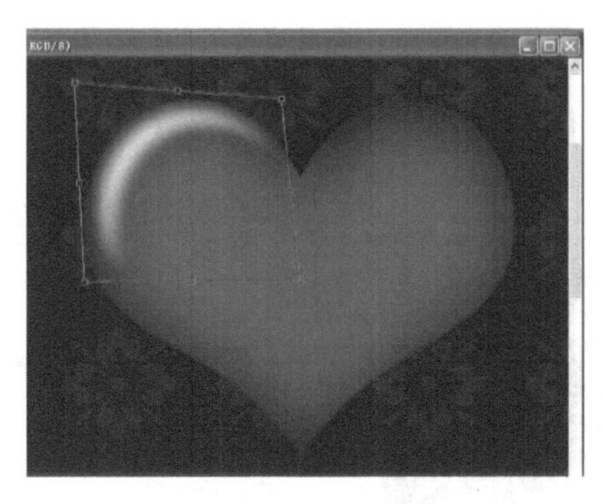

图 6-31　变形光泽贴合红心

10）把光泽的透明度调为“60%”，同时选中光泽层和红心层进行合并，复制出图层“红心副本”，排列好大小和位置；新建图层“螺旋”，选择自定义形状的“Spiral”，绘制螺旋路径，如图 6-32 和图 6-33 所示。

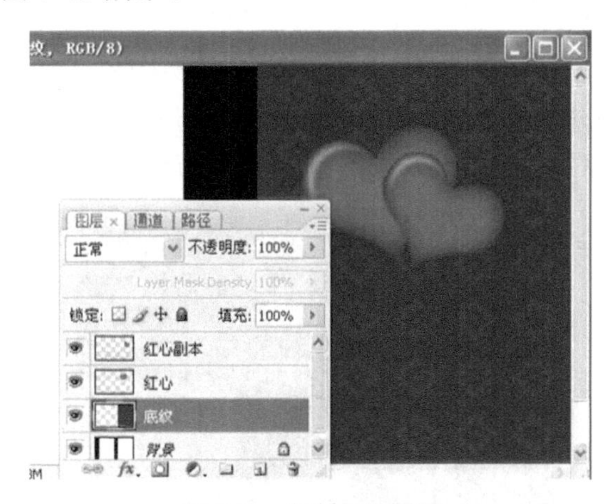

图 6-32　复制红心图层

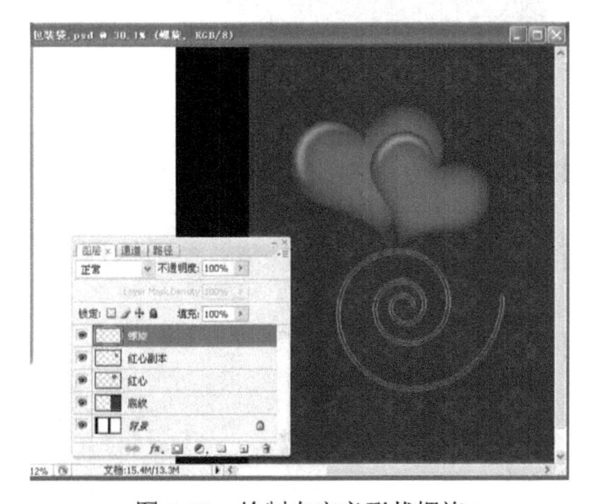

图 6-33　绘制自定义形状螺旋

11）把路径转换为选区，设置前景色为“淡黄色”（R=243、G=238、B=146），背景色为“金黄色”（R=241、G=170、B=82），用“渐变工具”的对称渐变模式填充，移动螺旋层到双心层的下方，复制多个螺旋形，调整形状和大小，如图6-34和图6-35所示。

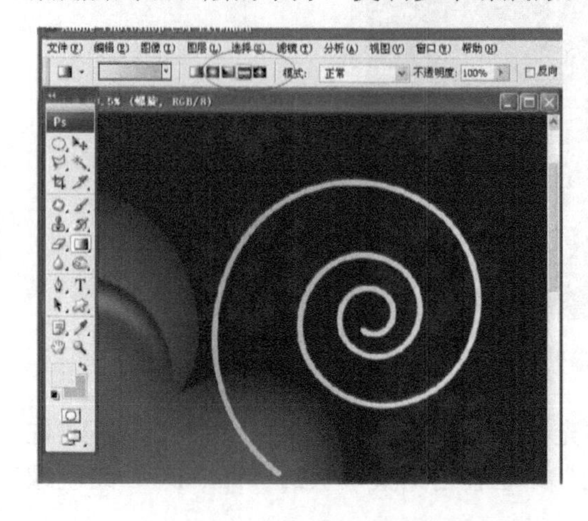

图6-34　制作金色渐变螺旋图案

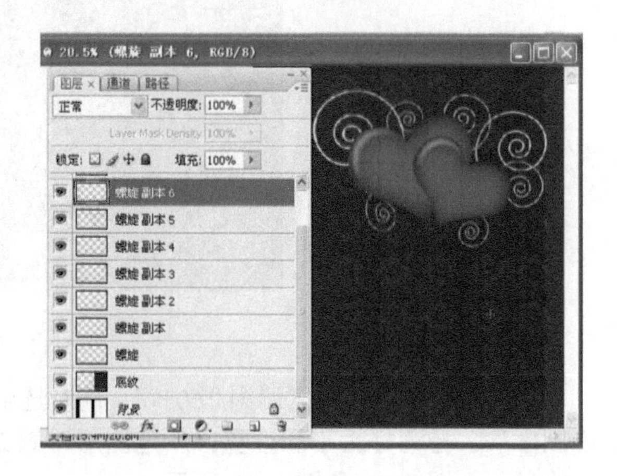

图6-35　复制多个螺旋图案并排列

12）用“文字工具”输入文字“百年恩爱双心结”，字体为“微软简综艺”，字号为“36”，字符间距为“100”；新建图层“花边”，用自定义形状的“Ornament 5”绘制路径，转换为选区后填充淡黄色到金黄色的渐变，如图6-36和图6-37所示。

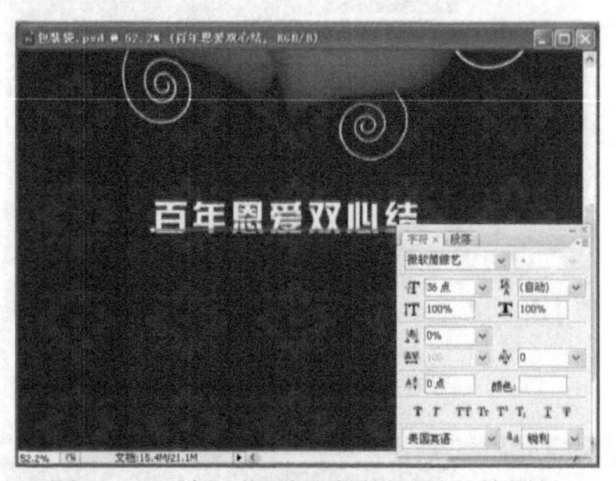

图6-36　输入袋面文字并设置字符属性

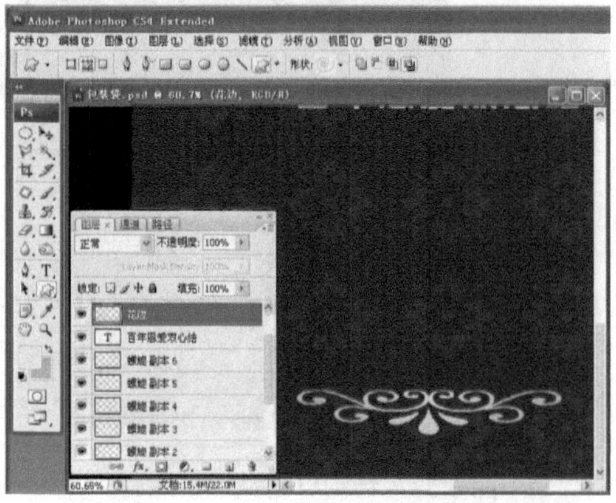

图6-37　绘制自定义形状花纹

13）在图形上方输入文字“亲密爱人婚庆礼仪公司”，字体为“微软简综艺”，字号为“18”，字符间距为“100”，如图 6-38 和图 6-39 所示。

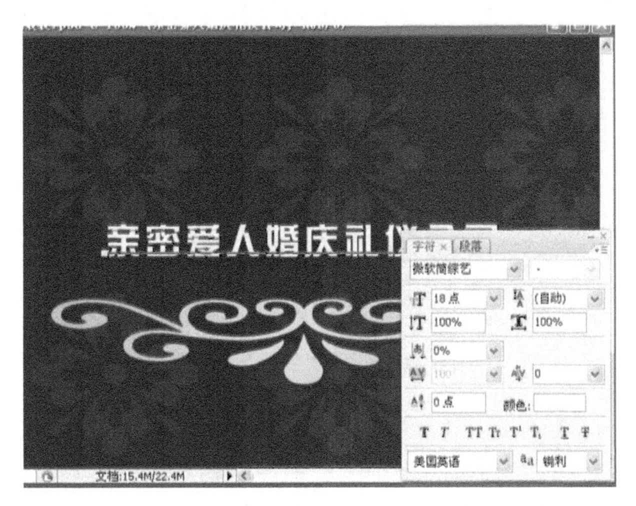

图 6-38 输入公司名称文字并设置字符属性

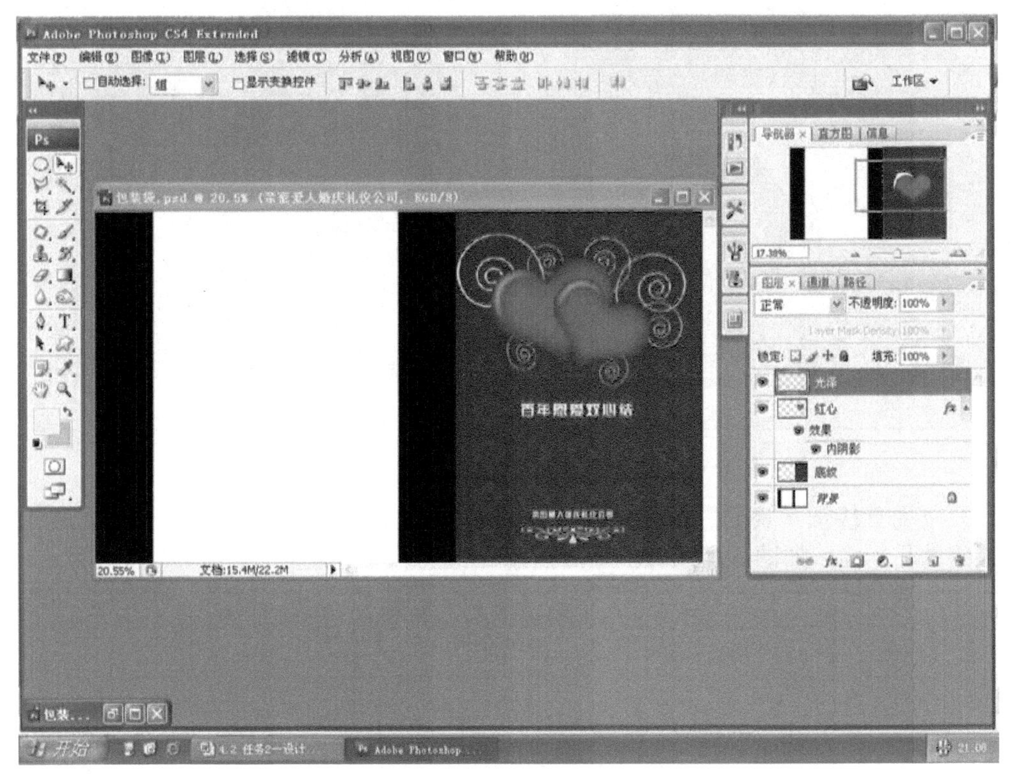

图 6-39 袋面效果

14）选中背景层，在图层面板单击“创建新组”按钮，修改组的名称为“袋面”，把所有袋面的图层都拖动到“袋面”组内，如图 6-40 和图 6-41 所示。

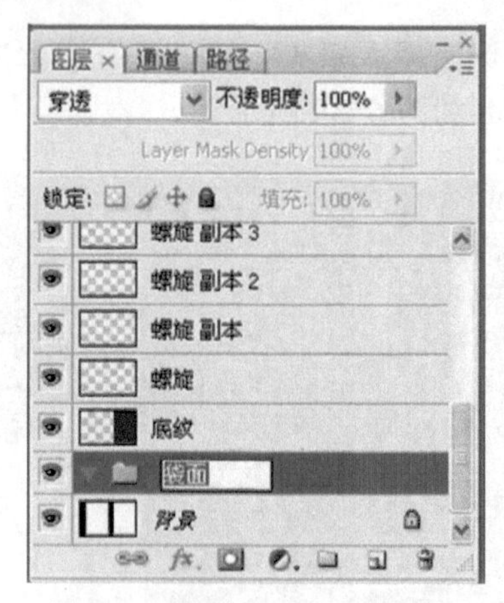

图 6-40　新建“袋面”图层组

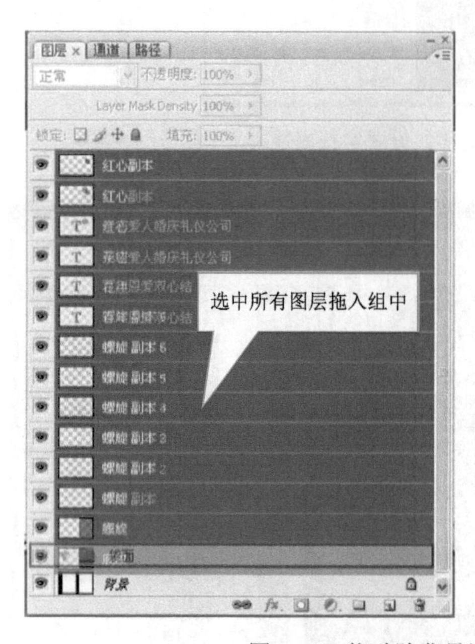

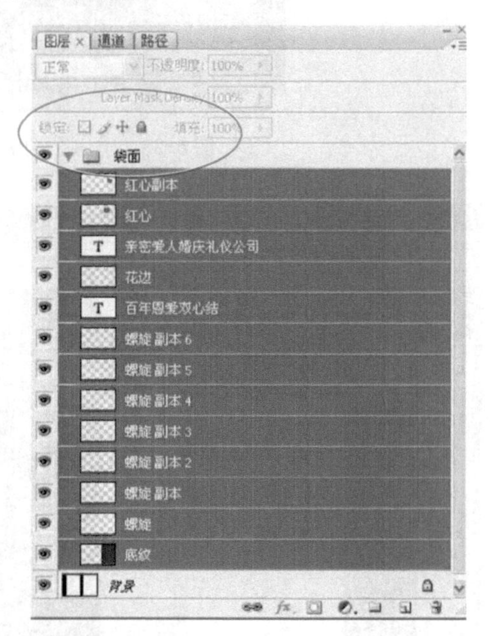

图 6-41　拖动除背景层的所有层到“袋面”组内

15）下面直接把“袋面”组复制一份，把“袋面副本”组移动到左边的白色区域，作为包装袋的另一面，如图 6-42 和图 6-43 所示。

图 6-42　复制“袋面”组

16）选取背景层上的黑色区域，新建图层“袋籍”，填充“暗红色”（R=97、G=16、B=21），输入文字“亲密爱人 天长地久”，中间留出空格，字体为“微软简综艺”，字号为“10”，字符间距为“100”，如图 6-44 和图 6-45 所示。

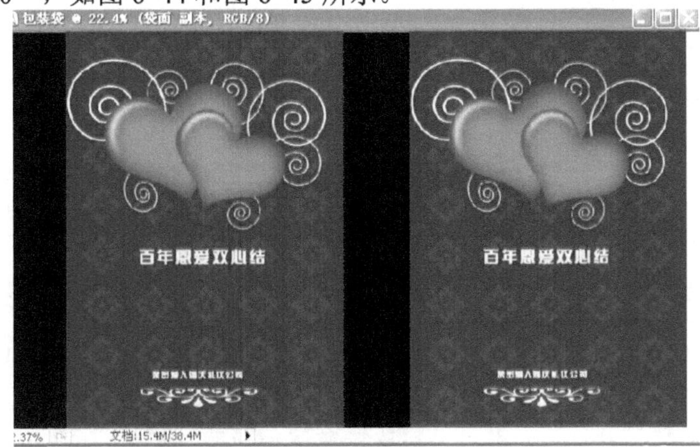

图 6-43　制作包装袋另一面效果

图 6-44　为“袋籍”填充“暗红色”

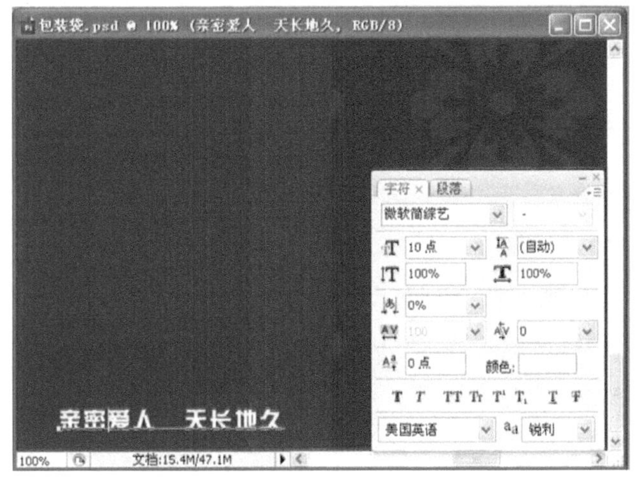

图 6-45　输入修饰文字并设置字符属性

17）为文字中间添加自定义形状的“Floral Ornament 2”，转换为选区后填充“白色”，放置在文字中间，再把文字和花形均复制一份，移动到包装袋的另一面脊处，完成制作，如图 6-46 和图 6-47 所示。

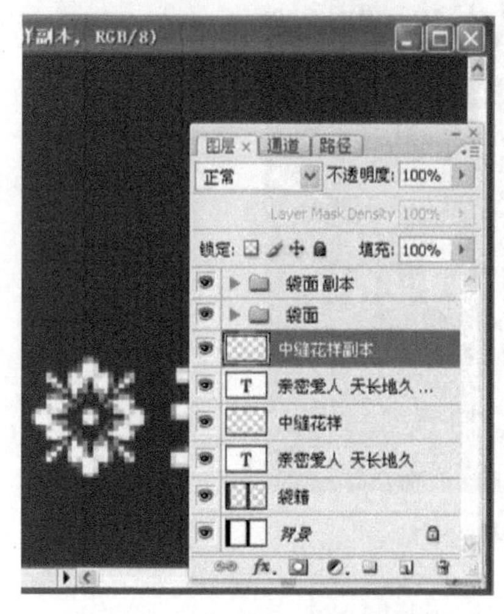

图 6-46　绘制自定义形状花纹

图 6-47　包装袋最终效果

课后习题

为制作完成的儿童电子相册设计一个配套的光盘包装袋。